Les galaxies

Du même auteur

L'Harmonie des sphères
Dervy-Livres, 1990
Seuil, « Science Ouverte », 2001

Les Étoiles
(en collaboration avec Jacques Breysacher)
Seuil, « Points Sciences », 1996

Dominique Proust
et Christian Vanderriest

Les galaxies

et la structure de l'Univers

Éditions du Seuil

ISBN : 2-02-030115-6

Prélude

Sénèque avait raison : *Miramur ex intervallo fallentia*, nous admirons ce qui nous trompe par son éloignement. Appliquée au domaine de l'astronomie, cette affirmation explique pourquoi l'Univers a toujours fasciné les hommes. La double interrogation du comment et du pourquoi de sa formation et de son évolution justifie à elle seule les travaux qui ont permis à l'astronomie d'effectuer des progrès considérables au cours du temps. L'observation et l'interprétation de la dynamique et de l'évolution des corps célestes sont ainsi l'essence même du plus vieux métier du monde, même si cette dernière dénomination n'évoque pas habituellement l'astronomie.

La connaissance de l'origine et de l'évolution de l'Univers est indissociable de l'étude dynamique et chimique de son contenu en matière. Dans la hiérarchie des structures identifiées au sein de l'espace, notre Galaxie se caractérise d'abord par une évolution dynamique, dont un fait marquant est l'effondrement gravitationnel qui, partant d'une bulle de gaz plus ou moins sphérique, a produit la Galaxie que nous connaissons avec sa structure spirale plane. Ensuite, la Galaxie a subi une évolution chimique liée à la transformation de la matière au cours du temps. En effet, si dans une galaxie la matière gazeuse se transforme essentiellement en étoiles, c'est principalement dans ces dernières que la matière évolue par la combustion de leur carburant nucléaire, généralement source de rayonnement. L'interdépendance de l'évolution dynamique et chimique de la Galaxie ne s'explique, encore imparfaitement, qu'à travers un certain nombre d'hypothèses dont celles de l'évolution stellaire, et en considérant que la composition chimique d'une atmosphère d'étoile permet d'en estimer l'âge. Cet aspect de l'évolution de la matière a été présenté en détail dans un ouvrage de la même collection[1] ; pour cette raison, la Galaxie sera notre plate-forme de lancement. La physique et l'évolution stellaires offrent une mine d'informations sur la distribution et l'évolution de la matière à petite échelle. Nous passons maintenant au stade supérieur pour étudier la distribution à grande échelle dans l'Univers observable.

Le lecteur découvrira ainsi au fil des chapitres comment l'astronome évoque une sorte de détective tirant parfois des conclusions étonnantes à partir d'indices bien ténus. Sherlock Holmes déduisait, avec un cheveu retrouvé sur les lieux du crime, que l'assassin était un homme plutôt grand, d'environ 45 ans, à l'accent d'Oxford, lisant le *Times*, et souffrant d'emphysème. L'astronome est capable d'indiquer à partir du spectre d'une galaxie lointaine sa vitesse de récession, sa distance (à la constante de Hubble près), sa morphologie, son taux de formation d'étoiles, de donner un aperçu de la composition chimique, et parfois de la vitesse de rotation des différentes régions ; ce n'est déjà pas si mal.

À partir des méthodes modernes d'investigation, grands télescopes, interférométrie à longue base, imagerie profonde, spectrographie multi-objets, satellites, etc., et munis d'une chaîne d'arpenteur utilisable pour les distances intergalactiques, nous examinons une galaxie toute particulière : la Galaxie. Un chapitre rappelle qu'il s'agit d'une immense galette de 200 milliards d'étoiles, de gaz et de poussière en lente rotation sur elle-même. Après une promenade zoologique dans son parc stellaire, nous reconstituons son histoire à l'aide de l'évolution stellaire et de la nucléosynthèse.

Loin d'être isolée dans l'Univers, la Galaxie fait partie d'un ensemble, le Groupe local, lui-même membre du « Superamas », dont nous étudions les propriétés à travers quelques objets « vedettes » telles les galaxies Messier 31 dans Andromède, Messier 51 dans les Chiens de chasse, ou encore les Nuages de Magellan. Nous voyons ainsi comment les galaxies ont été classées et identifiées. Nous évoquons

1. Voir Dominique Proust et Jacques Breysacher, *Les Étoiles*, coll. Points Sciences, Seuil.

aussi les galaxies découvertes dans le plan de la Voie lactée et nous examinons la dynamique du Groupe local.

On peut imaginer les structures de l'Univers organisées comme des *matriochka*, ces poupées russes s'emboîtant les unes dans les autres, passant ainsi de la Galaxie au Groupe local, puis au Superamas. En acceptant cette image, nous décrivons les plus grandes entités recensées dans l'espace, amas de galaxies, filaments de matière, ce qui nous conduit à passer en revue les objets les plus lointains, galaxies à noyaux actifs, radiogalaxies, quasars, etc.

Tout ce qui vient d'être décrit jusqu'ici s'accommode parfaitement d'un univers géométrique classique. La suite de notre propos consiste à tout mettre en mouvement en introduisant la cosmologie, branche récente de l'astronomie dont l'existence comme discipline à part entière ne remonte qu'au début du XXe siècle. Elle reste plus spéculative que les autres branches de la physique, en raison du caractère très théorique et abstrait de ses outils intellectuels, et du nombre encore trop restreint des observations sur lesquelles elle s'appuie. Elle suscite cependant un immense attrait, en particulier par l'utilisation d'un modèle standard dans lequel l'explosion initiale, le célèbre *Big Bang*, permet d'approcher globalement les origines de l'Univers. L'évolution des idées en cosmologie est passée en revue dans le contexte de l'histoire. Nous décrivons ensuite le modèle standard de l'expansion de l'Univers à partir d'une singularité initiale il y a quelque 15 milliards d'années, et ses aspects observationnels : constante de Hubble, récession des galaxies, rayonnement du fond diffus à 3 degrés Kelvin et formation des éléments chimiques aux différents stades de l'évolution cosmique. Un important chapitre est consacré à l'optique gravitationnelle. La présence de matière noire dans l'espace est trahie par les observations d'arcs et de lentilles gravitationnelles, dont l'étude fournit des informations extrêmement précieuses sur le contenu en matière de l'Univers. C'est aussi un puissant moyen d'observation que la nature met gratuitement à notre disposition, permettant d'étudier la structure fine d'objets très lointains.

La cosmologie nous plonge au cœur du débat et des questions de fond : état de l'Univers primordial et formation de l'Univers, théories cosmologiques récentes. Les observations n'ont pas permis encore d'explorer l'Univers aux échelles où il apparaît vraiment homogène, c'est-à-dire à des dimensions telles que la structure oblongue et filamenteuse des amas et des superamas de galaxies est diluée, ceci afin de pouvoir tester la validité des modèles cosmologiques homogènes. Un autre problème majeur subsiste dans la compréhension des processus de formation des hétérogénéités, ainsi que leur amplification, aboutissant à la formation de structures aussi denses et aussi diverses que les galaxies, les étoiles ou les planètes. Nous touchons ici un des points faibles de la cosmologie. De nombreuses questions de principe se posent également à propos de la densité de l'Univers, de la valeur de la constante cosmologique, de la structure et de la localisation de la matière noire, etc. Ces questions ne trouvent pas nécessairement de solution dans le cadre formel des modèles cosmologiques, mais sont souvent liées à des interrogations épistémologiques. On ne saurait demander aux modèles cosmologiques d'apporter des solutions aux problèmes sortant de leur champ d'application, voire d'oser pénétrer les domaines relevant davantage des convictions philosophiques ou religieuses que de la science. Quitte à décevoir les métaphysiciens, nous rompons avec la mode de mettre Dieu à la sauce cosmologique. Notre propos consiste à montrer la cohérence des observations avec la théorie et à soulever les questions qui subsistent. Les modèles cosmologiques actuels sont capables de donner une excellente cohérence aux observations. Il est raisonnable de penser que dans un avenir proche notre compréhension de l'Univers aura fait encore de très grands progrès.

– Qu'est-ce que vous faites dans la vie, vous ? demanda le Professeur.
– J'apprends des choses, dit Colin, et j'aime Chloé.

Boris Vian, *L'Écume des jours*

... À nos Chloé.

D. P. et C. V.

1. Mesurant les cieux

(Les échelles de distance dans l'Univers)

Et, mesurant les cieux sans bouger d'ici bas,
Il connaît l'Univers et ne se connaît pas.
La Fontaine, *Fables*, VIII, 26

On admet communément que l'étude et l'analyse d'un objet ou d'un phénomène naturel ne peuvent être qualifiées de scientifiques que si leurs résultats s'expriment sous forme de grandeurs chiffrées. L'inverse n'est évidemment pas vrai : tout ce qui est chiffre n'est pas forcément science. La compréhension du monde qui nous entoure ne peut cependant se satisfaire de cette seule approche. Une collection de nombres, grandeurs ou fonctions caractérisant un domaine d'investigation ne peut être pertinente qu'en offrant au chercheur la possibilité de les interpréter.

En astronomie, les interactions entre scientifiques et philosophes peuvent se révéler particulièrement fructueuses, et il n'est pas rare de voir les uns et les autres rassemblés dans les mêmes colloques, les premiers apportant une conception la plus rigoureuse possible du monde « tel qu'il est, avec ce que l'on sait actuellement », les seconds utilisant le support scientifique pour élever le débat ontologique aux dimensions de l'Univers.

La science progresse essentiellement par l'action de deux tendances inverses. D'une part, les observations révèlent des suites de phénomènes nouveaux qu'il faut à la fois quantifier et interpréter individuellement. D'autre part, on découvre progressivement les liens unifiant des objets n'ayant apparemment pas de rapports entre eux. De ces interprétations naît une complexité croissante, nécessitant le réajustement de quantités et de constantes fondamentales, parvenant parfois à ébranler tout ou partie de concepts préalablement admis.

Comme toutes les sciences, l'astronomie ne peut exister

sans chiffres, et avant même de dire quoi que ce soit sur une planète, une étoile, une galaxie, ou l'Univers dans son ensemble, il faut en connaître « la longueur et largeur, hautesse et profondeur » (merci Jean de La Fontaine !), tâches qui mobilisèrent des générations d'astronomes depuis la plus haute antiquité. Depuis la fin du XIXe siècle, la nature et l'évolution planétaires, stellaires et galactiques sont venues compléter l'édifice des mesures en lui greffant une branche annexe : l'astrophysique. Mais, avant tout, pour connaître les dimensions, la dynamique, la nature d'un corps cosmique, il faut disposer d'une grandeur apparemment élémentaire : sa distance. Sa connaissance revêt une importance telle que des carrières entières d'astronomes furent (et sont encore) consacrées à cette tâche : arpenter l'espace, tout comme les géologues ou les paléontologues se sont spécialisés dans la mesure du temps.

Les progrès accomplis dans l'arpentage de l'espace et dans la définition même des constantes fondamentales ont rendu totalement obsolète un ensemble de mythes et de croyances. Il est pourtant tout à fait consternant de voir que les pires charlatans s'abritent derrière les chiffres afin de donner fallacieusement à leur douteuse marchandise le lustre de la science. Madame Irma prétend utiliser dans sa roulotte un ordinateur pour vendre à bon prix l'avenir par des « prédictions » astrologiques concoctées à partir du mouvement des planètes dans le zodiaque. Ce serait dérisoire si l'astrologie n'était pas élevée au rang d'une institution !

Jauger l'Univers, s'en faire une représentation spatiale, demeure la clé qui permet d'accéder à l'histoire cosmique. Nos sens, en effet, ne nous donnent pas accès à la troisième dimension (la profondeur) : le spectacle du ciel semble se dérouler sur l'écran noir des nuits blanches de l'astronome, la voûte céleste. Nous ne mesurons directement que des distances angulaires. L'exemple le plus classique concerne l'égalité apparente des diamètres angulaires de la Lune et du Soleil (cet heureux hasard permet le jeu des éclipses annulaires ou complètes), mais les diamètres sont dans le même rapport que les distances, soit plus de 400. De plus, il est difficile d'estimer des angles quand on n'en a pas l'habitude : le disque de la Lune peut être entièrement masqué par l'épaisseur d'un crayon tenu à bout de bras. Le monde des étoiles et des galaxies ne peut être abordé sans un arpentage préalable. De la distance dépend l'éclat (ou magnitude) réel d'un astre, sa dynamique, ses dimensions et son évolution.

Dans ce chapitre, nous passerons en revue les méthodes de mesure de distance des astres qui ont de tout temps mobilisé une part importante des ressources intellectuelles et matérielles de l'astronomie. Qu'il s'agisse des distances interplanétaires, intersidérales ou intergalactiques, chacune d'elles sera successivement abordée, aussi bien dans ce chapitre que dans la suite. Bien entendu, l'approche de type « atomistique » couramment utilisée en astronomie (système solaire, étoiles, Voie lactée, galaxies, Univers) nécessite un changement d'étalonnage à chaque saut à un ordre supérieur. Nous passerons donc successivement du kilomètre à l'unité astronomique, à l'année-lumière et, enfin, au parsec. Afin d'éviter un inventaire fastidieux à la Prévert, nous ne présentons pas une liste complète de tous les procédés utilisés par les astronomes pour déterminer les distances. Certaines méthodes spécifiques telles que la parallaxe, la relation de Hubble, etc., sont décrites dans les prochains chapitres.

Après l'horizon

Le marin quittant son port élargissait son univers en dépassant la ligne d'horizon. Faisant voile vers l'inconnu, il n'avait pour tout repère dans son voyage que le Soleil, la Lune, les planètes et les étoiles brillantes :

Il est parti d'Égypte au lever de l'Arcture
Fier de sa nef rapide, aux flancs doublés d'airain.

José Maria de Heredia, *Les Trophées*

L'incertitude des distances à parcourir était le premier souci des navigateurs. Aujourd'hui, cette mesure ne suscite ni angoisse ni effroi. On reste cependant admiratif devant la simplicité des méthodes utilisées par les Anciens pour estimer les premières échelles de grandeur : Ératosthène, deux siècles avant Jésus-Christ, ne disposait d'aucun ordinateur[1] ; il parvint pourtant à calculer les dimensions du globe terrestre avec une erreur de 4 % seulement. Les distances de la Lune, du Soleil et des planètes furent parmi les objectifs essentiels de l'astronomie antique.

How High the Moon ?

Dans l'apaisement affairé du crépuscule, un astronome effectue d'ultimes réglages avant une nuit de travail. Au programme : quelques lointaines galaxies dont il espère mesurer la distance au prix de plusieurs heures d'accumulation patiente de leur faible lumière. Tout en bichonnant, à gestes précis, son spectrographe, il entend la voix d'Ella Fitzgerald encore magnifiée par l'acoustique de la coupole : merveilleuse association de la géométrie, de la haute fidélité et d'un art vocal unique. Ella chante *How High the Moon ?* Cette question sur la distance de notre satellite naturel est maintenant parfaitement résolue, mais elle a intrigué d'innombrables humains depuis des millénaires. Si les artistes de Lascaux ou de la grotte Chauvet n'ont laissé aucune représentation de la Lune ou du Soleil, ils les utilisaient certainement pour scander le temps et s'interrogeaient probablement sur leur nature et leur distance. Qui d'entre nous, contemplant le ciel dans de bonnes conditions, ne s'est pas posé en toute candeur ce genre de question ?

Aristarque de Samos (– 310, – 230) mit au point un procédé astucieux pour mesurer les distances Terre-Lune et Terre-Soleil, basé sur le triangle rectangle formé par le trio Terre, Lune, Soleil, lorsque la Lune est au premier ou au dernier quartier. Sous-estimant la distance du Soleil, et ignorant la trigonométrie, il conclut que le Soleil était 20 fois

---

1. Il est amusant de noter que la France et l'Espagne sont les seuls pays à ne pas utiliser le mot *computer*. *Ordinateur* fut proposé en 1954 pour remplacer *calculateur* ; ce mot provient du vocabulaire théologique (Dieu, ordinateur du Monde…).

plus éloigné que la Lune. Cette échelle, fausse d'un autre facteur 20, sera pourtant utilisée jusqu'à la Renaissance. L'observation des éclipses de Lune permit cependant à Aristarque de déduire le diamètre de celle-ci : le tiers de celui de la Terre (il avait tous les outils en main pour calculer la distance Terre-Lune à partir du diamètre apparent de la Lune). La mesure précise par la méthode des parallaxes fut effectuée en 1751 lorsque Lalande et Lacaille observèrent simultanément la Lune, l'un à Berlin et l'autre au cap de Bonne-Espérance. Peut être puisèrent-ils l'idée chez Racine qui se délectait des nuits d'été et du spectacle céleste :

Enfin lorsque la nuit a déployé ses voiles,
La Lune au visage changeant
Paraît sur un trône d'argent
Et tient cercle avec les étoiles.
Le ciel est toujours clair tant que dure son cours
Et nous avons des nuits plus belles que vos jours.

Lettre écrite à Uzès, le 17 janvier 1662

Les déterminations les plus précises de la distance Terre-Lune sont maintenant obtenues avec une précision de quelques millimètres (soit 1/100 000 000 000 en valeur relative) grâce aux réflecteurs déposés par les astronautes à la surface de notre satellite et aux tirs laser effectués depuis la Terre ; il suffit de mesurer la durée séparant l'émission et la réception d'un signal laser, sachant que celui-ci se propage à la vitesse de la lumière : la distance moyenne Terre-Lune est de 384 400 kilomètres [2].

Le Soleil a rendez-vous avec la Lune

Johannes Kepler, utilisant les observations de Tycho Brahé, a découvert les règles du mouvement planétaire, résumées en trois lois désormais classiques :

1º Les orbites des planètes sont des ellipses dont le Soleil occupe un des foyers.

2º Le mouvement d'une planète sur son orbite est tel que

---

2. Cette distance oscille entre 356 500 et 406 800 km.

le rayon vecteur (segment joignant le Soleil à la planète) balaie des aires égales en des temps égaux.

3º Le rapport entre le cube du grand axe (a) de l'ellipse et le carré de la période de révolution (T) a la même valeur pour toutes les planètes, autrement dit :

$$a^3 / T^2 = \text{constante.}$$

Kepler avait trouvé ces lois empiriquement. Elles guidèrent Newton pour élaborer sa théorie de la gravitation. On peut d'ailleurs montrer que les lois de Kepler sont une conséquence de la loi de la gravitation newtonienne, qui met en œuvre une force d'attraction proportionnelle à l'inverse du carré de la distance.

La mesure de la distance du Soleil fut effectuée par Cassini en 1672, en profitant de l'opposition de Mars. L'astronome détermina la distance de Mars par des mesures de parallaxe (cette méthode est décrite en détail dans le chapitre « De la Voie lactée ») effectuées à Paris et à Cayenne, et appliqua la troisième loi de Kepler, connaissant les périodes de révolution de la Terre et de Mars autour du Soleil. Il obtint une distance de 146 millions de kilomètres et en conclut que le Soleil avait un diamètre gigantesque. La distance réelle moyenne de la Terre au Soleil est de 149 565 800 kilomètres, avec une incertitude de 400 kilomètres. Cette valeur, à laquelle les astronomes donnent le nom d'*unité astronomique* (UA), étalonne fréquemment les distances dans le système solaire et, plus récemment, dans d'autres systèmes planétaires extrasolaires. Une telle précision est obtenue par l'utilisation des échos radar : cette méthode est décrite un peu plus loin.

La distance des planètes

La connaissance du système solaire a souffert au cours de l'histoire de bien des controverses, à commencer par la difficulté de faire admettre le système héliocentrique à la place du vieux modèle géocentrique de Ptolémée. Copernic, Galilée (dans le contexte dramatique bien connu…) puis Kepler se sont véritablement battus afin de faire triompher la réalité d'un Soleil qui soit *le centre et l'âme d'un monde* (Fontenelle). Une des raisons pour lesquelles la controverse dura si longtemps est la difficulté de mesurer la troisième dimension : la distance des planètes.

Les lois de Kepler sont une conséquence de la gravitation newtonienne. Il faut néanmoins apporter une légère modification à la troisième loi ; le calcul donne :

$$a^3 / T^2 = G (M_\odot + m_p)$$

où G est la constante de la gravitation, $M_\odot$ et m_p respectivement la masse du Soleil et d'une planète donnée (si a est exprimé en unités astronomiques et T en années, alors le rapport a^3/T^2 est égal à 1). Si la masse d'une planète est négligeable devant celle du Soleil (1/300 000 pour la Terre, 1/1 000 pour Jupiter), ce n'est plus le cas pour les systèmes d'étoiles binaires : les masses stellaires s'obtiennent de cette manière. La troisième loi permet, en outre, de connaître les distances respectives de tous les corps du système solaire. Il suffit de mesurer la distance entre deux corps quelconques.

Les passages de Vénus devant le Soleil (appelés transits de Vénus) sont des événements bien utiles à cet égard. Dans cette configuration, la distance Terre-Vénus est de l'ordre de 0,3 UA. On obtient donc une bien meilleure précision qu'en essayant de mesurer la parallaxe solaire. Ce phénomène assez rare est analogue à une éclipse. Vu de deux endroits situés à des latitudes différentes, il permet par triangulation d'en déduire la valeur de l'unité astronomique [3].

---

3. Le milieu du XVIIIe siècle était une période extrêmement faste pour l'astronomie dans le royaume de France. Des expéditions lointaines, comme celle de La Condamine, étaient organisées pour mesurer la forme de la Terre. Pour le transit de Vénus du 5 juin 1761, l'Académie dépêcha un de ses membres, Jean-Baptiste Le Gentil de La Galaisière, afin d'effectuer les observations à Pondichéry d'où le phénomène devait être bien visible. Le Gentil ne put débarquer, car Pondichéry était aux mains des Anglais. Il observa, la mort dans l'âme, le transit depuis son bateau d'où il était évidemment impossible de faire des mesures précises. Comme le transit suivant devait avoir lieu huit ans plus tard, le 3 juin 1769, Le Gentil décida de rester, sillonnant l'océan Indien, débarquant à Madagascar et aux Philippines.

Une des plus étonnantes relations entre les distances des planètes fut proposée numériquement par Titius et découverte indépendamment par Bode en 1772. Historiquement, cette « loi de Bode » trouve ses racines profondes dans la tradition pythagoricienne, par la recherche d'une Harmonie universelle, c'est-à-dire un principe d'organisation des planètes analogue à celui de la théorie musicale, les rapports des distances planétaires suivant les composantes tonales de la gamme, tierce, quinte, octave [4]. La loi de Bode donne la distance des planètes, sachant que la distance Terre-Soleil est égale à 1 :

$$d_n = 0{,}4 + 0{,}3\,(2^n)$$

avec $n \to -\infty$ pour Mercure, $n = 0$ pour Vénus, 1 pour la Terre, 2 pour Mars, etc. Le *Tableau 1* donne les valeurs de Bode et les valeurs réelles pour les différentes planètes :

Planète	Distance de Bode	Distance réelle
Mercure	0,4	0,39
Vénus	0,7	0,72
Terre	1,0	1,00
Mars	1,6	1,52
Astéroïdes	2,8	2,90
Jupiter	5,2	5,20
Saturne	10,0	9,55
Uranus	19,6	19,20
Neptune	38,8	30,10
Pluton	77,2	39,50

Tableau 1 : *La loi de Bode.*

Huit ans plus tard, il faisait un temps radieux ce 3 juin 1769. Malheureusement, les nuages arrivèrent une heure avant le phénomène. Le transit suivant ne se produirait pas avant plus d'un siècle. Fatigué, malade, Le Gentil reviendra en France en 1771, après une traversée marquée par les tempêtes et les attaques de pirates. Mais, le croyant disparu, sa femme s'était remariée, ses héritiers s'étaient partagés ses biens, et son fauteuil à l'Académie était occupé. On lui doit tout de même l'introduction de l'hortensia en France.

4. Voir Dominique Proust, *L'Harmonie des sphères*, Dervy, 1990.

Il est clair que la loi de Bode vérifie remarquablement les distances planétaires jusqu'à Uranus. En outre, elle est à l'origine de la découverte de la ceinture des astéroïdes, à commencer par Cérès, observée pour la première fois par Piazzi en 1801.

Depuis le XVIIIe siècle, de nombreuses observations ont permis d'améliorer la mesure des distances planétaires ; les plus récentes utilisent des techniques d'échos radar, analogues aux tirs par faisceaux laser vers la Lune : la précision atteinte est de l'ordre de quelques kilomètres. Dans ce cas, un signal radio, bref et intense, est émis depuis la Terre, réfléchi par la planète, puis détecté sur la Terre par un radiotélescope. La distance de la planète cible est égale à $1/2\,c$T, où c est la vitesse des ondes radio et T le délai entre l'émission et la réception du signal.

Réseau de banlieue : station Étoile

Les étoiles les plus proches de notre système solaire se situent cependant à des distances incomparablement plus grandes que les confins du système solaire. Les méthodes de détermination des distances stellaires sont décrites en détail dans un précédent ouvrage[5], et résumées dans le chapitre « De la Voie lactée ». D'emblée, nous pouvons indiquer que la méthode des parallaxes, utilisant comme base d'observation le mouvement de la Terre autour du Soleil à six mois d'intervalle (*Figure 2*), soit 2 unités astronomiques (ou 300 millions de kilomètres), a permis d'obtenir les distances d'environ 6 000 étoiles. Les premières mesures ont été effectuées au XVIIIe siècle par William Herschel. Néanmoins, Bessel, en 1838, est le premier à donner une valeur précise de la parallaxe de l'étoile 61 du Cygne : 0"348, soit 590 000 fois la distance de la Terre au Soleil. L'étoile la plus proche, *proxima* dans la constellation du Centaure, a une

5. Voir Dominique Proust et Jacques Breysacher, *Les Étoiles*, dans la même collection.

parallaxe de 0"765, soit une distance de 38 000 000 de millions de kilomètres ! Il est bien évident que la manipulation d'une telle kyrielle de zéros est peu pratique. Aux unités classiques, les astronomes ont d'abord substitué l'« année-lumière », égale au trajet parcouru par la lumière en un an à raison de 300 000 kilomètres par seconde. Ils ont ensuite défini le « parsec » (mot formé par contraction de « PARallaxe d'une SEConde ») : c'est la distance à laquelle le rayon

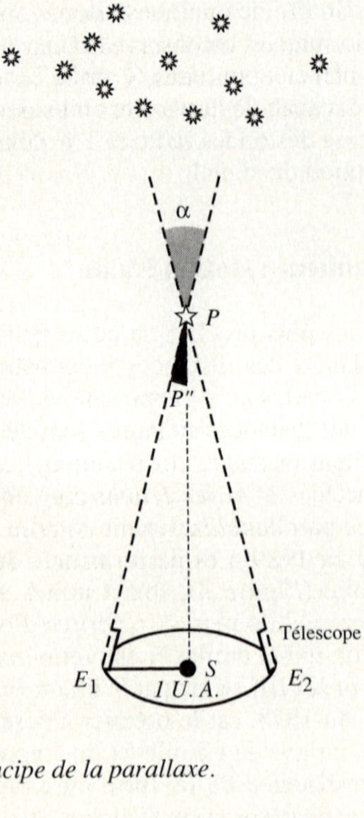

Figure 2 : *Principe de la parallaxe.*

6. La trigonométrie élémentaire indique donc que la distance d'une étoile, mesurée en parsecs, est égale à l'inverse de la parallaxe, exprimée en secondes d'arc.

de l'orbite terrestre est vu sous un angle d'une seconde d'arc, soit 3,26 années-lumière, ou encore 30 856 milliards de kilomètres[6]. Avec cette échelle, *proxima* du Centaure se situe à 1,3 parsec. Nous verrons plus loin la nécessité d'utiliser le « kiloparsec » (1 000 parsecs) ainsi que le « mégaparsec » (1 million de parsecs) et le « gigaparsec » (1 milliard de parsecs), lorsque nous aborderons les distances intergalactiques.

L'introduction d'un concept temporel dans une échelle de distance va poser la première base de la cosmologie moderne ; à défaut de chiffrer les distances en kilomètres ou en unités astronomiques, on observe la Lune à 1,25 seconde-lumière, le Soleil à 8 minutes, l'étoile la plus proche à 4 années, etc. La voûte céleste n'est plus que la projection instantanée d'objets d'âges différents, offrant une palette de lumières dont les plus lointaines sont les plus anciennes (ou les plus jeunes, en « remontant » le cours du temps).

La méthode des parallaxes est assez précise pour mesurer les distances jusqu'à une trentaine de parsecs ; au-delà, les astronomes ont recours à d'autres techniques. Plus une étoile est distante, plus sa parallaxe est faible. L'observation au sol ne permet pas de s'affranchir aisément d'une turbulence atmosphérique, présente même sur les sites les plus performants. Pour cette raison, et afin de ne pas être victime de l'obstacle de l'atmosphère terrestre, les astronomes ont eu recours au satellite artificiel *Hipparcos* (*HIgh Precision PARallax COllecting Satellite*) que l'Agence spatiale européenne a lancé en 1989. Les performances atteintes par ce satellite sont tout à fait remarquables : plus de 100 000 étoiles ont été mesurées avec une précision de 0,002 seconde d'arc.

Les méthodes que nous venons de décrire sont purement géométriques. Elles s'appuient sur une base de triangulation la plus longue possible. À défaut de pouvoir l'étendre au-delà du grand axe de l'orbite terrestre, les astronomes ont recours à des méthodes statistiques, utilisant aussi bien les propriétés dynamiques des astres que leur luminosité. Dans le chapitre « De la Voie lactée » consacré à notre Galaxie, nous verrons comment il est possible d'estimer la distance d'un astre à l'aide de sa luminosité intrinsèque. Une des méthodes statistiques parmi les plus efficaces consiste à mesurer le mouvement propre des étoiles. Celles-ci forment en effet de véritables courants cinématiques, se dirigeant avec une vitesse commune vers un point de convergence, analogue au « point de fuite » des peintres. Il est alors possible d'estimer la distance du courant grâce à une trigonométrie élémentaire.

Une autre technique, appliquée par Herschel au XVIIIe siècle pour étudier la structure de la Voie lactée, repose sur le mouvement du Soleil dans la Galaxie. Celui-ci, accompagné du cortège planétaire, se déplace en direction de l'*apex*, point imaginaire situé dans la constellation d'Hercule. Ce mouvement, si petit soit-il, permet aussi de connaître les distances des étoiles par l'application de méthodes statistiques.

Arpenter l'Univers

Les méthodes que nous venons de décrire ont permis de mesurer la distance de la majorité des corps célestes proches. Dans les chapitres suivants, nous décrivons en détail comment les astronomes sont parvenus à connaître les dimensions et les distances des grandes structures qui nous environnent, d'abord la Galaxie, ensuite les galaxies proches et les membres du Groupe local, le Superamas et les amas de galaxies, enfin l'Univers dans son ensemble. Il nous a semblé préférable d'éviter l'inventaire fastidieux des méthodes utilisées dans ce seul chapitre, pour la simple raison que le passage d'une structure à une structure d'ordre supérieur s'accompagne d'un changement radical des techniques de calibration. De même que nous abandonnons les parallaxes trigonométriques au niveau du système solaire et des étoiles proches au profit d'étalons plus efficaces au-delà de 1 000 années-lumière, nous verrons de quelle manière nous pouvons mesurer la distance des galaxies et des grandes structures, sans omettre les objets les plus lointains comme les quasars.

Il est indiscutable que l'erreur sur la mesure va s'accroître avec la dimension à évaluer. La calibration globale des galaxies est parfois obtenue avec précision grâce à l'apparition d'un phénomène inattendu : la supernova qui explosa dans le Grand Nuage de Magellan en 1987 permit de situer précisément celui-ci à une distance de 53 000 parsecs. Mais, en général, l'incertitude des mesures est liée autant à notre méconnaissance du contenu en matière de l'espace sous forme d'atomes, ceux-ci jouant le rôle d'absorbants de la lumière, que des effets plus spécifiques liés à l'évolution même des étoiles au sein des galaxies. Effectuer une calibration consiste à rechercher une « chandelle standard » assurant la fonction d'étalon lumineux de référence. Ainsi, les astronomes ont vérifié que l'éclat maximum d'une supernova est invariant d'un astre à l'autre. De tels calibrateurs doivent pourtant être utilisés avec la plus grande prudence, compte tenu des incertitudes sur les effets d'absorption dans la direction de visée, et de degré d'évolution avec la distance.

Une autre incertitude est liée aux valeurs que les astronomes donnent aux constantes issues des modèles décrivant la géométrie globale de l'Univers. Nous utiliserons souvent la célèbre « constante de Hubble » qui lie la vitesse de récession d'une galaxie à sa distance, et dont nous ne connaissons ni la valeur exacte, ni l'isotropie. Ainsi, les distances sont d'autant plus incertaines que les objets concernés sont éloignés. Les distances interplanétaires sont connues avec une remarquable précision. Pour les galaxies lointaines, les astronomes s'estiment heureux si la distance est connue à un facteur 2 près. Dans les profondeurs de l'Univers, la situation se complique dans la mesure où la géométrie classique (géométrie euclidienne) est supplantée par une géométrie d'espace-temps. Le chapitre consacré à la cosmologie développe cette topographie générale de l'Univers, dont la géométrie euclidienne n'est qu'un cas particulier.

La connaissance de l'Univers est le fruit conjugué de l'observation et de la théorie. L'une et l'autre n'auraient pu aboutir si nous ne connaissions les étonnantes propriétés de la lumière. Elle nous apporte le message venant des profondeurs de l'espace et du temps grâce à sa double propriété, ondulatoire et corpusculaire. Sur Terre, les astronomes se sont ingéniés à concevoir et réaliser des instruments toujours plus efficaces afin d'en déchiffrer les énigmes les plus subtiles. Le chapitre suivant décrit les progrès instrumentaux accomplis au cours du temps afin de pouvoir sonder l'espace et le temps, c'est-à-dire d'appréhender en quelque sorte notre histoire et notre destin. Nous verrons que l'étude de l'Univers a ses limites et que de nombreuses questions ne sont pas résolues. La meilleure réponse est sans doute celle de Lessing [7] : *la recherche de la vérité est plus précieuse que sa possession.*

7. Gotthold Ephraïm Lessing (1729-1781), écrivain allemand. La citation est extraite d'un recueil de maximes paru en 1780 sous le titre *L'Éducation du genre humain.*

2. Une goutte de clarté

(Les outils de l'astronome)

Nous sommes des météores à gueule de planète,
notre nuit est une veille, notre course une chasse
et notre gibier est une goutte de clarté.

René Char

Une méthodologie commune à toutes les sciences les distingue d'autres activités humaines, aussi essentielles soient-elles (art, cuisine, politique, amour…). Pour expliquer ce qu'on observe dans la nature, on construit des théories comportant un minimum d'hypothèses. Des expériences doivent alors être imaginées pour mettre ces théories à l'épreuve. Si l'épreuve n'est pas réussie, la théorie est réfutée. Inversement, on ne peut jamais être assuré de l'exactitude d'une théorie, une expérience cruciale ignorée pouvant la prendre ultérieurement en défaut. D'autres expériences sont aussi conduites, pour simplement préciser les faits observés, qu'ils aient ou non une interprétation théorique satisfaisante.

L'astronomie s'insère sans peine dans ce bel édifice de rigueur et d'objectivité avec, toutefois, une petite particularité : la démarche expérimentale est pratiquement impossible dans cette discipline [1]. Certes, l'exploration directe de la proche banlieue solaire s'est banalisée, les mesures physiques, les analyses chimiques et les prélèvements d'échantillons rapportés et étudiés sur Terre font maintenant partie de la routine. Mais il serait peut-être plus exact, dans ce cas, de parler de « géologie extraterrestre ». L'astronomie au sens habituel reste une science de l'inaccessible, basée uniquement sur l'observation à distance d'objets et d'événements

1. D'autres sciences comme la paléontologie ou l'archéologie partagent cette situation, mais à un degré moindre.

que nous ne pouvons pas manipuler. Le hasard fait parfois bien les choses : lorsqu'une comète est venue « naturellement » percuter Jupiter en 1994, la connaissance du monde jovien a spectaculairement progressé. En cela, l'astronomie est une science « naturelle » par excellence.

La somme des connaissances acquises en astronomie doit tout à un irremplaçable « messager céleste » : la lumière. Dans son cours de philosophie de 1842, Auguste Comte donnait la composition chimique du Soleil et des étoiles comme exemple d'une connaissance à jamais inaccessible à l'homme. Quelques années plus tard, les premières observations spectroscopiques permettaient pourtant d'entreprendre l'analyse chimique du Soleil et de quelques étoiles brillantes.

Outre les échelles de distance, l'environnement extragalactique et l'organisation de l'Univers observable ne peuvent se comprendre sans l'outillage indispensable. Tous les objets cosmiques émettent un rayonnement électromagnétique, dont l'observation dans le domaine du visible est la manifestation la plus spectaculaire. Nous évoquons dans ce chapitre les principaux outils dont l'astronome dispose : la lumière, les instruments conçus pour la recueillir et l'analyser, et les concepts qui permettent d'interpréter les observations.

Matière première : la lumière

La précieuse lumière qui nous « éclaire » sur la nature et la physique des astres lointains est elle-même une entité dont nous avons toujours eu du mal à comprendre la nature et la physique. Historiquement, les théories corpusculaires et ondulatoires de la lumière furent longtemps rivales, avant que la physique quantique n'en fasse la synthèse. Cette représentation actuelle est scientifiquement satisfaisante, car elle explique de façon remarquablement précise tous les phénomènes observés.

ONDE OU CORPUSCULE ?

Vers 1700, deux théories s'affrontent. Pour l'Anglais Isaac Newton, la lumière est formée de particules, les « grains de lumière », se déplaçant très rapidement. Pour le Hollandais Christian Huygens, la lumière est une onde, c'est-à-dire une déformation se propageant dans un milieu continu. Si la théorie de Newton est acceptée, lui-même admet qu'il faut introduire une périodicité dans le mouvement des « grains de lumière » pour expliquer certaines observations. Avec les progrès de l'étude expérimentale de la lumière au cours du XIXe siècle, la théorie ondulatoire va ensuite s'imposer.

On rencontre dans la nature deux sortes d'ondes. Les ondes transverses sont identiques aux vagues que l'on peut faire à la surface de l'eau en y jetant un caillou. C'est une perturbation verticale qui se propage horizontalement, sans transport de matière. Les ondes longitudinales, comme les ondes sonores que peut produire la membrane vibrante d'un haut-parleur, font osciller les molécules autour d'une position moyenne, longitudinalement par rapport à l'onde. Dans les deux cas, une onde se caractérise par sa fréquence ν (le nombre d'oscillations par seconde des molécules de l'eau ou de l'air), sa longueur d'onde λ (la distance entre deux vagues ou deux zones comprimées), et son amplitude (vague plus ou moins haute, son plus ou moins fort). La vitesse de l'onde v est donnée par :

$$v = \lambda\nu.$$

Deux questions se posent à propos de la lumière considérée comme une onde : est-ce une onde transverse ou longitudinale ? Quel est le milieu qui vibre ? L'expérience de diffraction réalisée par Thomas Young en 1801 permet de répondre à la première question. Un faisceau lumineux passant par un trou minuscule projette sur un écran une succession d'anneaux concentriques de plus en plus pâles. Si le cache est percé de deux petites fentes, on observe une succession de bandes sombres et brillantes, les interférences.

Les ondes lumineuses sont donc transverses. La réponse à la seconde question est moins évidente. Il faut admettre l'existence d'une substance, l'éther, emplissant tout l'espace (même le vide), et propageant les ondes lumineuses.

En 1864, James Clerk Maxwell formule la théorie de l'électromagnétisme, associant la lumière visible à une onde électromagnétique, de longueur d'onde comprise entre 0,4 μm pour le violet et 0,8 μm pour le rouge. Il existe aussi des radiations invisibles, ultraviolettes pour les longueurs d'onde plus courtes, infrarouges pour les longueurs d'onde plus grandes. Heinrich Hertz observe en 1887 que la lumière ultraviolette venant frapper des plaques métalliques peut leur arracher des électrons. Cet effet photoélectrique ne se produit que si la lumière incidente a une fréquence plus grande qu'un certain seuil caractérisant le métal étudié. En 1905, Albert Einstein explique cet étrange phénomène en supposant que la lumière a une structure granulaire, chaque grain de lumière de fréquence ν transportant une énergie $E = h\nu$, où h est la constante de Planck. Le grain de lumière (le *photon*) réapparaît.

Les deux à la fois !

Au tournant du XXe siècle, une théorie électromagnétique de la lumière s'élabore, réunissant ses aspects d'onde et de corpuscule, et permettant d'éliminer l'encombrant concept d'éther. L'aspect ondulatoire de la lumière refléterait le comportement collectif des photons, dont l'individualité se manifeste dans un phénomène comme l'effet photoélectrique. On peut s'en faire une représentation approximative en considérant un flot de voitures sur une route, composé d'éléments bien individualisés et de même gabarit. On définit des « ondes automobiles », telles les agaçantes ondes de compression lorsque la circulation, proche de la saturation, s'effectue en accordéon. À un embranchement, chaque voiture peut choisir de tourner à droite ou à gauche : le flux global se répartit ainsi entre les deux voies. Au niveau corpusculaire, cette image est fausse. Même en cas de circulation fluide, les photons montrent encore un comportement ondulatoire. L'expérience des « trous de Young » décrite plus haut donne des interférences même à très faible flux et l'on doit admettre que, d'une certaine façon, chaque photon passe par les deux trous à la fois, comme si une voiture prenait à la fois la route de droite et celle de gauche ! Les équations de la mécanique quantique, cadre mathématique nécessaire pour faire la synthèse onde-particule, décrivent ce phénomène. Chaque photon individuel est aussi une onde, un objet qui n'est pas localisé et qui peut interférer avec lui-même. C'est sans doute vrai, mais guère intuitif. Ce problème n'est pas propre à la lumière, la mécanique quantique ayant montré que les particules matérielles (par exemple, les électrons) ont également un aspect ondulatoire, une double personnalité en quelque sorte [2].

Nous nous contenterons d'admettre par la suite que, suivant les circonstances, il peut être pratique de considérer la lumière plutôt comme une onde ou plutôt comme un flot de particules.

À LA VITESSE DE LA LUMIÈRE

Nous aurions pu poser une troisième question concernant l'onde lumineuse : quelle est sa vitesse ? Pendant longtemps, on ne sut pas si elle était finie ou non. On savait seulement qu'elle était beaucoup plus grande que la vitesse du son. Galilée tenta sans succès de la mesurer sur une base de quelques kilomètres. La première évaluation fiable vint d'observations astronomiques effectuées par Römer en 1675 qui en donna une estimation assez honnête, $c = 214\,000$ kilomètres par seconde. Cette vitesse fut ensuite précisée par diverses mesures astronomiques ou terrestres. Grâce aux étalons de fréquence atomiques, on sait maintenant mesurer le temps avec une précision excellente, de l'ordre de 10^{-14}. D'autre part, la relativité postule que la vitesse de la lumière est une constante fondamentale et qu'elle ne dépend pas de l'état de mouvement de l'observateur, affirmation qui a été parfaite-

2. Le lecteur intéressé trouvera de multiples éléments pour une réflexion plus approfondie dans le livre de Richard Feynman, *Lumière et matière*, publié dans cette même collection.

ment vérifiée expérimentalement. Depuis peu, on définit donc l'étalon de longueur à partir de l'étalon de temps. Par définition, la vitesse de la lumière est fixée à $c = 299\,792\,458$ mètres par seconde, ce qui revient à dire que le mètre est la longueur parcourue par la lumière (dans le vide) en 1/299 792 458 seconde. Une autre unité familière de distance donnée par la lumière est l'année-lumière qui correspond, en chiffre rond, à quelque 10 000 milliards de kilomètres.

La vitesse finie de la lumière a encore une importante conséquence : l'astronome explore *à la fois* le temps et l'espace. Ainsi, nous voyons la Lune telle qu'elle était il y a un peu plus d'une seconde. Pluton, la plus lointaine planète du système solaire, est à 12 heures-lumière, tandis que la plus proche étoile se situe à presque 4 années-lumière de nous. Au-delà, il faut compter en milliers, millions et milliards d'années, jusqu'aux confins de l'Univers visible, et jusqu'à l'origine du temps.

Les empreintes de la lumière

On sait depuis Newton que la lumière du Soleil peut être décomposée par un prisme en différentes couleurs, correspondant à différentes longueurs d'onde. Un arc-en-ciel est la réalisation naturelle de ce phénomène, les gouttelettes d'eau en suspension dans l'atmosphère jouant le rôle d'un prisme. La distribution d'énergie en fonction de la longueur d'onde s'appelle un *spectre*. L'instrumentation nécessaire pour l'analyse spectrale d'un rayonnement est très simple. Si l'on éclaire une fente étroite avec une source lumineuse, que l'on disperse la lumière provenant de cette fente perpendiculairement à sa hauteur à l'aide d'un prisme ou d'un réseau de diffraction, et que l'on reforme une image, on obtient une série d'images juxtaposées de la fente. Un excès ou un déficit de lumière pour une longueur d'onde donnée va se traduire par une image monochromatique plus brillante (une raie en émission) ou plus sombre (une raie en absorption). On vient de réaliser un *spectrographe*.

Les premières raies en absorption dans le spectre du Soleil furent ainsi détectées en 1814. Gustav Kirchhof, en

1862, résume les connaissances acquises en spectroscopie par l'énoncé de deux règles simples : chaque élément a une « signature spectrale » (un ensemble de raies spectrales) caractéristique, et tout corps peut absorber le rayonnement qu'il est capable d'émettre. La première règle permet de retrouver dans les spectres des astres les raies d'éléments chimiques étudiés en laboratoire. La seconde indique que ces raies peuvent être en émission ou en absorption suivant le contraste de température du gaz observé par rapport à son environnement. La seconde règle indique aussi qu'un corps parfaitement absorbant devrait être aussi un émetteur parfait. Une enceinte fermée, comme un four hermétiquement clos, est parfaitement noire (ne dit-on pas qu'« il fait noir comme dans un four » ?). En la chauffant, on doit donc obtenir le rayonnement de l'émetteur parfait, le *rayonnement du corps noir*. La distribution spectrale de ce rayonnement ne dépend plus du matériau utilisé pour construire l'enceinte, mais seulement de la température. On dit que le rayonnement a été « thermalisé ». Pour l'observer, il faut pratiquer une minuscule ouverture dans l'enceinte.

Des millions de spectres d'étoiles ont été étudiés. Ils se composent généralement d'un spectre continu assez semblable à un spectre de corps noir, émis par les couches profondes de la photosphère, auquel se superposent des raies en émission ou en absorption produites dans les couches supérieures.

La physique atomique explique les règles de l'analyse spectrale. Schématiquement, un atome se compose d'un noyau entouré d'électrons. Seules certaines orbites électroniques sont stables, correspondant à des niveaux d'énergie quantifiés E_i. Un électron peut passer d'une orbite stable à une autre d'énergie inférieure en émettant un photon d'énergie :

$$h\nu_{ij} = E_i - E_j$$

ou passer à une orbite d'énergie supérieure en absorbant un photon d'énergie :

$$h\nu_{kj} = E_k - E_j.$$

Les niveaux d'énergie, donc les raies spectrales, sont caractéristiques de chaque élément chimique. Pour un élément donné, les populations statistiques des différents niveaux, c'est-à-dire les rapports d'intensité des raies, dépendent des conditions physiques (température, pression...). Des modèles de plus en plus élaborés permettent de calculer les spectres d'atomes complexes, et la comparaison avec les spectres observés donne de nombreuses informations sur la structure et l'évolution des étoiles et des galaxies.

Lumière et mesure

Les astronomes sont souvent confrontés à des quantités qui, en unités habituelles, s'exprimeraient par des nombres très grands ou très petits, difficilement maniables. Ils inventent donc des systèmes mieux adaptés, telle la *magnitude*, qui mesure l'éclat des astres selon une échelle logarithmique, analogue aux décibels en acoustique. Les Grecs anciens classaient empiriquement les étoiles visibles à l'œil nu en six « grandeurs », correspondant à peu près à des rapports de flux lumineux en progression géométrique. On a essayé de conserver ce mode de classement en le rationalisant. La magnitude « apparente » d'une étoile vaut, par définition :

$$m = m_o - 2{,}5 \log (f)$$

où f est le flux de l'étoile (énergie reçue sur Terre par unité de temps et de surface) et m_o est une constante. Une différence de 5 magnitudes correspond à un rapport de flux de 100, tandis qu'une différence de 1 magnitude correspond à un rapport $100^{1/5} = 2{,}512$. L'origine fixée par la constante m_o repose sur quelques étoiles choisies comme étalon. Différentes magnitudes sont définies : bleues, « visuelles » (c'est-à-dire jaunes), infrarouges, etc. La brillante étoile Véga, visible dans le ciel estival, a toutes ses magnitudes très proches de zéro. Cette échelle se prolonge dans les deux sens et s'applique à d'autres corps que les étoiles. Ainsi, Vénus à son plus grand éclat atteint la magnitude visuelle – 4,4, la pleine Lune – 12,5 et le Soleil – 26,7, tandis que les plus faibles objets détectables avec les moyens actuels ont une magnitude de l'ordre de +28.

On n'a pas manqué d'étendre le système à la mesure des luminosités absolues. L'éclat apparent d'un astre dépendant de sa luminosité réelle et de sa distance, on définit sa magnitude *absolue* comme celle qu'il aurait s'il était ramené à la distance standard de 10 parsecs. Le Soleil, avec une magnitude $M_v = +4{,}8$, est bien modeste à coté de Sirius ou Bételgeuse. La galaxie d'Andromède brille de tous ses feux avec $M_v = -21{,}1$. On en déduit immédiatement que cette galaxie luit comme 25 milliards de Soleils.

Voir loin

Des observatoires sans télescope

Quand on pense astronomie, on pense aussitôt télescope. Pourtant, durant des millénaires et jusqu'au début du XVIIe siècle, le ciel fut observé à l'œil nu, avec la seule aide d'instruments servant à viser les astres et définir leur position : astrolabe, gnomon, quart de cercle gradué, etc.

Il reste de ces temps « pré-télescopiques » les ruines ou le souvenir de quelques-uns des observatoires financés par les rois et les empereurs : l'observatoire que fit construire Ouloug-Beg à Samarcande (XVe siècle), celui d'Uraniborg au Danemark où Tycho Brahé effectua de 1576 à 1596 des observations d'une remarquable précision, dont Kepler se servit. Il reste aussi les fondements de l'astronomie de position et de la photométrie visuelle.

Premiers instruments pour une nouvelle science

On ne sait pas exactement qui inventa la première « lunette d'approche », ou « longue-vue », ni à quelle date précise, sans doute à la fin du XVIe siècle. En revanche, on peut attribuer à Galilée en 1609 l'invention de la lunette à usage astronomique. Avec des instruments encore très imparfaits, il fait ses célèbres découvertes, montagnes lunaires, satellites

« galiléens » de Jupiter, taches solaires, résolution en étoiles de la Voie lactée, etc., qui révolutionnent les connaissances astronomiques et lui attirent de non moins célèbres ennuis avec la hiérarchie catholique. Désormais, l'ancienne distinction aristotélicienne entre les astres parfaits et inaltérables, d'une part, et le monde sublunaire imparfait et périssable, de l'autre, n'a plus lieu d'être. Il faut admettre que la Lune est une autre Terre, que la Terre est aussi un astre et qu'il n'y a qu'un seul Univers, régi partout par les mêmes lois. On conçoit qu'un tel chambardement d'idées ait rencontré des résistances. D'ailleurs, ont-elles vraiment disparu aujourd'hui ? En tout cas, après Galilée, le terrain est prêt pour le développement d'une étude physique des astres : l'astrophysique.

La lunette de Galilée associait un objectif fait d'une lentille convexe et un oculaire fait d'une lentille concave. Ces lentilles simples sont affectées de diverses aberrations, entre autres le chromatisme [3], que l'on peut diminuer en utilisant des lentilles minces à très grande focale. Cela conduisit à d'immenses lunettes « à faire peur aux gens » de plusieurs dizaines de mètres de long, peu pratiques et peu lumineuses. Une amélioration apportée à partir de 1758 consiste à utiliser, pour l'objectif comme pour l'oculaire, des doublets ou triplets de lentilles de matériaux différents. En choisissant judicieusement les verres, on peut ainsi corriger partiellement le chromatisme. Les grandes lunettes du XIXᵉ siècle sont conçues sur ce principe.

Depuis longtemps, on savait plus ou moins confusément qu'un miroir concave peut remplacer une lentille. Les verres de bésicles avaient fait leur apparition à la fin du XIIIᵉ siècle (les verriers de Murano, à Venise, s'en étaient fait une spécialité) et étaient utilisés de façon assez empirique pour corriger la myopie et la presbytie. Dès cette époque, un moine

---

3. La distance focale varie avec la longueur d'onde. Ainsi, il est impossible d'avoir une image nette en lumière blanche. En changeant la mise au point, on aura par exemple une image bleue nette entourée d'un halo rouge, ou l'inverse.

franciscain britannique, Roger Bacon (1210-1294), remarque qu'un miroir concave a des propriétés optiques similaires. Les télescopes à miroirs auraient donc pu être inventés avant les lunettes. Galilée suggère d'ailleurs clairement que l'on peut associer un miroir concave et un oculaire à lentille pour obtenir le même effet qu'avec une lunette. En 1663, l'Anglais Gregory décrit un télescope à deux miroirs concaves (de sections paraboliques), mais ne peut construire un prototype de qualité satisfaisante. En 1666, Newton découvre la dispersion de la lumière par un prisme et comprend que le même phénomène produit les aberrations chromatiques des lentilles, alors que les optiques à miroirs en sont naturellement exemptes. Il construit un petit télescope à miroirs, présenté en 1672 à la Société royale de Londres. Dans ce montage, l'image est renvoyée sur le côté du tube du télescope par un petit miroir plan. La même année, le Français Cassegrain propose la combinaison qui porte maintenant son nom. Elle associe un miroir primaire concave (parabolique), troué en son centre, et un secondaire convexe (hyperbolique) qui renvoie l'image agrandie derrière le primaire. On peut ainsi monter commodément des instruments assez lourds derrière le télescope.

En dépit de leurs qualités optiques, les télescopes (ou réflecteurs) sont difficiles à construire, et la lunette (ou réfracteur) sera préférée pendant les XVIIIe et XIXe siècles pour la stabilité des images qu'elle donne. La plus grande lunette jamais construite fut mise en service en 1897 à l'Observatoire de Yerkes (USA). Son objectif de 102 centimètres de diamètre marqua les limites de cette technique. Au-delà, les télescopes prendront le relais.

LE XXe SIÈCLE

Après l'invention des lunettes et des télescopes, le plus important progrès des techniques d'observation est certainement le remplacement de l'œil humain par différents récepteurs qui permettent d'enregistrer et d'étudier à loisir des images. Les télescopes sont mieux adaptés à cet usage que les lunettes, et leur technologie va évoluer de plus en plus rapidement au cours du XXe siècle. Aux disques de bronze lourds et difficiles à tailler, on a substitué des disques de verre qui peuvent être taillés et polis avec précision puis recouverts d'une très mince couche réfléchissante d'argent ou d'aluminium.

Les diamètres des miroirs de télescope croissent inexorablement pour satisfaire l'appétit de lumière des astronomes. Un jalon important, en particulier pour l'astronomie extragalactique, est la mise en service en 1948 du télescope de 5 mètres du mont Palomar (USA). Ce record est difficilement dépassé en 1974 avec le télescope de 6 mètres de Zelentchuk dans le Caucase, mais il semble bien que l'on ait atteint les limites d'une technologie. Pour augmenter encore la taille des télescopes, il faut renoncer aux miroirs monolithiques rigides. De nouveaux télescopes géants de 8 à 10 mètres, en service ou en construction, sont maintenant équipés de miroirs très minces et déformables. Un miroir du *Very Large Telescope* (VLT) a, par exemple, une épaisseur inférieure à 20 centimètres pour un diamètre de 8,2 mètres, et ne pèse « que » 22 tonnes. La surface optique de ces miroirs minces conserve cependant sa forme théorique à une fraction de micron près grâce à un système de vérins contrôlés en permanence par ordinateur.

Une solution pour augmenter la surface collectrice consiste à combiner la lumière recueillie par plusieurs télescopes. En 2000, les deux plus grands collecteurs de photons seront ainsi le VLT, en construction dans le désert d'Atacama (Chili), et les deux télescopes Keck, installés au Mauna Kea à Hawaï (*Figure 3*). Le VLT comprend quatre télescopes de 8,2 mètres, équivalents, en combinant leurs faisceaux, à un télescope de 16 mètres. Les deux télescopes Keck font chacun 10 mètres de diamètre, et sont équivalents à un télescope unique de 14 mètres. En fait, chaque miroir primaire Keck est une mosaïque de 36 petits miroirs hexagonaux de 1,8 mètre, pilotés indépendamment. Il ne s'agit plus ici d'optique classique, mais d'opto-électronique, et ces nouvelles technologies ne sont possibles que grâce aux progrès de l'informatique.

Figure 3 : *Le télescope Canada-France-Hawaï. Fonctionnant depuis 1980 au sommet du volcan éteint Mauna Kea (4 200 mètres) dans l'île d'Hawaï, ce télescope est l'un des derniers grands télescopes « classiques ». Son miroir de 3,6 mètres de diamètre a une épaisseur de 60 centimètres et pèse 14 tonnes. Le télescope peut être utilisé indifféremment à l'un de ses trois foyers : primaire, Cassegrain ou coudé ; il est ici représenté dans sa configuration pour foyer primaire (les instruments d'observation sont dans le cylindre noir en haut du télescope). La monture est équatoriale, c'est-à-dire qu'elle comporte un axe parallèle à l'axe de rotation de la Terre et l'autre perpendiculaire. (Cliché C. Vanderriest.)*

Les télescopes optiques géants sont indispensables pour étudier les objets les plus faibles et les plus lointains, mais ils doivent être associés à d'autres télescopes spécialisés, de taille plus modeste. Des télescopes photométriques plus ou moins automatisés permettent de suivre les objets variables sur de grandes périodes de temps. Les observatoires sont également dotés de télescopes donnant des images de qualité dans un champ de plusieurs degrés. Le plus célèbre est le télescope de Schmidt, qui combine un miroir sphérique et une lame de forme spéciale, convexe au centre et concave au bord, placée au centre de courbure du miroir. La fabrication de cette lame est assez délicate ; Bernhard Schmidt (1875-1935) en était le grand spécialiste [4].

Les télescopes à grand champ ont un rôle très important pour la préparation des observations avec les grands télescopes aux champs beaucoup plus restreints. L'atlas du ciel en deux couleurs réalisé entre 1949 et 1958 avec le Schmidt de 1,2 mètre du mont Palomar est un outil familier. Il couvre tout le ciel au nord de la déclinaison – 33° et contient plusieurs dizaines de millions d'étoiles jusqu'à la magnitude 19. Dans chaque couleur, 936 plaques photographiques ont été nécessaires, et c'est en examinant cette collection que les amas de galaxies ont tout d'abord été identifiés et répertoriés. Une version plus récente utilisant les meilleures plaques photographiques vient d'être achevée. Elle a été entièrement numérisée et est disponible sur CD-Rom. Un atlas équivalent dans le proche infrarouge est en cours d'achèvement.

---

4. Cet opticien avait perdu un bras dans sa jeunesse, à la suite d'une expérience de chimie malheureuse. Mais son unique main avait acquis une sensibilité extraordinaire. Il pouvait juger la qualité optique d'une lame en cours de polissage en l'effleurant seulement du bout des doigts…

Et au-delà du visible

ÉLARGIR LE SPECTRE

Le XXe siècle a vu aussi s'élargir considérablement le spectre accessible à l'observation, hors de la fenêtre étroite des radiations visibles (*figure 4*).

La radioastronomie est née en 1931. Traquant les sources de bruit affectant les communications radio, Karl Jansky remarqua un curieux bruit de période 23 h 56 mn, c'est-à-dire la période de rotation sidérale de la Terre. Il venait de détecter par hasard l'émission radio du centre de la Voie lactée. Après la Seconde Guerre mondiale, l'essor de la radioastronomie fut très rapide. Très vite, on détecta l'émission radio variable du Soleil. En ondes métriques et centimétriques, les radiotélescopes utilisent des « miroirs » faits de grillage (il suffit que le maillage soit plus petit que la longueur d'onde d'observation). Il s'agit d'équipements très imposants par leur taille : la surface collectrice du radiotélescope de Nançay en Sologne atteint 2 000 mètres carrés. Le radiotélescope d'Arecibo (Porto-Rico) a un miroir fixe de 300 mètres aménagé dans un cratère naturel. Le radiotélescope RATAN 600, tout près du télescope optique de Zelentchuk, est un anneau de 600 mètres de diamètre. On sait aussi accroître la résolution des radiotélescopes par interférométrie. Le VLA (*Very Large Array*) est un ensemble de 27 antennes de 25 mètres de diamètre, mobiles sur des rails dessinant un gigantesque Y dans le désert du Nouveau-Mexique. Les positions extrêmes des antennes (30 km) donnent une résolution équivalente à celle d'un radiotélescope unique de 30 kilomètres de diamètre, c'est-à-dire comparable à celle des télescopes optiques. Le VLA fonctionne en ondes centimétriques. Son équivalent pour les ondes métriques est en construction en Inde. Le domaine des ondes millimétriques est aussi exploré activement depuis quelques années. Avec de tels moyens, les découvertes se sont rapidement succédé : quasars, pulsars, rayonnement à 21 centimètres de

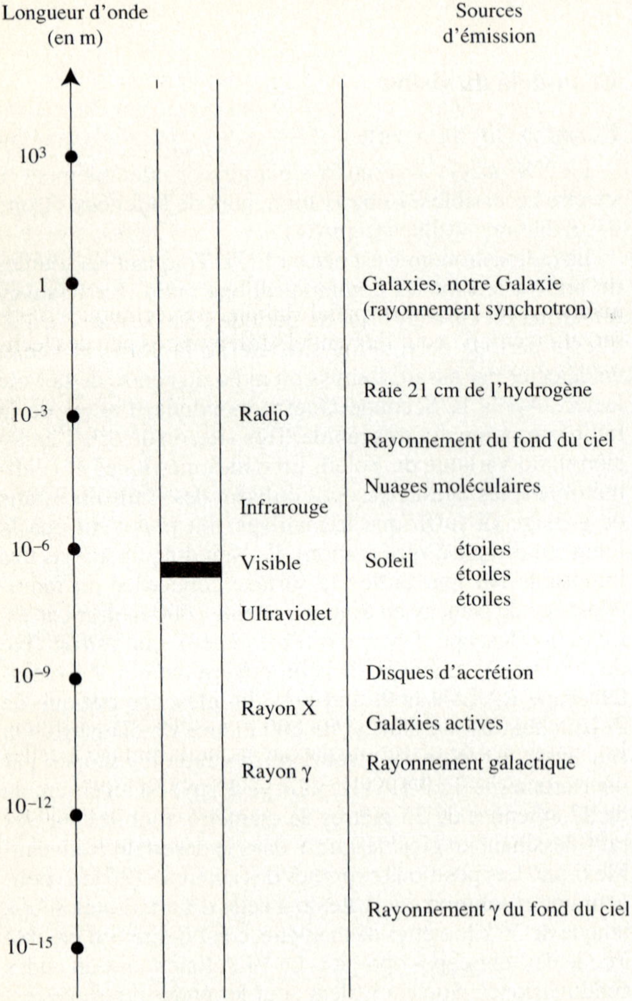

Figure 4 : *Le domaine des ondes électromagnétiques observable en astronomie (d'après Evry Schatzman,* Le Message du photon voyageur, *Belfond, 1987).*

l'hydrogène, rayonnement fossile à 3 degrés Kelvin, etc. La radioastronomie est maintenant un moyen d'investigation de l'Univers aussi important que l'astronomie optique.

De l'autre côté de la fenêtre visible, on a cherché à accéder au domaine ultraviolet par des observations en ballon puis par des vols balistiques de fusées et finalement avec des satellites. Le vaillant petit télescope IUE (*International Ultraviolet Explorer*), lancé en 1978, était prévu pour fonctionner deux ans : il apporta une moisson exceptionnellement riche pendant près de 18 ans ! Le principal télescope UV est maintenant le télescope spatial Hubble. Les techniques d'observation en UV, pour l'essentiel, diffèrent très peu des techniques du visible.

Encore plus loin du côté des courtes longueurs d'onde, on trouve les rayons X. Le satellite Uhuru (« liberté » en langue swahili), lancé du sol africain en 1970, fut l'un des premiers télescopes à se libérer de l'atmosphère terrestre, et le premier télescope X : il permit de détecter environ 400 sources. Vingt ans plus tard, ROSAT (Röntgen Satellite) donne une image X du ciel avec une résolution de trois secondes d'arc, comparable à celle d'un télescope optique.

Toujours plus loin, il y a les rayons γ. GRO (*Gamma-Rays Observatory*) est le dernier instrument en date à ces longueurs d'onde, avec une résolution angulaire d'environ un degré seulement. C'est le point faible des télescopes gamma, les techniques de détection s'apparentant davantage à celles de la physique des particules qu'à celles de l'optique.

En infrarouge, l'atmosphère est transparente dans quelques fenêtres bien précises entre 2 et 20 μm. Pour étudier tout le domaine infrarouge, il faut encore recourir aux observations par satellite. IRAS (1983) travaillait entre 12 et 100 μm, avec une résolution de l'ordre de 30" ; il a permis de cataloguer plus de 400 000 sources. ISO lui a succédé récemment (1995) avec une résolution de 2" (*Figure 5*). L'optique de ces télescopes doit être refroidie d'autant plus vigoureusement que l'on observe à de grandes longueurs d'onde. Ce refroidissement est assuré par de l'hélium liquide, qui finit par s'évaporer. La durée de vie de l'instrument est ainsi limitée à quelques mois.

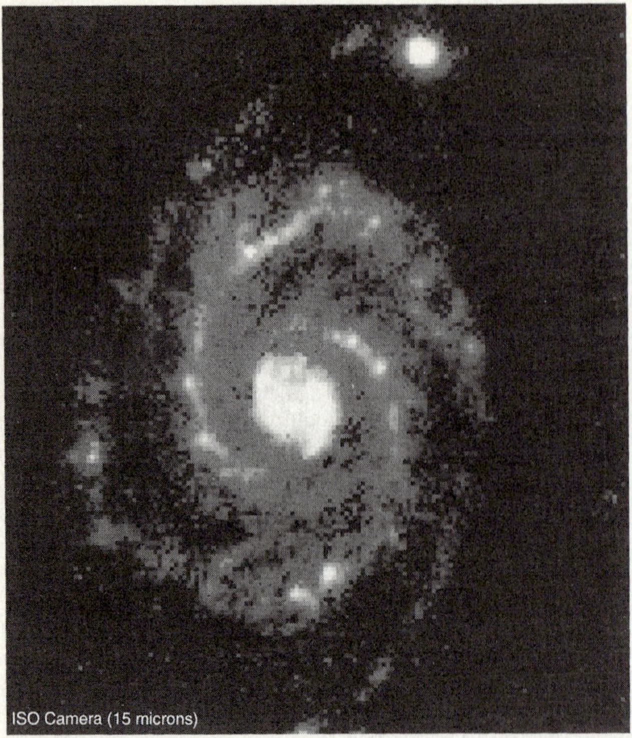

Figure 5 : *Image infrarouge de la galaxie Messier 51 obtenue avec le satellite ISO. (Document ESA / ISO, CEA Saclay et ISOCAM Consortium.)*

Le satellite COBE (1991) a été spécialement conçu pour la mesure précise du rayonnement du fond du ciel aux longueurs d'onde millimétriques. Enfin, il faut encore citer deux instruments satellisés mais travaillant dans le domaine visible : *Hipparcos* et *Hubble*, qui ont en commun d'être des miraculés de l'espace. Hipparcos, lancé en 1989, est un télescope astrométrique destiné à mesurer très précisément et de nombreuses fois les positions de quelques milliers d'étoiles, ce qui donne leurs distances et leurs mouvements propres. Prévu pour travailler en orbite géostationnaire circulaire, il s'est retrouvé sur une orbite très elliptique, par suite de la défaillance du moteur d'apogée de la fusée. Il a alors fallu revoir complètement la stratégie d'observation. Malgré cela, on peut dire que les objectifs de la mission ont été remplis à près de 100 %. Le télescope spatial Hubble devait donner en visible et dans le proche ultraviolet des images limitées seulement par la diffraction du miroir principal de 2,4 mètres. Après le lancement (1990), on s'est rendu compte qu'une incroyable erreur dans le polissage du miroir principal ruinait la qualité des images. Une mission de secours fut organisée en 1993 avec la navette spatiale, pour venir poser sur place une optique correctrice [5]. Maintenant, les performances sont pratiquement celles attendues au départ, comme le montre l'image de couverture de ce livre.

Un autre regard

La fenêtre sur l'Univers s'est prodigieusement agrandie au cours des dernières décennies. Alors que la lumière visible recouvre une octave (longueurs d'onde de 0,4 à 0,8 μm environ), on peut maintenant recueillir des informations plus ou moins précises sur près de 50 octaves du spectre électromagnétique. Ces informations sont souvent présentées sous forme d'images ou de cartes en fausses couleurs rappelant les images visibles.

Une astronomie nouvelle est en train de naître, qui n'est plus basée sur les ondes électromagnétiques, et donne un autre regard sur l'Univers. Les rayons cosmiques, particules matérielles (telles que protons, électrons, etc.) émises par les astres et pouvant atteindre parfois des énergies étonnantes, sont une source d'information connue depuis déjà plusieurs décennies. On commence à pouvoir intégrer correctement dans les modèles du Soleil celles qui forment le « vent solaire ». Les autres ne peuvent guère être identifiées à des

5. Calculée au Laboratoire d'astronomie spatiale de Marseille : les bésicles de Hubble sont françaises !

objets précis. Provenant vraisemblablement d'objets très lointains et énergétiques, comme les supernovae ou les quasars, elles ont perdu toute information sur leur lieu d'origine au terme d'un long voyage qui suit les méandres des champs magnétiques galactique et extragalactique.

Les neutrinos sont plus directs. Émises au cœur des étoiles lors des réactions de nucléosynthèse, ces particules fantômes n'interagissent avec la matière que par l'intermédiaire de la force nucléaire faible. Cette étonnante propriété fait aussi toute la difficulté de leur détection. Les « télescopes à neutrinos » sont enfouis dans des laboratoires souterrains, protégés par des kilomètres de roches de toute perturbation liée aux rayons cosmiques ou à l'activité humaine. Dans les détecteurs actuels les plus efficaces, seul un neutrino sur 1 000 milliards de milliards (10^{21}) se laissera prendre au piège. Les autres traversent l'instrument et probablement toute la Terre comme si de rien n'était. Il n'est pas étonnant que l'on n'ait, à ce jour, détecté que deux objets par cette technique : le Soleil d'abord, puis la supernova de 1987 dans le Grand Nuage de Magellan. Au début de l'explosion d'une supernova, presque toute l'énergie est émise sous la forme d'une énorme bouffée de neutrinos. Pour la supernova de 1987, celle-ci s'est traduite par quelques événements enregistrés dans deux laboratoires. Modeste mais précieuse récolte ! L'intensité, la durée et l'instant d'émission de cette bouffée ont permis de confirmer les modèles de supernova.

Les ondes gravitationnelles sont tout aussi discrètes. Prévues par la relativité générale, elles sont émises quand des masses se déplacent, de la même façon que les ondes électromagnétiques sont émises quand des charges électriques se déplacent, et elles se propagent aussi à la vitesse de la lumière. Le système Terre-Lune, par exemple, perd peu à peu de l'énergie par émission d'ondes gravitationnelles. Une détection « indirecte » nous assure que les ondes gravitationnelles existent. Le « pulsar binaire » P1916 + 13 est composé de deux étoiles à neutrons tournant rapidement autour de leur centre de gravité commun. Une très belle analyse a montré que ce mouvement s'accélère peu à peu, que les deux astres se rapprochent et que l'énergie perdue par le système correspond exactement à ce qui doit être emporté par les ondes gravitationnelles. La détection « directe » est encore plus difficile. Au passage d'une onde gravitationnelle, l'espace se déforme. Cette déformation peut être mesurée en suivant les vibrations d'un corps solide. Une première génération de détecteurs, conçus dans les années 1970, n'a pas donné de résultats significatifs. Une nouvelle génération devrait améliorer la sensibilité par un facteur 1 000 et permettre de détecter les explosions de supernovae jusqu'à l'amas de galaxies de la Vierge.

Pour effectuer une observation au sol, il faut réunir trois éléments : d'abord le télescope qui collecte la lumière, ensuite les instruments d'analyse de cette lumière (filtres, spectrographes, polarimètres, photomètres, etc.) qui vont trier les photons suivant certains critères, enfin le détecteur qui capte les photons et les transforme en signal, analogique ou numérique, directement utilisable.

Des pièges à photons diversifiés

Après un long voyage dans le cosmos et un trajet nettement plus court dans l'optique d'un télescope, un photon vient de disparaître définitivement dans le piège mortel que lui a tendu un astronome. Cet événement peut être décrit par six paramètres : la direction d'arrivée du photon (repérée, par exemple, par les coordonnées α et δ), son instant d'arrivée (t), son énergie ou, de façon équivalente, sa longueur d'onde ou sa fréquence (ν), et enfin son état de polarisation (deux paramètres). L'instrument astronomique idéal devrait donc avoir six dimensions pour extraire toute l'information possible. C'est évidemment irréaliste et, dans la pratique, on doit construire des instruments spécialisés qui privilégient l'étude de tel ou tel paramètre.

En fonction de ce qui est recherché, on utilisera donc tel ou tel instrument, à l'un des foyers du télescope, et à un moment bien défini (par exemple, pour étudier les objets les plus faibles, il est impératif d'opérer par une nuit sans Lune). Pour analyser ce modeste photon, il y a donc déjà toute une gamme de combinaisons possibles et de choix à effectuer.

Les détecteurs

Nous nous limiterons volontairement à quelques détecteurs de la lumière visible. Dans ce domaine, le premier détecteur fut d'abord l'œil humain (éventuellement assisté d'un cerveau). La plaque photographique lui succéda, permettant d'intégrer la lumière et d'en conserver une trace indélébile, puis des récepteurs basés sur les effets photoélectriques ou photoconductifs.

La plaque photographique, des premiers essais de Daguerre sur le ciel vers 1850 aux plus récentes émulsions, a apporté énormément à l'astronomie. Ses principaux avantages sont la capacité de stockage permanent et la grande surface possible. Le télescope « Dupont de Nemours » (du nom du généreux mécène), à Las Campanas (Chili), utilise des plaques de 50 × 50 cm, et les télescopes de Schmidt ont couramment des plaques de 30 × 30 cm. La résolution des émulsions à grains fins est de l'ordre de 10 μm. Le nombre de pixels (contraction de l'anglais *picture element*, c'est-à-dire « élément d'image ») approche le milliard, plus que dans 500 images de télévision à haute définition. Mais le rendement quantique (la proportion de photons réellement détectés) ne dépasse pas 4 % dans les meilleurs cas.

La caméra électronique, développée à l'Observatoire de Paris après la Seconde Guerre mondiale, pouvait atteindre un rendement quantique de 20 %. Une photocathode convertissait les photons en électrons, qui venaient impressionner une plaque photographique à grains très fins. De très beaux résultats astronomiques ont été obtenus avec ce récepteur, mais il a progressivement disparu à mesure que les CCD s'amélioraient.

Dans la caméra à comptage de photons, les électrons issus de la photocathode sont multipliés par différents étages amplificateurs et donnent un signal qui, traité en temps réel, permet de localiser dans le temps et l'espace les photons initiaux. Un tel dispositif ne permet cependant pas de compter les photons plus vite qu'à un certain rythme. Au-delà, le détecteur est saturé. Il est donc réservé à la spectroscopie ou l'imagerie avec filtres étroits d'objets faibles.

Vers 1970 apparaissent les premiers dispositifs « à transfert de charges », ou CCD. Il s'agit d'une plaquette de silicium sous laquelle un réseau d'électrodes délimite les pixels. Les photons arrivant dans le silicium mobilisent des électrons qui restent confinés dans les puits de potentiels des électrodes. À la fin de la pose, en changeant rapidement les potentiels des électrodes, on peut transférer les charges de pixel en pixel jusqu'à l'étage de lecture du CCD. L'image est alors reconstituée et conservée dans une mémoire d'ordinateur.

Vers 1980, les trois types de détecteurs électroniques décrits ci-dessus pour le domaine visible étaient donc en compétition. L'élément déterminant assurant le succès des CCD a été l'amélioration continue de leurs performances, atteignant un rendement quantique approchant 100 %, un très faible bruit de lecture, ainsi que la relative facilité d'utilisation. Pour accroître le champ utile, on assemble maintenant les CCD en mosaïques : une des plus performantes actuellement, en service sur le télescope Canada-France-Hawaï, comporte 8 CCD jointifs de 4 096 × 2 048 pixels chacun, soit un total de 67 108 864 pixels ! Un tel récepteur approche la capacité de stockage d'une plaque de Schmidt.

Spectrographes et autres

L'astronomie est devenue astrophysique grâce à l'analyse spectrale. L'analyse d'un spectre permet de remonter aux conditions physiques dans l'objet observé : température, pression, champ magnétique, composition chimique, etc. Avec des détecteurs à deux dimensions, il faut sacrifier une dimension spatiale pour « faire de la place » à la variable spectrale. Dans les spectrographes classiques, on isole une « tranche » de l'objet à l'aide d'une fente placée au plan focal du télescope et on disperse la lumière (avec un prisme ou un réseau) perpendiculairement à cette fente. Pour obtenir des informations sur tout le champ visible, il faut employer diverses astuces. Par exemple, utiliser le temps comme troisième dimension (systèmes à balayage), ou modifier la géométrie de l'image de départ (spectrographie intégrale de champ utilisant des micro-lentilles ou des fibres optiques).

La spectrographie simultanée de plusieurs objets sélectionnés dans un champ plus ou moins grand est réalisable. Pour un champ moyen (10 minutes d'arc), on place un masque percé de plusieurs fentes dans le plan focal, en évitant que les spectres des différents objets ne se recouvrent après dispersion. Pour des grands champs (jusqu'à 2 degrés), on ramène la lumière des différents objets le long d'une pseudo-fente à l'aide de fibres optiques mobiles, reconfigurables pour chaque champ. Le plus puissant système de ce genre fonctionne sur le télescope de 4 mètres anglo-australien AAT. Il comprend 400 fibres mobiles dans un champ de 2 degrés et permet donc d'obtenir simultanément les spectres de 400 objets, étoiles ou galaxies. Ces techniques « multiplexes » ont permis l'étude des grandes structures de l'Univers lointain.

L'aspect des données brutes délivrées par ces instruments peut déconcerter le profane (*Figure 6*). Elles nécessitent un décodage et un traitement appropriés pour chaque type d'instruments.

D'autres instruments explorent les autres caractéristiques du photon. Les polarimètres, comme leur nom l'indique, analysent la polarisation de la lumière. Les photomètres mesurent précisément le flux reçu des astres et ses éventuelles variations au cours du temps. La description des instruments inventés par les astronomes pour disséquer leur proie pourrait remplir un livre entier. Mais avant d'aborder les galaxies, il nous faut parler encore d'un point important : la résolution des images.

De l'intérêt d'être résolu

À côté d'un accroissement continu des diamètres des télescopes, on assiste aussi à une course à la résolution spatiale par différents moyens. Le choix du site d'observation

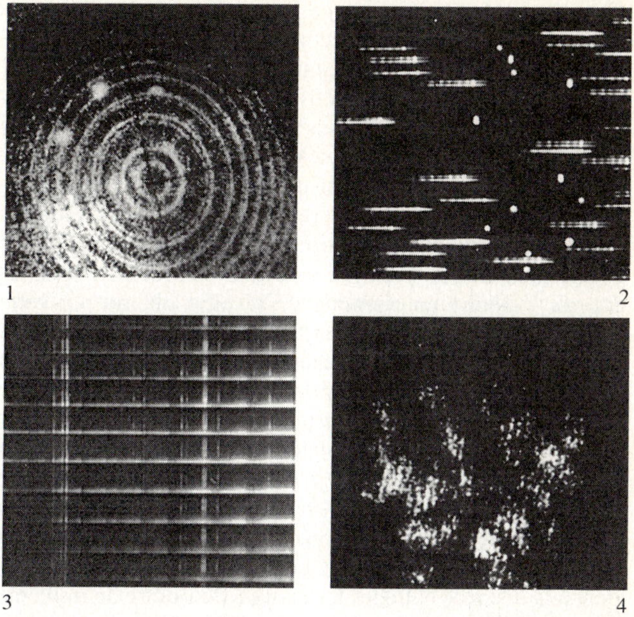

Figure 6 : *Quelques images illustrant les techniques d'analyse en astronomie optique… et l'aspect peu lisible des données pour le profane :*

1º Image d'une galaxie obtenue avec interféromètre de Fabry-Pérot (FP).

2º Série de spectres avec un spectrographe multi-objet (MOS).

3º Observations avec un spectrographe intégral de champ (ARGUS).

4º Image d'une étoile double par interférométrie des tavelures.

revêt une importance capitale. L'environnement du télescope impose un luxe de précautions, afin d'éliminer toute source de chaleur risquant de dégrader la qualité des images [6].

---

6. Un astronome calme, de volume et métabolisme moyens, rayonne quelque 60 watts !

On peut aussi agir sur l'image focale elle-même en la corrigeant de l'agitation (déplacement aléatoire du centre de l'image) et des aberrations statiques du télescope : c'est ce qu'on appelle « l'optique active ». Avec toutes les précautions d'usage, on résout dans les meilleurs sites quelques dixièmes de seconde d'angle. Aux ordres supérieurs, on corrigera le plus complètement possible les déformations du front d'onde à l'aide d'une « optique adaptative », en déformant en sens contraire le miroir primaire lui-même ou, plus commodément, un petit miroir d'une optique de relais. La *Figure 7* donne un exemple de résultat obtenu par cette technique. On approche ainsi la résolution correspondant à la dimension du miroir primaire (limite de diffraction), soit quelques centièmes de seconde.

Les techniques interférométriques permettent de continuer la course. On envisage maintenant de relier plusieurs grands télescopes sur un même site, à l'aide de fibres optiques et de lignes à retard. Ce mode d'observation est prévu entre autres pour le VLT au Chili, et pour les deux télescopes Keck à Hawaï. On atteindrait ainsi la limite de résolution correspondant à la distance entre les télescopes, de l'ordre du millième de seconde. Dans le domaine radio, l'interférométrie est une technique bien rodée, jusqu'à des distances intercontinentales (VLBI ou *Very Long Baseline Interferometry*) qui donnent une résolution maximale, de l'ordre de 10^{-3} seconde d'arc. Il n'y a pas de problème théorique majeur pour étendre encore la base et gagner quelques ordres de grandeur en concevant l'interférométrie entre radiotélescopes éloignés les uns des autres dans l'espace, ou bien entre la Terre et la Lune. On doit donc s'attendre à de spectaculaires progrès dans les capacités d'observation au cours des prochaines années.

Récolter pour semer

Avec tout cet arsenal hétéroclite d'instruments, l'astronome a donc moissonné un champ d'étoiles. Il lui faut maintenant exploiter la récolte.

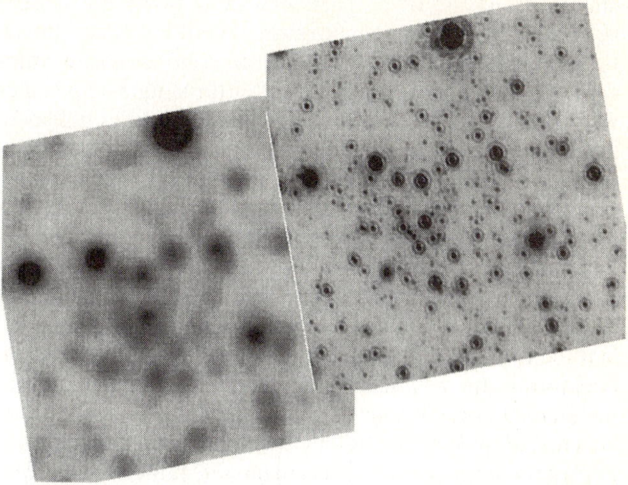

***Figure 7 :** Image infrarouge du centre galactique observé avec le télescope Canada-France-Hawaï en imagerie directe (à gauche) et avec l'optique adaptative (à droite). La résolution passe de 0,6" à 0,12". Le miroir déformable est activé 50 fois par seconde et le temps de pose total est de 15 minutes. (Document CFHT.)*

Contrairement à l'image traditionnelle, un astronome ne reste pas plus de quelques nuits (au maximum quelques semaines) par an auprès des télescopes, dans des observatoires de mission. Il revient de ces lieux isolés, situés souvent au milieu d'un désert ou au sommet d'une haute montagne, avec quelques bandes, cassettes ou disquettes magnétiques, qu'il va dépouiller tout à loisir dans son laboratoire d'origine. Là, il passe l'essentiel de son temps à interpréter les données, armé des outils de la physique, présenter ses découvertes dans des articles publiés dans les revues professionnelles et, en fonction de ces résultats, imaginer de nouveaux programmes d'observation.

Avec l'évolution des techniques, la quantité de données à traiter devient énorme. Elle approche parfois des niveaux atteints en physique des particules où le nombre d'images se compte couramment en dizaines de milliers. Par ailleurs, les traitements que l'on veut faire subir aux données brutes sont de plus en plus complexes. L'informatique sous toutes ses formes est donc un outil essentiel. Elle est également indispensable aux théoriciens qui veulent ajuster aux observations des modèles physiques de plus en plus élaborés ou faire des simulations de grande envergure (modéliser la collision entre deux galaxies, la formation des grandes structures, etc.). Ces simulations numériques sont, pour l'astronomie, un substitut à l'impossible expérimentation. Pour ce genre de programmes, il faut faire appel aux plus puissants ordinateurs et les calculs peuvent durer longtemps. Il est vrai que le temps de calcul n'est généralement pas un facteur crucial pour les astronomes, plus heureux en cela que les météorologues [7]. Par comparaison, une collision entre galaxies dure quelques centaines de millions d'années ; il n'y a pas urgence.

Tout comme la lumière qu'il exploite est à la fois onde et corpuscule, l'astrophysicien est un objet quantique doté d'une double personnalité, dont l'une ou l'autre domine tour à tour. Certains sont plus « astro » (ils se servent de la physique pour étudier les objets astronomiques), d'autres sont plus « physiciens » (ils se servent des objets astronomiques et du laboratoire naturel qu'est l'Univers pour étudier la physique). Il y a, bien sûr, tout un spectre entre les positions les plus extrêmes et, dans la pratique, une dialectique s'établit qui transforme l'astrophysicien en caméléon.

L'exemple des neutrinos solaires l'illustre bien. On en observe trois fois moins que prévu. Mais que faut-il remettre en cause, les modèles de structure interne du Soleil ou bien la physique des neutrinos ? S'ils ont une masse non nulle, il peut y avoir des transformations mutuelles (on parle

7. Une plaisanterie classique affirme que ceux-ci possèdent maintenant des programmes très fiables pour prévoir le temps cinq jours à l'avance, mais il faut pour cela faire tourner les ordinateurs une semaine entière, ce qui revient à prédire correctement le temps observé l'avant-veille !

d'« oscillations ») entre les trois variétés de neutrinos ν_e, ν_μ et ν_τ. Comme nos détecteurs ne sont sensibles qu'aux neutrinos ν_e, cela expliquerait le déficit observé. Des expériences sont en cours pour tester cette hypothèse séduisante. À son tour, une masse non nulle du neutrino pourrait expliquer une bonne partie de la « masse cachée », dont nous parlerons plus loin. Ainsi, une observation astronomique peut conduire à une découverte en physique des particules, qui elle-même aura des conséquences astronomiques.

> – *Rien de nouveau sous le soleil.*
> – *Et dedans ?*
>
> Jacques Prévert, *Fatras*

L'astrophysicien se nourrit à tous les râteliers de la physique : physique des particules, physique atomique, magnétohydrodynamique, physique statistique, etc. En retour, il n'est pas ingrat.

Quels sont donc les enseignements de l'astrophysique ? Du point de vue du physicien, un intérêt majeur est de permettre d'étudier des états de la matière impossibles à reproduire au laboratoire (conditions extrêmes de température, de pression, de densité, ordres de grandeur proprement « astronomiques » des dimensions et des masses en jeu). Le bénéfice est appréciable. Aurions-nous eu l'idée des réacteurs nucléaires à fusion si nous ne savions que ce mécanisme, à l'œuvre dans le cœur des étoiles, est l'un des plus efficaces pour produire de l'énergie ? Et si nous ne savions que « ça marche », en vraie grandeur, dans la nature ?

L'étude des astres apporte aussi un message capital : les lois physiques sont universelles. Certes, la façon dont s'organise la matière dépend des conditions physiques locales mais, toutes choses égales par ailleurs, elle ne dépend ni du lieu ni du temps. Un atome d'hydrogène a exactement la même structure, qu'il soit dans une ampoule scellée au laboratoire ou dans un quasar éloigné de milliards d'années-lumière. Les particules qui le composent ont la même masse, et il émet de la lumière suivant les mêmes lois. On a parfois cru trouver dans les astres des éléments inconnus sur la

Terre mais les observations ont toujours pu être interprétées de façon satisfaisante par la physique terrestre. Comme son nom l'indique, l'hélium fut identifié d'abord dans le spectre du Soleil (*hélios*, en grec), bien avant d'être trouvé en petite quantité dans l'atmosphère terrestre et de servir à gonfler des ballons. Les raies du « coronium » observées dans le spectre de la couronne solaire sont en fait produites par des atomes de fer dépouillés de 12 ou 15 électrons à cause de la température de 1 million de degrés qui y règne. De même, les raies du mystérieux « nébulium », caractéristiques des nébuleuses gazeuses interstellaires, sont dues à l'oxygène ou à l'azote. On ne peut les observer au laboratoire ; ce sont des raies « interdites » qui n'apparaissent que dans des gaz extrêmement raréfiés, mais les modèles de physique atomique les reproduisent parfaitement. Elles servent même de thermomètre pour ces nébuleuses.

Loin d'être décevantes, ces constatations sont au contraire formidablement rassurantes quant à la validité d'une approche scientifique de la nature. Dans sa diversité, celle-ci reste d'une imperturbable cohérence.

Une spécificité de l'astronomie est que l'on peut voir mais pas toucher les objets étudiés. Cela stimule l'imagination. D'incroyables ruses de Sioux ont été déployées pour surmonter cette limite, en se servant souvent des objets astronomiques eux-mêmes comme instruments de mesure.

Le plaisir des yeux

Les hommes ont donc dépensé des trésors d'ingéniosité pour s'abreuver à cette « goutte de clarté » venue d'un ciel sans nuage. La soif est toujours ardente. Indépendamment de toute application pratique, voir ce que personne n'a jamais vu pour comprendre ce qui était incompréhensible hier ou, mieux encore, pour se poser demain de nouvelles questions, est un excitant légal mais puissant, et c'est le vrai moteur de l'astrophysique. Les techniques d'observation sont de plus en plus efficaces ; elles nous plongent au plus loin de l'Univers, jusqu'à rassasier notre imagination. Bien sûr, elles nous éloignent en même temps du contact direct, simple et sensuel, avec le spectacle du ciel. Pauvre astronome, désormais banni des coupoles et réduit à n'observer les astres que sur des écrans d'ordinateur ! Heureusement, ce spectacle est à portée de l'œil. Il suffit de descendre dans son jardin à la tombée de la nuit et de lever la tête vers les étoiles, comme on le faisait avant l'invention du télescope, il y a quatre siècles. Chacun peut le faire s'il n'habite pas une cité saturée de lumière artificielle. L'astrophysicien ne s'en prive pas. Cette fois, c'est en amateur (au sens de « celui qui aime ») qu'il regarde le ciel, juste pour le plaisir des yeux. Et que ce ciel soit peuplé d'« objets » qu'il comprend un peu, à force de ténacité, au lieu des chimères de ses ancêtres, ne diminue en rien un plaisir innocent et profond.

> *En pleine nuict, davant que soy retirer, alloient au lieu de leur logis le plus descouvert voir la face du ciel, et là, notoient les cometes, sy aulcunes estoient, les figures, aspects, oppositions et conjunctions des astres.*
>
> François Rabelais, *La Vie très horrifique du grand Gargantua*

3. De la Voie lactée

(La Galaxie)

CYRANO :
J'arrive – excusez-moi ! – par la dernière trombe.
Je suis un peu couvert d'éther. J'ai voyagé !
J'ai les yeux tout remplis de poudre d'astre. J'ai
Aux éperons, encor, quelques poils de planète !
Tenez, sur mon pourpoint, un cheveu de comète !

DE GUICHE :
Monsieur !

CYRANO :
Dans mon mollet je rapporte une dent
De la Grande Ourse – et comme, en frôlant le Trident,
Je voulais éviter une de ses trois lances,
Je suis allé tomber assis dans les Balances –
Dont l'aiguille, à présent, là-haut, marque mon poids !
Si vous serriez mon nez, Monsieur, entre vos doigts,
Il jaillirait du lait !

DE GUICHE :
Hein ? du lait ?

CYRANO :
De la Voie
Lactée !...

DE GUICHE :
Oh ! Par l'enfer !

CYRANO :
C'est le ciel qui m'envoie !
Non ! Croiriez-vous, je viens de voir en tombant,
Que Sirius, la nuit, s'affuble d'un turban ?
L'autre Ourse est trop petite encore pour qu'elle morde !
J'ai traversé la Lyre en cassant une corde !
Mais je compte en un livre écrire tout ceci,
Et les étoiles d'or qu'en mon manteau roussi
Je viens de rapporter à mes périls et risques,
Quand on l'imprimera, serviront d'astérisques !

Edmond Rostand, *Cyrano de Bergerac*,
acte III, scène 13

Le ciel que nous observons correspond à la vision des Anciens : les astres semblent immuablement fixés sur la voûte céleste. Il y a cent ans encore, il était difficile de donner la distance ou la dimension des étoiles. Expliquer la cause de leur rayonnement était encore plus problématique : pourquoi les étoiles brillent-elles ? Quelle est leur évolution ? C'est au XXe siècle, avec l'essor des moyens d'investigation et les progrès en physique atomique et nucléaire, que l'on a compris que le monde des étoiles est en continuelle évolution, et que ce milieu stellaire joue un rôle fondamental dans notre propre histoire galactique.

L'étude du monde des galaxies ne peut se concevoir en passant sous silence notre Galaxie, véritable laboratoire permettant de comprendre les différentes interactions au sein de ce vaste complexe d'étoiles, de gaz et de poussières. Notre Galaxie laisse entrevoir son empreinte au plus profond de la nuit noire : la Voie lactée ; c'est un univers dans l'Univers, constitué d'environ 100 milliards d'étoiles dont la plupart sont semblables au Soleil. Dans ce chapitre, nous passerons en revue les observations et les interprétations historiques ayant conduit à comprendre la nature réelle de la Voie lactée. Auparavant, nous rappelons quelques notions de base sur les étoiles ; on peut estimer que ces dernières représentent 90 % de la masse visible de notre Galaxie, les poussières et les gaz formant les 10 % manquants. Nous ferons d'ailleurs l'inventaire des différentes composantes du milieu interstellaire, nuages moléculaires, poussières, gaz, etc. La nature de notre Galaxie et de l'ensemble des galaxies ne peut se comprendre qu'en analysant les différentes interactions entre les étoiles et le milieu interstellaire. Nous utiliserons donc les connaissances obtenues dans le bestiaire stellaire pour présenter un schéma d'évolution chimique vraisemblable de notre Galaxie. Nous décrirons l'évolution de la matière, entre la gigantesque boule gazeuse initiale et la structure spirale actuelle. Nous verrons aussi comment, malgré les recherches, une grande incertitude subsiste sur la détermination de la masse totale de la Galaxie et de ses différentes composantes. Cette inconnue sera l'occasion d'aborder la notion de « masse cachée », pouvant être composée d'étoiles à très faible luminosité, de matériaux ayant appartenu à des étoiles mortes, ou encore de particules élémentaires à faible interaction.

Le monde stellaire

Les dizaines de milliards d'étoiles de notre Galaxie jouent un rôle majeur dans la distribution et l'évolution de la matière qui la compose. Si la nucléosynthèse primordiale est à l'origine des éléments légers tels que l'hydrogène, l'hélium 4, le deutérium, l'hélium 3 et le lithium 7, en revanche l'évolution stellaire proprement dite est responsable de la formation de tous les éléments compris entre le carbone et l'uranium. L'évolution stellaire met en jeu les paramètres fondamentaux des étoiles, distance, masse, luminosité, etc., et l'interprétation des données spectroscopiques permet de comprendre la suite des réactions nucléaires aboutissant aux stades ultimes de la matière sous forme de supernovae, étoiles à neutrons ou encore trous noirs.

La famille des étoiles

La connaissance de la distance des étoiles est une des données fondamentales permettant de comprendre la topographie du ciel proche et les caractéristiques physiques de chaque astre. Utilisant différentes méthodes, dont une des plus précises consiste à mesurer les parallaxes, soit au sol, soit à l'aide de satellites astrométriques, les astronomes sont parvenus à mesurer les distances stellaires jusqu'à 300 parsecs. Nous savons maintenant que les dix étoiles les plus proches du Soleil sont contenues dans une sphère de 3,5 parsecs de rayon, et que l'on en trouve 56 dans un rayon de 5 parsecs. Rappelons que le parsec est la distance à laquelle le rayon de l'orbite terrestre (près de 150 millions de kilomètres) est vu sous un angle d'une seconde d'arc, soit 30 856 milliards de kilomètres, ou encore 3,26 années-lumière. L'étoile la plus proche du Soleil, *proxima* Centauri, est ainsi distante de 1,3 parsec. Une deuxième méthode de mesure des distances stellaires repose sur la détermination des mouvements propres de courants d'étoiles. Chaque étoile est animée d'un mouvement, lié en particulier à la lente rotation de la Galaxie en 220 millions d'années. De telles méthodes sont purement géométriques et ne dépendent pas des propriétés physiques intrinsèques des étoiles mesurées. Celles-ci fournissent pourtant des informations fondamentales, nécessaires à la compréhension de l'évolution stellaire.

L'avènement de la spectroscopie a permis de classer les astres en fonction de caractéristiques physiques communes. Le premier catalogue de spectres stellaires a vu le jour en 1887 à Harvard sous l'impulsion d'Henry Draper, et fut révisé entre 1918 et 1924. Ce travail concerne quelque 265 000 étoiles réparties en classes et sous-classes de températures de surface, les principales portant l'une des lettres O, B, A, F, G, K, M, R, N, S [1]. Cette classification permet de répartir les étoiles suivant des températures décroissantes s'échelonnant entre 35 000 et 2 000 degrés. Le Soleil, avec ses 6 000 degrés, est une étoile G.

L'analyse de la largeur des raies spectrales stellaires permet aussi de classer les étoiles en fonction de leur diamètre. Certaines étoiles sont quasiment des astres géants qui, mis à la place du Soleil, engloberaient les orbites de Mercure, Vénus, et même de la Terre. Disposant des diamètres stellaires et des températures de surface, une nouvelle méthode de détermination des distances stellaires est ainsi applicable, mettant en jeu la *magnitude absolue* d'un astre (magnitude qu'aurait cet astre placé à une distance de 10 parsecs) [2]. Cette nouvelle méthode d'évaluation des distances interstellaires

1. Les différentes familles d'étoiles, la physique et l'évolution stellaire sont décrites en détail dans le livre de Dominique Proust et Jacques Breysacher : *Les Étoiles*, publié dans la même collection.

2. Soient m la magnitude apparente et M la magnitude absolue, la distance D exprimée en parsecs est donnée par la relation :

$$M - m = 5 - 5 \log_{10} D.$$

est efficace jusqu'à 100 000 parsecs avec une précision de l'ordre de 20 %. De plus, la connaissance de la dimension même des étoiles permet de les répartir en cinq classes, les supergéantes, les géantes (deux classes), les sous-géantes et les naines.

L'observation de la sphère céleste à l'œil nu permet de dénombrer environ 5 000 étoiles. Ce nombre augmente extrêmement rapidement dès que l'on utilise un instrument : on gagne un facteur trois ou quatre pour chaque tranche de magnitude. Les étoiles se caractérisent par leur éclat, leur répartition et leur spectre. L'analyse spectrale nous fournit de précieux renseignements sur la nature même de la lumière émise par les étoiles ; nous pouvons ainsi déterminer les paramètres fondamentaux de chaque astre, température de surface, polarisation, abondance des différents éléments, etc. La quantité totale de lumière émise par une étoile (la luminosité) dépend de sa température de surface. La surface émissive dépend elle-même du rayon de l'astre, qui lui-même est fonction des équilibres thermique et mécanique assurant la stabilité de l'étoile.

Évolution stellaire

Dans les années 1910, l'astronome danois Hertzsprung et l'Américain Russell montrent indépendamment que les étoiles ne sont pas distribuées au hasard lorsqu'on porte, pour chacune d'elles, sur un diagramme, d'une part la température superficielle (en abscisse), et d'autre part la luminosité (en ordonnée). Le diagramme de « Hertzsprung-Russell » (ou diagramme HR) obtenu joue un rôle fondamental dans la compréhension de la structure et de l'évolution stellaires (*Figure 8*) : le long de l'axe horizontal, les températures décroissent, tandis que le long de l'axe vertical, la luminosité augmente. La majorité des points se concentre le long d'une diagonale descendant vers la droite : c'est la « Séquence principale », dans laquelle se situe le Soleil. Une autre région quitte la Séquence principale et monte vers la droite ; elle contient donc des étoiles à grande luminosité, mais à faible température de surface, c'est-à-dire à rayon important : c'est

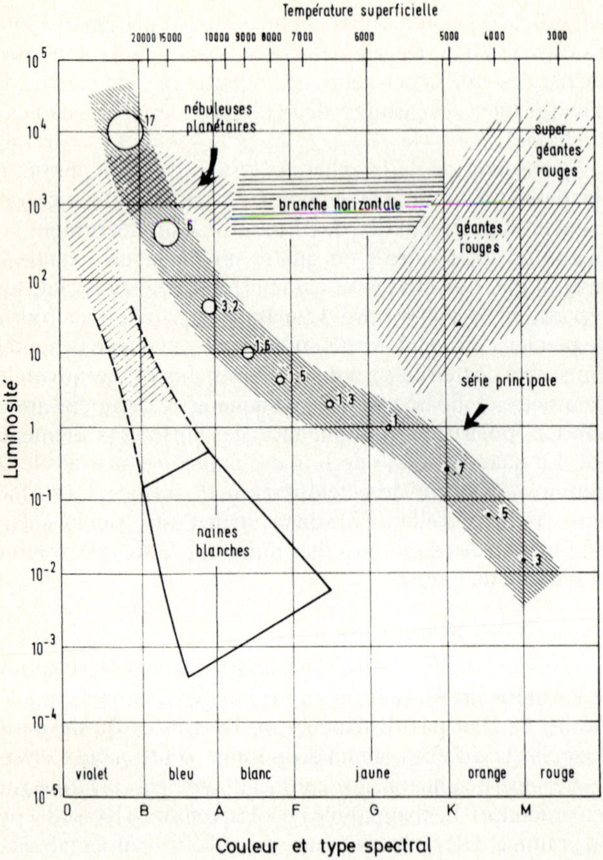

***Figure 8 :** Diagramme de Hertzsprung-Russell. (Extrait de* Patience dans l'azur *d'Hubert Reeves.)*

la « Séquence des géantes ». Enfin, une zone située vers le bas du diagramme contient à la fois des étoiles de faible luminosité et de température de surface élevée : c'est la « Séquence des naines blanches ».

Les étoiles de la Séquence principale brillent grâce aux réactions nucléaires transformant l'hydrogène en hélium ; ces réactions vont se poursuivre tant que l'astre dispose d'une quantité d'hydrogène suffisante. L'énergie dissipée par la combustion de l'hydrogène est à l'origine d'une force d'expansion de la matière stellaire, qui vient équilibrer la force de gravitation créée par la masse même de cette matière : l'étoile est dite en *équilibre hydrostatique*. Une étoile est une source d'énergie d'une étonnante stabilité, dissipant l'énergie issue de ses réactions thermonucléaires centrales dans toutes les directions de l'espace.

Les étoiles obéissent à la loi universelle d'évolution. La phase de vieillissement intervient lorsque l'hélium résultant de la combustion de l'hydrogène remplit les couches centrales de l'astre. L'étoile devient alors une géante rouge, tandis que l'hélium se transforme progressivement en carbone puis en oxygène. Le stade ultime voit la transformation de l'oxygène en silicium et en magnésium, avec un enchaînement de réactions thermonucléaires aboutissant à la formation de noyaux de fer. À ce stade, l'instabilité et les températures sont telles que l'étoile finit par exploser, devenant une splendide supernova.

La masse d'une étoile est un indicateur précieux de son espérance de vie ; plus un astre est massif, plus la combustion de l'hydrogène se fait rapidement, ce qui raccourcit d'autant son existence. À l'aide d'une relation importante liant le rayon d'une étoile, sa luminosité et sa température de surface, on peut calculer le temps de vie d'une étoile sur la Séquence principale. Ainsi, notre Soleil, avec ses 6 000 degrés en surface, devrait y séjourner un peu plus de 8 milliards d'années, pour une espérance de vie totale d'une dizaine de milliards d'années. Un astre seulement 1,5 fois plus massif que le Soleil mais dont la température atteint 7 000 degrés ne séjournera que 1,7 milliard d'années sur la Séquence principale, 68 millions d'années pour 5 masses solaires et 15 000 degrés, et seulement 10 millions d'années pour 15 masses solaires et 30 000 degrés ; la « légèreté » et la température modérée d'une étoile garantissent sa longévité.

Le fait que la majorité des étoiles se situent sur la Séquence principale permet de conclure que les étoiles à faible masse ont été formées simultanément avec le disque de la Galaxie. Une étoile de type solaire contient globalement 75 % d'hydrogène, 23 % d'hélium, 1,5 % d'un cocktail d'oxygène, de carbone et d'azote, les autres éléments n'intervenant que pour 0,5 %. La nucléosynthèse primordiale montre que les éléments chimiques les plus simples se sont formés dans les premiers temps de l'histoire de l'Univers, tandis que les éléments lourds ont été synthétisés au sein des étoiles massives, puis éjectés lors de leur explosion en supernova : les éléments lourds sont donc relativement « récents ». Les éléments ainsi éjectés constituent un nuage composite de matériaux qui, par condensation, donne naissance à de nouvelles étoiles. On peut donc logiquement en conclure que la proportion d'éléments les plus lourds dans l'Univers doit augmenter avec le nombre d'explosions de supernovae, et inversement que le nombre d'atomes lourds devait être inférieur par le passé. C'est effectivement ce que révèlent les analyses spectroscopiques stellaires, et l'on observe une légère surabondance d'éléments lourds dans les étoiles jeunes. Dans le milieu interstellaire, les températures et les densités sont faibles. De cette manière, tous les éléments essentiels à la réalisation des synthèses organiques sont présents dans le cosmos.

L'analyse des atmosphères des étoiles permet de distinguer deux types de populations :

– La Population I comprend des astres, comme le Soleil, dont l'abondance en éléments lourds est élevée (jusqu'à 2 %). Ce sont des étoiles jeunes, localisées dans les bras galactiques.

– La Population II montre une proportion moins élevée en éléments lourds. Ce sont des étoiles vieilles que l'on trouve vers les régions galactiques centrales, ainsi que dans les amas globulaires. Les géantes rouges et les naines blanches font également partie de cette population.

Ces différentes localisations des étoiles jeunes et vieilles permettent de donner à l'évolution stellaire une « direction centripète », allant des régions galactiques extérieures (bras) vers les zones centrales (bulbe). Les analyses d'étoiles membres d'amas globulaires trahissent, par leur déficience en métaux, un âge de l'ordre de 15 milliards d'années, soit pratiquement l'âge de l'Univers. D'autre part, l'étude des étoiles à grands mouvements propres (de l'ordre de plusieurs dizaines de kilomètres par seconde) suggère l'hypothèse d'astres échappés des amas globulaires, et capturés dans le champ de gravité de la Galaxie. Tous ces indices soulignent clairement qu'il existe au sein de notre Galaxie une loi d'évolution dont les étoiles constituent les pièces d'un puzzle difficile à reconstituer. En outre, il est indispensable de connaître l'action du milieu interstellaire de gaz et de poussières dans cette évolution. Enfin, il importe d'estimer avec la plus grande précision les dimensions et la dynamique de notre système galactique.

Le ménage laisse à désirer

Pendant bien longtemps, l'espace était considéré comme vide. Seules les étoiles, les planètes et les comètes appartenaient au Parnasse cosmique. Les progrès de la spectroscopie et de la radioastronomie ont permis de comprendre que le milieu interstellaire contient des matériaux formés d'atomes, de molécules, de grains et de poussières, capables d'absorber et de diffuser la lumière stellaire.

L'ESPACE EST POUSSIÉREUX

Nous connaissons l'existence du milieu interstellaire par les nombreuses observations effectuées dans les différents domaines de longueurs d'onde et par les nombreuses images de la Voie lactée, révélant çà et là des régions sombres, dues non pas à l'absence de matière, mais au contraire à la surabondance d'une masse absorbante de composantes hétéroclites, jouant un rôle majeur dans l'évolution de la matière interstellaire. Dans les années 1920, on découvrit que les spectres de nombreuses étoiles présentaient des raies d'absorption à des longueurs d'onde analogues, et indépendantes des effets liés aux vitesses stellaires. Ces observations ne pouvaient être interprétées que par la présence de matériaux situés sur les différentes lignes de visée. Les éléments mis en cause, calcium et sodium en particulier, étaient identifiés avec une bonne précision. En outre, la présence de raies d'hydrogène en émission indiquait clairement que la majorité des étoiles partageait une composition chimique analogue à celle du milieu environnant, et que ces étoiles étaient indiscutablement issues de ces régions émissives chaudes, véritables maternités stellaires. Par la suite, les nuages interstellaires de matière révélèrent la présence d'ions et de radicaux tels que OH, CH, CN ou encore CH^+. Les rapides développements de la radioastronomie à l'issue de la Seconde Guerre mondiale montrèrent également que la raie de l'atome d'hydrogène à 21 centimètres de longueur d'onde était universellement présente dans le plan de la Voie lactée, avec une densité de l'ordre d'un atome par centimètre cube. Cette raie, signature de la présence d'hydrogène atomique dans le milieu interstellaire, venait compléter la panoplie des composantes chimiques des nuages froids. La mesure du décalage des différentes raies spectrales par effet Doppler-Fizeau permit d'obtenir des informations fondamentales concernant la rotation et la structure de la Galaxie.

Ces observations conduisirent les astronomes à définir la notion d'*extinction interstellaire*, c'est-à-dire la variation de luminosité d'un astre en raison de l'absorption. Au voisinage du Soleil, dans le domaine visible, cette extinction est estimée à 1,5 magnitude par kiloparsec (1 000 parsecs). Elle agit de façon différente dans les différents domaines de longueur d'onde et augmente en allant de l'infrarouge à l'ultraviolet, provoquant un phénomène dit de *rougissement interstellaire*. Les rayons du Soleil, au levant ou au couchant, produisent un effet similaire en traversant une plus grande épaisseur de la couche atmosphérique terrestre. Loin d'être anodin, le rougissement interstellaire est à l'origine des mauvaises déterminations des distances stellaires utilisées au début du XXe siècle.

L'hydrogène est principalement concentré dans un disque mince correspondant à la région de formation des étoiles ; ce gaz, détectable à la longueur d'onde de 21 centimètres, est froid, et n'est pas uniformément réparti. On trouve également du gaz plus chaud à une densité moindre et même du gaz extrêmement chaud dont la température fut probablement élevée par l'explosion des supernovae. Le gaz environnant les étoiles chaudes est activé par le rayonnement ultraviolet de ces dernières et forme des « régions HII », favorables à la formation stellaire. Le gaz froid n'est pas, lui non plus, uniformément réparti dans le disque. Les régions de densité maximale se concentrent en nuages dans les bras spiraux, ceux-ci contenant également les étoiles bleues les plus lumineuses et les régions HII. Même si la structure spirale de la Galaxie ne fait aucun doute, il n'est pas facile d'en connaître les détails les plus fins. L'observation des galaxies spirales proches telles que Messier 31 dans Andromède ou Messier 51 dans les Chiens de chasse donne une idée a priori de la structure de la Galaxie. Le gaz interstellaire n'est pas uniformément réparti, et les observations radio que l'on peut en faire nous renseignent sur sa vitesse mais pas sur sa distance ; en particulier, la détection de tels nuages à des latitudes galactiques élevées pose le problème de savoir s'ils font réellement partie de la Galaxie (ou de son halo) ou bien s'il s'agit de matière intergalactique. La question que soulève leur présence revient en fait à savoir si de tels nuages sont des « rejets » de notre propre système galactique, ou bien s'il s'agit de nuages extérieurs soumis à un phénomène d'accrétion ou de phagocytose ; nous retrouverons ces nuages à propos du *Groupe local*.

Pourtant l'espace sent bon

L'observation des radicaux interstellaires mentionnés ci-dessus n'est pas surprenante. L'évolution stellaire ne peut se concevoir sans interaction de matière entre les étoiles et les nuages chauds et froids. La découverte de nuages de gaz denses, dépassant 10^6 particules par centimètre cube et contenant un grand nombre de molécules notablement

AlCl	chlorure d'aluminium	AlF	fluorure d'aluminium
C_2	dicarbone	C_2H	radical éthynyle
C_2H_2	éthyne	C_2H_4	éthène
C_2H_5CN	cyanure d'éthyle	C_2O	monoxyde de dicarbone
C_2S	monosulfure de dicarbone	C_3H	propynylidine
C_3H_2	cyclopropénylidène	C_3N	radical cyanoéthyle
C_3O	monoxyde de tricarbone	C_3S	monosulfure de tricarbone
C_4H	radical butadiynyle	C_4S	monosulfure de tétracarbone
C_5H	radical pentynylidyne	C_6H	radical hexatriynyle
CH	méthylidine	CH^+	ion méthyladine
CH_2CN	radical cyanométhyle	CH_2CHCN	cyanure de vinyle
CH_2NH	méthanimine	CH_3CHO	éthanal
CH_3CH_2OH	éthanol	CH_3CN	cyanure de méthyle
CH_3C_2H	propyne	CH_3C_3N	méthylcyanoéthylène
CH_3C_4H	méthyldiacétylène	CH_3NC	méthylisocyanide
CH_3NH_2	méthylamine	CH_3OH	méthanol
CH_3SH	méthylmercaptan	$(CH_3)_2O$	diméthyléther
$(CH_3)_2CO$	acétone	CN	cyanogène
CO	monoxyde de carbone	CP	carbure de phosphore
CS	monosulfure de carbone	H_2	dihydrogène
H_2C_3	propadiénylène	H_2C_4	butatriénylidène

Tableau 9 : *La moisson des ions, molécules et radicaux interstellaires.*

plus complexes, permit d'augmenter rapidement la liste des composés. En 1992, l'identification de 88 molécules était acquise. Le *Tableau 9* donne la liste de cette moisson tout à fait étonnante. Comme les ondes radio ne sont que faiblement absorbées par la matière interstellaire, il est possible de détecter des molécules vers le centre galactique. Plus le milieu est dense, plus il est protégé du rayonnement

H_2CS	thioformaldéhyde	H_2CCO	cétène
H_2D^+		H_2O	eau
H_2S	sulfure de dihydrogène	H_3O^+	ion hydronium
HCl	chlorure d'hydrogène	HCHO	méthanal
HCCCHO	propynal	HCCN	
HCO^+	ion formyle	HCO_2CH_3	formiate de méthyle
HCN	cyanure d'hydrogène	$HCNH^+$	
HCO	radical formyle	HCOOH	acide formique
HCS^+	ion thioformylium	HC_3N	cyanoacétylène
HC_5N	cyanodiacéthylène	HC_7N	cyanotriacétylène
HC_9N	cyanooctatétrayne	$HC_{11}N$	cyanopentacétylène
HNC	isocyanure d'hydrogène	HNCO	acide isocyanique
HNCS	acide isothiocyanique	HNO	radical nitroxyle
$HOCO^+$	ion carboxyle	KCl	chlorure de potassium
N_2H^+	ion diazénylium	NaCl	chlorure de sodium
NH_2CHO	formamide	NH_2CN	cyanamide
NH_3	ammoniac	NO	monoxyde d'azote
NS	monosulfure d'azote	OCS	sulfure de carbonyle
OH	radical hydroxyle	PN	nitrure de phosphore
SiC	carbure de silicium	SiC_2	dicarbure de silicium
SiH_2	silylène	SiH_4	silane
SiN	nitrure de silicium	SiO	monoxyde de silicium
SiS	monosulfure de silicium	SO_2	dioxyde de soufre

des étoiles, les molécules échappant ainsi au risque de dissociation. Plus que le gaz, la poussière interstellaire est responsable de l'absorption de la lumière. Un tel effet a pour conséquence une mauvaise évaluation des luminosités stellaires, conduisant tout naturellement à des erreurs sur les autres quantités, distance, luminosité, etc. Cette poussière est assez mal identifiée. On suppose qu'elle se compose de grains de silicate, de graphite et de glace. Ces grains jouent un rôle important, car leur température est estimée à une trentaine de degrés Kelvin. Ils contribuent pour une part importante à l'émission dans l'infrarouge lointain : la Galaxie rayonne ainsi autant d'énergie thermique dans ce domaine spectral que dans le visible.

Au voisinage de régions du milieu interstellaire recevant un flux de rayonnement ultraviolet important par la proximité d'étoiles chaudes, les physiciens ont mis en évidence de larges bandes en émission dans le domaine infrarouge. Leur interprétation exclut l'hypothèse de radicaux libres en raison de la présence d'un fond continu de température trop élevé. Il s'agit en fait d'assemblages de cycles carbonés, appelés hydrocarbures polycycliques aromatiques, tels que le circobiphényl, le coronène ou l'ovalène. L'absorption globale due aux différents composés, radicaux, poussières, grains, hydrocarbures aromatiques, contribue à l'évolution du milieu interstellaire, les derniers ajoutant la petite touche de parfum. Quelques scientifiques facétieux se sont demandé si l'existence du groupe hydroxyle, caractéristique des alcools, ne serait pas un facteur favorable au développement des civilisations extraterrestres…

Plusieurs autres exemples confirment l'existence de grains interstellaires, en particulier par l'analyse de la lumière polarisée. La quasi-totalité des phénomènes lumineux se décrit à l'aide d'un modèle simple de la lumière associant une onde électromagnétique, autrement dit une grandeur vectorielle variant périodiquement à la fois dans l'espace et dans le temps, au déplacement des photons. Un milieu polarisant ne transmet que les ondes lumineuses qui vibrent dans un même plan. De nombreuses sources de lumière venant du cosmos présentent une assez forte polarisation ; c'est notamment le cas du rayonnement provenant du bord solaire, de la couronne du Soleil, de certains types d'étoiles variables, d'étoiles dont la lumière traverse de la matière interstellaire avant d'atteindre les détecteurs des télescopes, de certaines étoiles et de nébulosités particulières. Une application directe des techniques de polarisation porte sur l'estimation de la quantité de poussières dans notre Galaxie, autrement dit de la densité de matériaux froids absorbants. La distance des étoiles étant fréquemment déterminée à partir de leur lumi-

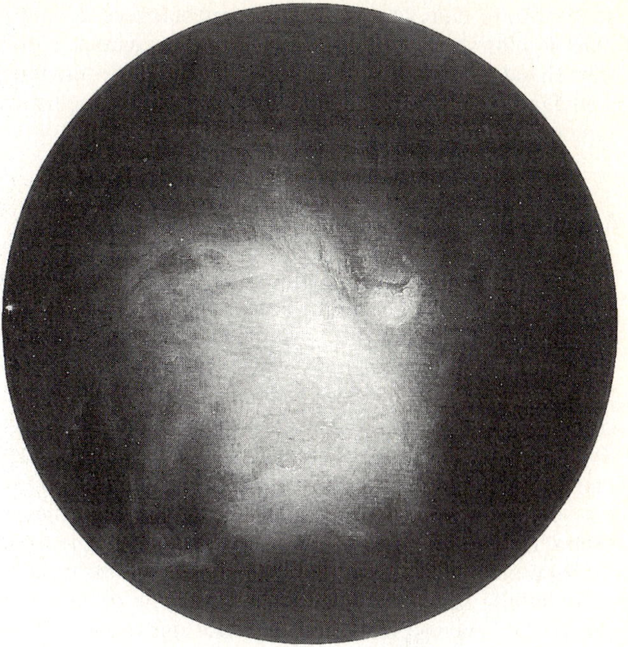

Figure 10 : *La nébuleuse d'Orion. (Document ESO.)*

nosité, il est fondamental de connaître l'absorption sur la ligne de visée afin de pouvoir corriger la valeur de cette luminosité. Cette correction est effectuée à partir des mesures de polarisation, et permet d'estimer avec une bonne précision la valeur de l'absorption.

Les mesures précises de polarisation permettent également d'étudier les grandes nébuleuses brillantes qui émettent de la lumière en raison de la présence d'étoiles chaudes qui les illuminent, ce qui est en particulier le cas de la célèbre nébuleuse d'Orion (*Figure 10*). D'une manière générale, les observations en lumière polarisée montrent que la matière se concentre dans la périphérie des nébuleuses, le centre étant le plus souvent occupé par des étoiles jeunes, bleues très chaudes. Des structures filamenteuses très étendues sont également observées, soumises à des mouvements turbulents violents.

La Galaxie

L'hétérogénéité de la répartition apparente des astres est tout à fait évidente lorsqu'on observe le ciel par une belle soirée d'été ; une bande diffuse domine le ciel : la Voie lactée. Traversant les constellations de Persée, Céphée, Cassiopée, la Voie lactée apparaît bien brillante dans le Cygne, puis se divise en deux zones descendant vers le Scorpion et le Sagittaire. Dans l'hémisphère austral, elle traverse le Centaure, la Croix du Sud, les Voiles et la Carène, pour remonter vers l'hémisphère Nord à travers le Grand Chien et Orion. L'observateur constate facilement que la Voie lactée est irrégulière, plus ou moins large, plus ou moins brillante, mais qu'elle suit à peu près un grand cercle de la sphère céleste. Dans un instrument modeste, elle apparaît sous forme d'une myriade de petites étoiles, mélangée à des zones sombres. Du « chemin de Saint-Jacques » de l'Antiquité à la Voie lactée contemporaine, de nombreux astronomes ont étudié au cours du temps la structure de cette étonnante bande stellaire. Ses dimensions réelles et ses propriétés cinématiques seront appréhendées au XXe siècle. Son évolution dynamique et chimique ne sera analysée qu'après la Seconde Guerre mondiale, avec l'apport des données observationnelles, et les développements instrumentaux et technologiques.

La Voie lactée

Parmi les anciens philosophes, Manilius décrit au long de son poème les constellations traversées par la Voie lactée et donne les diverses explications des philosophes grecs : l'origine de cette ceinture blanchâtre se trouve dans les gouttes de lait qu'Hercule enfant laissa tomber du sein de Junon [3] ; pour d'autres, il s'agit de la trace embrasée que dut laisser le char de Phaéton, ou quelque astre sorti jadis subitement de sa place ordinaire et lancé à travers l'espace. Pour Aristote, elle est *un météore lumineux situé dans la moyenne région*, et pour Œnopidès et Métrodore la route que le Soleil abandonna jadis en se rapprochant de sa course zodiacale actuelle. Galilée ressuscite l'explication de Démocrite et de Manilius en la faisant sortir du domaine des simples conjectures : si la Voie lactée brille d'un éclat aussi vif, c'est que les étoiles y sont très nombreuses, mais à une distance telle que l'œil ne peut les discerner individuellement.

Au XVIIIe siècle, Thomas Wright avait émis un certain nombre d'idées nouvelles sur la nature de la Voie lactée. Reprenant les travaux de Wright, Kant publia en 1755 dans la *Théorie du ciel* une explication plus complète : la Voie lactée est constituée *d'une disposition systématique d'étoiles autour d'un plan fondamental* ; il la désigne par le terme générique de *monde des mondes*. On trouve une théorie analogue dans les *Lettres cosmologiques* publiées en 1761 à Leipzig par Lambert : les étoiles sont réparties à peu près entre deux plans rapprochés, et le Soleil se situe dans une région proche du centre de l'immense système stellaire.

En 1785, William Herschel, dénombrant les étoiles visibles dans son télescope, s'aperçoit que la densité stellaire s'accroît en s'approchant de la Voie lactée, et que cet accroissement est bien plus important pour les étoiles faibles : l'œil appliqué à l'oculaire voit, en un quart d'heure, jusqu'à 116 000 étoiles ! L'aspect général de la Voie lactée, sa forme,

---

3. Fontenelle traduisit cet épisode en vers :

Voyez ces astres dont à peine,
Il parvient jusqu'à nous une faible lueur :
C'est là ce même lait qui tomba par malheur
De la bouche du fils d'Alemène ;
Et comme il eût été perdu,
Jupiter ménagea ces précieuses gouttes :
En astres il les changea toutes,
Et du chemin de lait voilà ce qu'on a su.

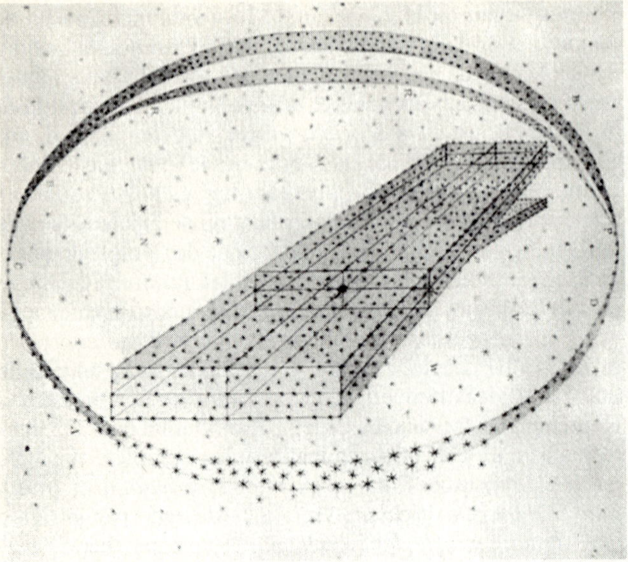

***Figure 11 :** La structure de la Voie lactée, vue par William Herschel en 1784.*

sa composition stellaire déduits des observations permettent à Herschel de supposer que des millions d'étoiles à peu près également espacées entre elles forment une couche très mince, comprise entre deux surfaces presque planes, parallèles et rapprochées, mais prolongées sur d'immenses distances (*Figure 11*).

Les travaux d'Herschel et de ses précurseurs expliquent clairement que le nombre d'étoiles observées dans une direction quelconque du plan du système est bien plus élevé que dans une direction perpendiculaire, et aussi pourquoi la concentration stellaire augmente lorsque l'on considère des astres plus faibles. Herschel avait admis que le Soleil se trouvait au voisinage du centre de la Voie lactée ; en fait, le simple examen de cette dernière à l'œil nu montre clairement une hétérogénéité : la Voie lactée est plus lumineuse dans la direction du Sagittaire que dans la direction opposée.

La méthode d'Herschel consistant à compter les étoiles dans différentes directions est reprise et améliorée par Kapteyn qui, en 1922, arrive à la conclusion suivante : la Voie lactée représente en fait une vision en perspective d'une structure plane gigantesque, la Galaxie, dont les dimensions sont d'environ 30 000 années-lumière de diamètre pour une épaisseur de 6 000 années-lumière. Harlow Shapley étudie de son côté la distribution des amas globulaires, et constate que ceux-ci sont répartis symétriquement de part et d'autre du plan de la Galaxie (en latitude), mais qu'une dissymétrie existe par rapport à un plan perpendiculaire (longitude) ; il interprète ce résultat en plaçant le Soleil dans une position excentrée, environ aux deux tiers du rayon galactique en partant du centre. Le modèle de la Galaxie proposé par Shapley se résume ainsi : les dizaines de milliards d'étoiles sont dispersées dans une vaste structure plane, dont le diamètre atteint 300 000 années-lumière, et dont le centre se situe dans la direction du Sagittaire (*Figure 12*) ; les amas globulaires sont distribués à l'intérieur d'une immense sphère centrée sur la Galaxie, le halo galactique, tandis que le Soleil occupe une position excentrée. La structure spirale proprement dite est suggérée par les observations de Lord Rosse en 1850, à l'aide de son télescope équipé d'un miroir en bronze de 1,83 mètre de diamètre. Observant des galaxies classiques comme Messier 33 dans le Triangle, ou Messier 51 dans les Chiens de chasse, il découvre que ces nébuleuses ont une structure spirale. Shapley en déduit que les divisions observées de la Voie lactée peuvent être liées à une structure analogue. La détermination par Shapley des dimensions de la Galaxie était globalement correcte, mais l'astronome américain pensait que les galaxies spirales observées étaient incluses dans la nôtre. Cette thèse l'opposait à H. D. Curtis qui plaidait en faveur des objets extragalactiques, suivant les anciennes idées de Kant et Herschel. Cette controverse fut le thème central du « Grand Débat » des années 1920 qui

Figure 12 : *Le Sagittaire, vers le centre de la Galaxie. (Document ESO.)*

passionna la communauté astronomique. Les observations ultérieures des galaxies proches par Hubble départagèrent les protagonistes en donnant raison à Shapley pour son estimation de la taille de la Galaxie, et à Curtis pour la distribution spatiale des galaxies proches.

Dynamique de la Galaxie

Les étoiles peuvent être réparties en différentes classes, des naines aux géantes, des astres froids aux astres chauds. Les observations indiquent nettement que la majorité des étoiles du voisinage solaire de la Galaxie sont confinées dans un disque mince dont la Voie lactée est le témoin. Comme nous pouvons observer cette dernière suivant le grand cercle céleste, il est évident que le Soleil et les planètes se situent à proximité du plan galactique. Nous nous trouvons en fait à 10 parsecs de ce plan, animés de différents mouvements, dont les plus évidents sont la rotation terrestre et la révolution autour du Soleil. En outre, grâce aux distances stellaires, nous savons que les étoiles proches de notre Soleil se déplacent à moins de 50 kilomètres par seconde, soit environ 1 575 millions de kilomètres par an. Le Soleil et son cortège de planètes se meuvent vers un point précis appelé l'*apex*, situé dans la constellation d'Hercule, à une vitesse de l'ordre de 20 kilomètres par seconde.

Une propriété particulièrement intéressante de la détermination du mouvement solaire est liée à la distinction entre étoiles jeunes et étoiles évoluées. Chacune de ces deux grandes familles stellaires donne des valeurs différentes du mouvement solaire dans la Galaxie. Les étoiles évoluées, donc âgées, ont en général des vitesses spatiales propres élevées ; elles sont supposées être issues du halo de la Galaxie, c'est-à-dire formées à une époque où la Galaxie était encore une immense boule sphérique de gaz. Leurs propriétés cinématiques montrent en effet qu'elles ont une vitesse orthogonale au plan galactique, oscillant de part et d'autre de celui-ci par effet d'attraction gravitationnelle. Un tel résultat souligne qu'une galaxie est un système dynamique dans lequel toutes les étoiles se déplacent dans le champ gravitationnel provoqué par les autres. Comme nous ne pouvons pas traverser le halo pour en étudier les composantes, nous sommes ainsi informés des conditions chimiques initiales lors de la formation et du collapse galactiques. La distribution stellaire de l'environnement solaire suggère que le Soleil occupe une position excentrée entre deux bras spiraux, les étoiles proches appartenant à égalité aux populations jeunes et âgées. Les observations de la vitesse radiale de l'hydrogène à 21 centimètres de longueur d'onde corroborent d'ailleurs cette idée.

Notre Galaxie est en rotation. Ce mouvement fut découvert dans les années 1920, et explique en particulier l'aplatissement du disque galactique. En outre, la vitesse angulaire est une fonction de la distance au centre galactique, ce qui justifie que cette rotation est différentielle d'une région à l'autre : le disque galactique ne tourne pas du mouvement global d'une structure rigide. La rotation de la Galaxie suppose que les étoiles doivent avoir des mouvements apparents selon des directions privilégiées en rapport avec la rotation d'ensemble. Ce phénomène fut mis en évidence par Kapteyn en 1904, qui découvrit dans le plan de la Voie lactée deux directions opposées, l'une vers Orion et l'autre vers l'Écu. Un autre test observationnel effectué par Oort et Strömberg dans les années 1925 montre que les étoiles à grande vitesse radiale se dirigent vers des longitudes galactiques analogues, et aucune en direction contraire. Cette asymétrie des mouvements stellaires se distribue de part et d'autre d'une direction moyenne marquée par la longitude 230°, située à angle droit du centre galactique. En outre, les amas globulaires représentent, par leur distribution sphérique autour de la Galaxie, des balises idéales pour étudier la cinématique du disque galactique. Les mesures précises montrent que le système solaire se déplace dans la ronde galactique à une distance de 8 500 parsecs du centre galactique, et à une vitesse d'environ 220 kilomètres par seconde, soit une révolution autour du centre de la Galaxie en 220 millions d'années. Finalement, la Galaxie est plus petite que ce que les estimations antérieures laissaient prévoir, et elle n'est rien de plus qu'une spirale parmi d'autres.

Ces observations ne nous renseignent en fait que sur la rotation du Soleil et des étoiles proches. En outre, l'étude des étoiles lointaines est toujours rendue difficile par la présence de la poussière interstellaire. Une bonne approximation consiste à supposer que toutes les étoiles ont des orbites circulaires et à étudier la distribution des vitesses radiales, obtenues par la mesure des décalages spectraux par l'effet Doppler-Fizeau. Les étoiles plus proches du centre galactique que le Soleil ont des vitesses plus élevées que celles qui en sont plus éloignées. D'autre part, à la position de chaque astre par rapport au Soleil et au centre galactique correspond une vitesse se décomposant en une vitesse tangentielle et une vitesse radiale, cette dernière étant nulle lorsqu'une étoile se déplace perpendiculairement à la ligne de visée, et maximale (composante tangentielle alors nulle) lors d'un déplacement sur cette ligne de visée. À partir de cette distribution de vitesses en fonction de la position géométrique, les astronomes ont calculé que la vitesse de révolution d'une étoile par rapport au centre de la Galaxie pouvait prendre trois valeurs types suivant la distance au centre : une région centrale où la vitesse est proportionnelle au rayon, une zone périphérique où cette vitesse devient inversement proportionnelle au rayon, et enfin une zone intermédiaire.

L'existence d'un milieu interstellaire riche est également une mine de renseignements précieux sur la rotation de la Galaxie. Nous avons vu que celui-ci était composé de calcium et de sodium neutre, et surtout d'hydrogène atomique émettant à la longueur d'onde de 21 centimètres. La cinématique des nuages de gaz émissif, que ce soit par le mouvement global de ceux-ci ou par celui des atomes individuels, est responsable d'un effet Doppler-Fizeau. Il est ainsi possible de déterminer la vitesse individuelle de chaque nuage sur une ligne de visée donnée. Cette procédure, associée aux vitesses individuelles des étoiles proches, permet d'obtenir une « courbe de rotation » de la Galaxie (*Figure 13*), dont la forme demeure quelque peu incertaine à proximité du centre, mais dont la précision devient rapidement satisfaisante en s'en éloignant. On constate que la vitesse de rotation, rapide près du centre, décroît rapidement au-delà, pour se stabiliser autour d'une valeur moyenne de 220 kilomètres par seconde. L'examen détaillé de cette rotation différentielle, effectué suivant des longitudes galactiques positives et négatives, montre l'hétérogénéité des masses de gaz correspondant d'une part aux différents bras spiraux et d'autre part aux mouvements radiaux de nuages de gaz projetés vers l'extérieur de la Galaxie par l'activité du noyau, dans les premiers temps de la formation galactique.

Structure de la Galaxie

La Galaxie possède donc une structure spirale. Celle-ci est un disque plat de 30 000 parsecs de diamètre et de 500 parsecs d'épaisseur, dont le centre est occupé par un bulbe

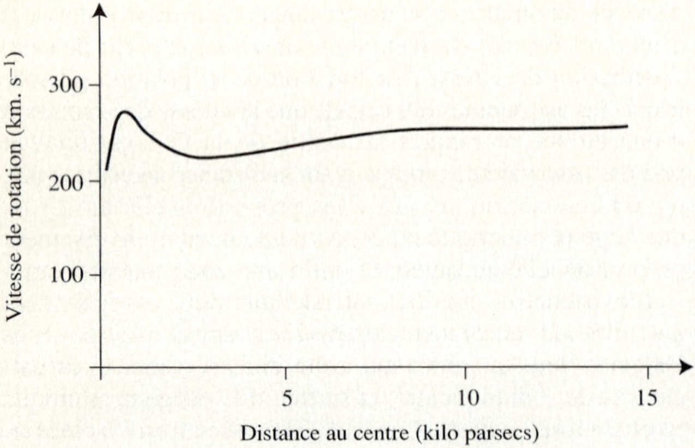

Figure 13 : *Courbe de rotation moyenne de la Galaxie.*

de 6 000 parsecs de diamètre et de 1 000 parsecs d'épaisseur, le tout plongé dans un immense halo sphérique comprenant les amas globulaires. La rotation du disque ne peut expliquer à elle seule la structure spirale : depuis l'effondrement gravitationnel, les bras spiraux auraient en effet subi des enroulements multiples, aboutissant à leur dissipation par interaction gravitationnelle. La présence des bras met en jeu des ondes de densité se déplaçant à des vitesses variables dans le plan du disque. Le vaste système stellaire est assimilé à un fluide soumis à un potentiel gravitationnel se superposant à la rotation galactique. Ce mécanisme, extrêmement complexe, rend néanmoins bien compte du comportement de la matière et des processus de formation stellaires [4], en particulier par le fait que les bras spiraux ne représentent que 5 % du champ gravitationnel général. Le Soleil se trouve coincé entre deux bras spiraux, celui de Persée à 2 000 par-

4. L'ensemble des conditions favorables à la formation des étoiles se retrouve sous le néologisme d'« astration », créé par Hubert Reeves.

secs vers l'extérieur, et celui du Sagittaire à la même distance vers l'intérieur. Il est placé à proximité du bras d'Orion, riche en étoiles jeunes et en régions HII favorables à la formation stellaire. Un disque d'hydrogène neutre s'étend jusqu'à 17 000 parsecs environ du centre galactique, tandis que l'hydrogène moléculaire et les nuages denses sont distribués suivant un anneau s'étendant de 4 000 à 8 500 parsecs du centre ; c'est dans cette région que les étoiles se forment.

Le bulbe est la région de la Galaxie la plus mal connue. Indiscutablement, la densité de matière y est beaucoup plus élevée que dans le disque ou le halo. Un disque formé de gaz dense en expansion a été localisé à 3 000 parsecs du centre ; il est le siège d'une intense formation stellaire, tandis qu'une zone concentrique, inclinée d'une vingtaine de degrés par rapport au plan galactique, contient de l'hydrogène atomique et moléculaire en expansion. En se rapprochant du centre, la densité des nuages moléculaires et ionisés augmente, atteignant des températures supérieures à 10 000 degrés. Le voisinage du centre galactique ne contient que très peu de gaz et sa nature est complexe. Le noyau de la Galaxie proprement dit contient une puissante radio-source, *Sagittarius A*, contenue dans une région de 1,5 milliard de kilomètres de rayon seulement. À cette radio-source est associée une région émettant des rayons X, ainsi que des sources infrarouges. La matière contenue dans le noyau est soumise à de violents mouvements ainsi qu'à de grandes vitesses orbitales, caractéristiques d'une extrême densité. L'hypothèse actuelle la plus plausible rendant compte d'une telle dynamique consiste à placer au centre de la Galaxie un trou noir de masse inférieure à 100 fois celle du Soleil. La *Figure 14* montre un schéma de la structure générale de la Galaxie telle que les observations dans les différents domaines de longueurs d'onde permettent de l'interpréter.

Évolution de la Galaxie

L'évolution est un des concepts essentiels de l'astrophysique contemporaine car elle régit l'histoire de notre Univers. Dans le domaine plus localisé de notre Galaxie, elle se

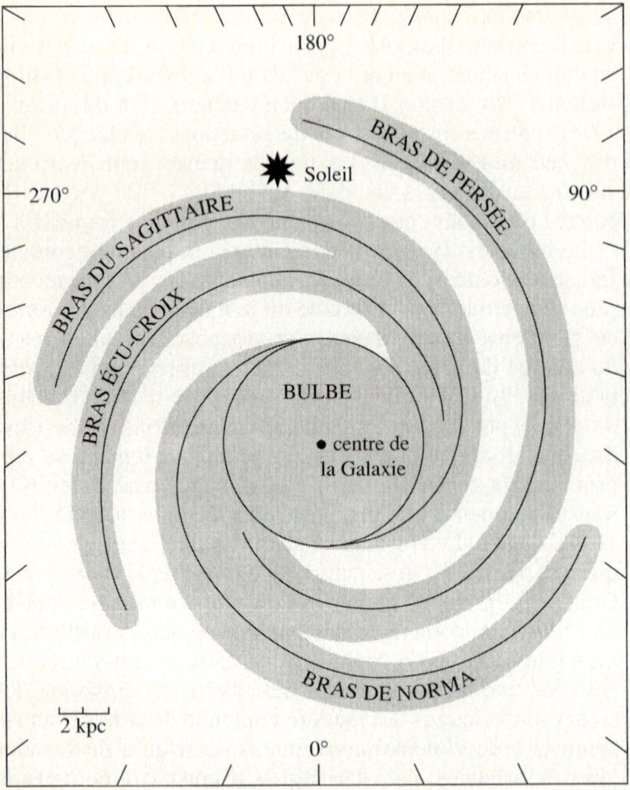

Figure 14 : *Structure de la Galaxie.*

caractérise par deux aspects distincts : d'abord une évolution dynamique, dont un fait marquant est l'effondrement gravitationnel qui, d'une structure plus ou moins sphérique, a donné à la Galaxie la structure plane spirale que nous lui connaissons, et ensuite une évolution liée à la transformation de la matière. En effet, si au sein d'une galaxie la matière gazeuse se transforme essentiellement en étoiles, c'est principalement dans ces dernières que la matière évolue du fait de la combustion de leur carburant nucléaire. L'interdépendance de l'évolution dynamique et chimique de la Galaxie ne s'explique, encore imparfaitement, qu'à travers un certain nombre d'hypothèses dont celles de l'évolution stellaire, et en considérant d'autre part que l'abondance des éléments du pic du fer dans l'atmosphère d'une étoile reflète sa composition d'origine. Une étoile vieille est déficiente en métaux par rapport aux étoiles plus jeunes et a des paramètres cinématiques très différents, traduisant des écarts pouvant atteindre plusieurs centaines de kilomètres par seconde au mouvement circulaire uniforme autour du centre galactique. Les étoiles jeunes, en revanche, ont des vitesses compatibles avec ce mouvement, et présentent des orbites quasi circulaires. Les étoiles à forte déficience en métaux et à paramètres dynamiques élevés sont ainsi considérées comme des candidats représentatifs locaux, témoins chimiques des premières époques de l'histoire de la Galaxie.

Puisque la composition chimique d'une étoile non évoluée est un indicateur de celle du milieu protostellaire dans lequel elle s'est formée, la comparaison des abondances des éléments parmi ces vieilles étoiles et par rapport à des objets plus jeunes, dont le Soleil, contribue à résoudre le problème du bilan de la nucléosynthèse. Mais les exceptions à cette règle abondent. On trouve des étoiles de composition chimique solaire dont les paramètres cinématiques sont caractéristiques de la population II, et inversement, il existe des astres chimiquement très déficients dont les paramètres cinématiques sont analogues à ceux du Soleil. Heureusement, les méthodes analytiques permettant l'étude des atmosphères stellaires, associées aux modèles évolutifs, montrent que les étoiles rejettent dans le milieu interstellaire une fraction importante de leur masse, l'enrichissant ainsi en éléments qu'elles ont synthétisés. L'abondance en métaux confirme la loi d'enrichissement relativement monotone de la Galaxie en fonction du temps. La *Figure 15* montre la relation « âge-abondance en métaux » pour un ensemble d'étoiles, soit individuelles, soit membres de courants cinématiques (Wolf 630,

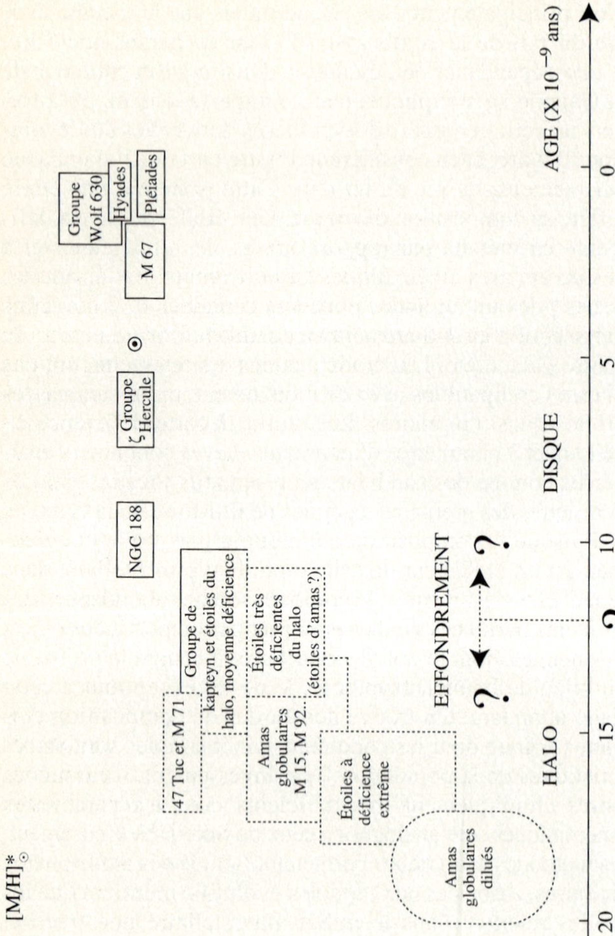

Figure 15 : *Relation entre l'âge et l'abondance en métaux dans la Galaxie.*

Hercule), d'amas ouverts (Pléiades, Hyades) et globulaires (Messier 15, Messier 92). L'axe du temps (en milliards d'années) est porté en abscisse, les rapports de métallicité (en échelle logarithmique par rapport à l'abondance solaire) sont indiqués en ordonnée. Les points aux coordonnées relativement bien déterminées dans la partie droite de la figure correspondent à la population du disque, tandis que la population du halo, sur la gauche, présente une incertitude plus importante. En effet, l'effondrement de la Galaxie est la seule donnée temporelle véritablement fiable. Il apparaît nettement que les étoiles ont une métallicité en moyenne croissante avec le temps, surtout pendant le premier tiers de l'âge de la Galaxie. L'étude des dispersions de métallicité dans les étoiles montre que l'écart reste toujours inférieur à 10 fois la composition chimique solaire dans les trois quarts des astres, le dernier quart atteignant des déficiences de 100 ou 1 000 fois. On peut supposer que cette dernière population provient soit d'amas globulaires dilués au cours du temps, soit de nuages de composition chimique hétérogène, les étoiles suivant des évolutions indépendantes les unes des autres, et par conséquent des lois d'enrichissement différentes. Cette dernière hypothèse plaide en faveur d'un effondrement collisionnel plutôt que gravitationnel de la Galaxie : les rencontres entre les nuages constituant le système protogalactique entraînent un aplatissement de ce dernier, plus ou moins rapidement suivant les conditions de cinématique et de densité. Les hétérogénéités chimiques observées dans la Galaxie pourraient être le dernier reflet de cette constitution fragmentaire initiale de la Galaxie. Le système initial serait maintenant presque totalement relaxé, mais ses constituants ne seraient pas encore mélangés. Les différences de composition chimique viendraient de ce que ces différents nuages, au moment de leur thermalisation, présentaient eux-mêmes des différences de composition chimique. Les amas ouverts jeunes, relativement peu abondants et distants du plan galactique, seraient ainsi issus de fragments bien plus anciens. En adoptant un tel modèle d'évolution de la Galaxie, le temps d'effondrement atteindrait 1 milliard d'années, permettant ainsi la synthèse d'une plus grande quantité de métaux.

Épilogue : carte d'identité de la Galaxie

Notre Galaxie ressemble très vraisemblablement au dessin de la Figure 14. Semblable à la majorité de ses congénères, elle possède une structure spirale en lente rotation autour de son axe en quelque 220 millions d'années. Elle se compose d'un disque avec des bras spiraux dont la luminosité décroît exponentiellement du centre au bord, et d'un bulbe central en forme d'ellipse. Elle contient environ 100 milliards d'étoiles réparties en deux populations, d'une part des étoiles jeunes, riches en métaux et éléments lourds, situées dans le disque (population I), et d'autre part des étoiles vieilles et déficientes que l'on trouve dans le halo et les amas globulaires (population II), ainsi que du gaz et de la poussière répartis préférentiellement dans les bras spiraux. On trouve également du gaz chaud, au sein duquel les étoiles se forment. Plongée dans un halo sphérique de matière ténue, elle contient les amas globulaires témoins des premiers temps de sa formation.

Notre Galaxie est indiscutablement l'archétype des « Univers-îles » de Kant, mais elle est avant tout notre terre nourricière, siège de la synthèse des éléments chimiques compris entre le carbone et l'uranium. Elle réunit tous les ingrédients nécessaires à la formation et à l'évolution des atomes, des molécules, des corps planétaires, des étoiles, et finalement à l'apparition de la vie. Il n'est d'ailleurs pas possible de souscrire à l'affirmation de Brillat-Savarin (1755-1826) :

> *Il est plus important pour l'humanité de découvrir un mets nouveau qu'une étoile nouvelle,*
>
> *Physiologie du goût*

dans la mesure où les ingrédients nécessaires à la confection d'un plat n'existent que par l'évolution stellaire.

Le prochain chapitre nous expatrie de notre île galactique pour aller examiner l'archipel dont la Galaxie fait partie : *le*

Groupe local. Loin d'être une entité isolée, elle appartient à un ensemble gravitationnellement lié dont chaque composante proche nous offre un « super point de vue de Sirius » susceptible de mieux appréhender son histoire et son évolution. Nous examinerons les galaxies du voisinage, sources de la célèbre « classification en diapason » de Hubble, pour envisager un modèle global d'évolution dynamique du Groupe local, étape intermédiaire entre notre Galaxie et le « Superamas », l'une des plus vastes structures de l'Univers.

4. Une région représentative

(Le Groupe local)

Nous occupons une région représentative de l'univers, et ce dernier paraîtra uniforme et identique où que l'on soit.

Nicolas de Cusa, 1401-1464

Dans le chapitre précédent, nous avons décrit les propriétés de notre Galaxie, aussi bien du point de vue de la taxinomie que de la dynamique et de l'évolution chimique. Nous allons maintenant étendre notre propos aux galaxies voisines, examiner comment nous pouvons comprendre la dynamique et l'évolution du système extragalactique dont nous faisons partie. Ces galaxies proches sont en quelque sorte nos voisines de palier habitant la résidence *Amas local*. Soumises à des lois identiques de dynamique et d'évolution, elles obéissent, comme notre propre Galaxie, à un véritable « règlement de copropriété ».

La première nébuleuse extragalactique dont il soit fait mention dans les annales de l'astronomie est la galaxie d'Andromède (*Figure 16*). Elle fut observée par Al-Sûfi en 964, puis par Simon Marius en 1612 ; cet astronome comparait sa lumière à celle d'une chandelle vue à travers une feuille de corne. L'existence de grands systèmes extragalactiques analogues à la Voie lactée ne fut définitivement admise que très récemment, dans les années 1920, à partir des observations d'Edwin Hubble au télescope de 2,54 mètres du mont Wilson en Californie. Les premières observations instrumentales de ce type ne remontent qu'au XVIIIe siècle, lorsque Charles Messier (1730-1817) et Pierre Méchain (1744-1804) établirent une première liste comprenant 104 « objets diffus » destinée à mettre en garde les chercheurs de comètes de tout risque d'identification prématurée. Ce premier catalogue

Figure 16 : *La galaxie d'Andromède.*

contient des objets n'ayant en fait aucun rapport entre eux : Messier 1 est la nébuleuse gazeuse résultant de l'explosion d'une supernova en 1054, Messier 13 correspond à l'un des amas globulaires d'Hercule, Messier 42 à la grande région HII d'Orion, etc. Les nébuleuses extragalactiques brillantes sont cependant recensées, comme Messier 31, la célèbre galaxie d'Andromède, ou encore Messier 33 dans le Triangle. William Herschel s'attaque sérieusement au problème, ajoutant quelque 2 000 nébuleuses à la liste de Messier, suivi de son fils John qui publie le *General Catalogue of Nebulae* contenant 5 079 objets, dont 4 630 découverts par son père. Dreyer complète le catalogue de John Herschel, publiant en 1888 le *New General Catalogue* contenant 7 840 galaxies, amas et nébuleuses ; deux suppléments édités en 1895 et 1908 portent la liste à 15 000 objets.

Les observations de William Herschel soulignent clairement la confusion qui régnait au XVIIIe siècle entre les nébuleuses « résolues en étoiles » et celles qui demeuraient inexorablement sous forme d'une condensation gazeuse plus ou moins floue. Il admettait que ces dernières étaient probablement des systèmes planétaires en formation, le gaz n'étant pas encore condensé sous forme de planètes [1]. Le succès de cette théorie cosmogonique s'étendit à l'ensemble des nébuleuses, portant un coup sérieux aux « Univers-îles » de Kant. Il faut attendre les années 1850 avec les observations de Lord Rosse pour que l'hypothèse extragalactique regagne la faveur des scientifiques. Il résolut en étoiles une cinquantaine de nébuleuses, mettant aussi en évidence la structure spirale d'objets remarquables, telles les galaxies d'Andromède et des Chiens de chasse. Les méthodes de spectroscopie furent appliquées aux nébuleuses en 1864 par William Huggins. Il découvrit la présence de raies d'émission brillantes dans la nébuleuse d'Orion, caractéristiques

1. Herschel rencontra Laplace au cours d'un voyage en France. Ce dernier avait formulé en 1796, dans la note VII de son *Exposition du système des mondes*, son hypothèse fameuse de la *nébuleuse primitive*, à l'origine du système solaire.

d'un gaz à haute température qu'il attribua à un mélange d'hydrogène et de « nébulium » (identifié par Bowen en 1927 comme de l'oxygène ou de l'azote ionisés). Paradoxalement, de nombreux objets montraient des spectres d'absorption quasiment analogues à ceux des étoiles ; cette dichotomie plaida en faveur de la nature stellaire et extragalactique de nombreuses nébuleuses (spectre d'absorption), par opposition aux régions gazeuses chaudes intragalactiques, foyers de formation stellaire (spectres d'émission). Le seul test imparable permettant de faire effectivement la distinction entre ces deux catégories d'objets consistait à mesurer leurs distances respectives.

La distance des galaxies proches

La mesure des distances extragalactiques s'effectue en localisant dans les galaxies des objets particuliers permettant l'étalonnage par la luminosité. Une première méthode consiste à rechercher des étoiles variables de type « céphéides », jeunes étoiles géantes à très grande luminosité dont l'éclat oscille avec une amplitude comprise entre 0,1 et 2 magnitudes, et des périodes allant de quelques heures à 70 jours environ. Ces étoiles permirent à Henriett Leavitt (1868-1921) de faire une découverte extrêmement importante en 1912 : elle remarqua que la période de variation d'une céphéide dépend étroitement de sa luminosité : plus la période est longue, plus la luminosité est élevée. Comme la luminosité est fonction de la distance de l'astre, on obtient ainsi une méthode indirecte permettant le calcul des distances.

Les questions soulevées par les protagonistes du « Grand Débat » des années 1920 concernaient les dimensions de la Galaxie. Cette controverse s'étendait également aux nébuleuses observées depuis Herschel : étaient-elles, comme le supposait Van Maanen en se basant sur des mesures erronées de rotation angulaire des spirales, des structures faisant partie de notre système stellaire ? Hubble appliqua la méthode des céphéides décrite ci-dessus aux galaxies Messier 31 d'Andromède et Messier 33 du Triangle (distantes de 670 000 parsecs, elles ne sont séparées que de 174 000 parsecs), et confirma de façon irrévocable la nature extragalactique de ces objets. Ultérieurement, la distance des Nuages de Magellan fut estimée à 50 000 parsecs. De telles découvertes donnaient enfin une idée des distances immenses auxquelles se situent les galaxies. Elles représentaient une première étape vers un arpentage sérieux de l'Univers.

Le télescope spatial Hubble a permis d'augmenter de manière significative le domaine de distance pour lequel les courbes de lumière des céphéides peuvent être établies. C'est ainsi que 27 étoiles ayant des périodes s'échelonnant entre 4 jours et 6 semaines ont été observées dans la galaxie IC 4182, située à une distance de 5 mégaparsecs (millions de parsecs). De telles mesures n'auraient pu être effectuées avec des télescopes au sol conventionnels. On devrait par la suite être capable de calibrer les distances jusqu'à 25 mégaparsecs. Outre la propriété d'étalonner les distances en confirmant les mesures obtenues par d'autres méthodes, l'observation des céphéides représente ainsi un des meilleurs moyens de déterminer la distance d'autres sources lumineuses comme les supernovae. Nous disposons ainsi d'un test efficace d'évaluation des distances, même à des échelles cosmologiques. Le télescope Hubble a établi une performance en mesurant la distance de la galaxie Messier 100 située dans l'amas de galaxies de la Vierge, soit 17,1 mégaparsecs.

Une autre méthode consiste à mesurer les diamètres des régions gazeuses chaudes (régions HII), ainsi que les diamètres des amas d'étoiles, et de leur appliquer les critères de dimensions utilisés pour les objets analogues à notre Galaxie.

Un procédé relativement récent d'estimation des distances intergalactiques utilise la relation mise au point en 1977 par les astronomes Tully et Fisher. Elle nécessite la connaissance de la magnitude absolue totale M d'une galaxie, et de sa vitesse de rotation circulaire maximale V_m à l'intérieur du disque galactique. Cette vitesse se déduit de la mesure du décalage Doppler-Fizeau de la raie de l'hydrogène à 21 centimètres à l'aide des radiotélescopes. Appliquée aux galaxies proches, cette méthode donne de très bons résultats et permet la mesure des distances jusqu'à une centaine de mégaparsecs.

On peut se fier aux apparences

L'apparence visuelle d'une galaxie est probablement sa caractéristique la plus évidente. Peu de temps après les premières observations de Hubble dans les années 1920, établissant définitivement la nature extragalactique des structures diffuses observées au télescope, les astronomes distinguèrent immédiatement deux classes fondamentales de nébuleuses extragalactiques : les galaxies spirales et les galaxies elliptiques. L'examen des clichés astronomiques montra que la première catégorie comportait deux sous-classes de spirales, une dite *spirales normales*, et l'autre appelée *spirales barrées*. La découverte d'objets dépourvus de toute symétrie introduisit le groupe des *galaxies irrégulières* ; la *Figure 17* montre quelques exemples caractéristiques de galaxies de ces différentes catégories.

Dans les années 1930, Hubble introduisit sa célèbre classification morphologique « en diapason », encore utilisée de nos jours, moyennant quelques améliorations. La Figure 18 montre comment Hubble et Humason inclurent les divers types de galaxies en représentant divers stades d'évolution (une galaxie elliptique évolue vers une spirale, ou bien le contraire…). En fait, ce scénario idéal est faux par le fait même que les masses des galaxies elliptiques et spirales sont totalement incompatibles dans une vision évolutive. Un groupe important de galaxies fut découvert après les travaux de Hubble, composé d'elliptiques géantes extrêmement distantes de notre système, fréquemment plongées au cœur des amas de galaxies dont elles forment la composante dominante. La structure composite du ou des noyaux pourrait être le résultat d'un processus de phagocytose (ou de

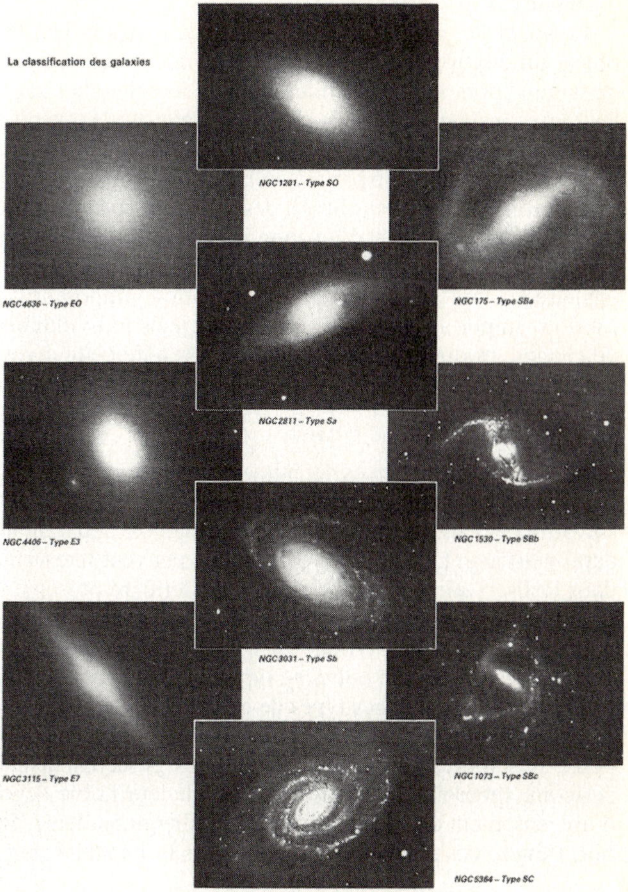

Figure 17 : *La classification des galaxies. (Extrait des* Galaxies *de Ian Nicholson et Patrick Moore, Armand Colin.)*

« cannibalisme »), la galaxie ayant absorbé et digéré ses voisines : ce type d'objet porte le nom peu romantique de « galaxie cD ».

Le souci des astronomes de ranger dans des boîtes les objets du ciel répond en fait à une démarche scientifique classique [2] dont le but essentiel consiste à rechercher la ou les causes responsables de la diversité. Ce procédé très efficace a permis d'interpréter les différentes familles d'étoiles, non pas comme des disparités à partir d'une origine commune (comme dans l'évolution des espèces), mais comme des phases transitoires d'un long processus évolutif. Les différents types de galaxies ne semblent vraisemblablement pas être les témoins d'une longue évolution temporelle ; il est donc important d'examiner les propriétés individuelles de chaque groupe pour essayer de comprendre cette diversité de structure.

Les galaxies elliptiques

Les galaxies elliptiques constituent 17 % de l'échantillon de Hubble. Elles sont classées en sept groupes (E1 à E7), suivant la valeur du rapport du demi-grand axe apparent au demi-petit axe. Les effets de perspective peuvent intervenir dans l'observation d'une galaxie, cette dernière présentant rarement son meilleur profil ou une image de face digne d'un fichier anthropométrique : le tri des galaxies n'est donc pas toujours facile. En outre, ce type de classification n'est pas applicable aux autres types de galaxies, lenticulaires ou spirales, dont l'aplatissement est important. On a longtemps pensé que toutes les galaxies elliptiques possédaient une structure sphéroïde tronquée en raison de leur faible degré d'aplatissement dû à une rotation particulièrement lente. En fait, l'étude des isophotes (régions d'égale intensité lumi-

---

2. Un astronome, un physicien et un mathématicien abordant une île aperçoivent un mouton bleu. L'astronome, soucieux de dresser des catalogues, s'exclame : « Tiens ! Il y a des moutons bleus sur cette île ! » Le physicien corrige : « Tiens ! Il existe au moins un mouton bleu sur cette île ! » Le mathématicien conclut : « Tiens ! Il existe au moins un mouton ayant un côté bleu tourné vers nous sur cette île ! »

neuse) montre qu'elles ont une structure plus complexe, nécessitant trois axes de définition (structure triaxiale). Les astronomes ont récemment dégagé deux familles d'elliptiques, la première possédant des isophotes aux extrémités pointues, la seconde des isophótes à la géométrie carrée ou rectangulaire. Les modèles théoriques s'appuyant sur une distribution d'étoiles en autogravitation reproduisent bien ces deux groupes.

LES GALAXIES SPIRALES ET LENTICULAIRES

Les galaxies spirales proches forment la première catégorie d'objets découverts en raison même de leur luminosité. La lumière provient essentiellement des étoiles jeunes massives concentrées dans les bras spiraux. Ces étoiles sont observées soit directement au télescope, soit par la présence de gaz chaud d'hydrogène sous forme de régions HII favorables à la maturation stellaire, aisément observables dans le domaine visible. Cette distribution de luminosité ne reflète cependant absolument pas la distribution de matière, essentiellement concentrée sous forme de vieilles étoiles de faible masse, uniformément réparties dans le disque des galaxies. Contrairement aux elliptiques, les galaxies spirales montrent, pour la partie visible, une structure très aplatie, véritable galette d'étoiles autour d'un bulbe central. Les astronomes distinguent deux formes de noyaux dans de tels objets ; lorsque celui-ci est sphérique, la galaxie est dite spirale, mais lorsqu'il présente une forme allongée, la galaxie est une « spirale barrée ». La *Figure 18* montre la succession des spirales et des spirales barrées suivant les sous-groupes respectifs Sa, Sb, Sc et SBa, SBb, SBc. Le long des deux séquences, les indices *a*, *b*, *c* indiquent aussi bien la dimension des bulbes (dans lesquels la majorité de la matière est concentrée), que l'ouverture des bras spiraux : le bulbe diminue et les bras s'ouvrent en allant de *a* vers *c*. Depuis Hubble, la classification s'est dotée des groupes Sd et SBd. La fameuse structure « triaxiale » observée dans les galaxies elliptiques semble également présente dans le bulbe des spirales, rendant la distinction moins nette entre les S et les SB. On a aussi

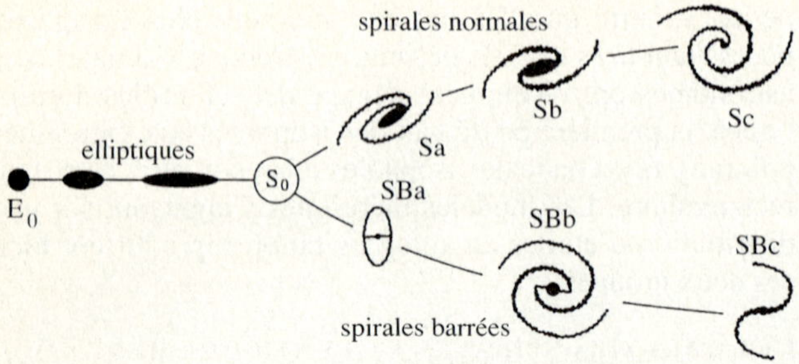

Figure 18 : *La classification « en diapason » de Hubble.*

supposé que notre Galaxie pouvait avoir une barre centrale. La famille des galaxies lenticulaires est analogue à celle des spirales bien qu'aucun bras ne soit apparent ; elles ne se distinguent des elliptiques que par l'aplatissement important de leur structure. La *Figure 19* montre deux galaxies siamoises de type Sc, NGC 5432 et NGC 5435 ; le pont de matière les unissant est nettement visible.

Les galaxies irrégulières

Aux quatre familles de galaxies régulières que nous venons de décrire, il faut en ajouter une cinquième, celle des « galaxies irrégulières », qui se divise en deux classes, les irrégulières présentant une certaine régularité (!) et… les autres (Irr I et Irr II). Les deux Nuages de Magellan constituent l'archétype de la première classe par le fait même que la distribution de matière est beaucoup plus homogène que la distribution de la lumière. Cette propriété est d'ailleurs partagée avec les galaxies spirales suggérant que les Irr I pourraient être des spirales avortées. Les Irr II sont supposées former une population d'objets dans lesquels se seraient produits des événements cataclysmiques tels que de violentes explosions d'étoiles et de gaz, à moins que la présence de galaxies proches n'ait été responsable de malformations gravitationnelles. Il est cependant difficile

Figure 19 : *Les deux galaxies siamoises NGC 5432 et NGC 5435. (Document ESO.)*

***Figure 20 :** À gauche, Edwin Hubble au télescope de Schmidt du mont Palomar. À droite, extrait d'*Objectif Lune *d'Hergé (Éd. Casterman). Noter la pertinence de la question du capitaine Haddock.*

d'imaginer comment une galaxie irrégulière, apparemment isolée dans l'espace et dont les étoiles ont leur propre mouvement, puisse survivre depuis tant de milliards d'années. L'exemple des Nuages de Magellan plaide en faveur d'une forte interaction avec notre Galaxie. De nombreux débris sous forme d'amas d'étoiles subsistent dans leur mouvement orbital, vraisemblablement liés à des effets de marée gravitationnelle. En outre, on observe des événements violents au sein de nombreuses galaxies, celles-ci conservant cependant leur structure géométrique remarquable.

Statistiquement, les différents types de galaxies se répartissent ainsi :

Type morphologique	**Pourcentage**
E0 - E7	17
Sa - Sba	19
Sb - SBb	25
Sc - SBc	36
Irr	3

Le diapason du boxeur

Ce titre sibyllin rend hommage à Edwin Hubble (1889-1953), ancien champion de boxe amateur, dont la haute stature est représentée à la *Figure 20*, observant tout en fumant la pipe au télescope de Schmidt du mont Palomar, ainsi que le dessin correspondant d'Hergé dans *Objectif Lune*. Hubble supposait que son diagramme montrait différentes phases de l'évolution temporelle des galaxies le long de la séquence. De nombreux arguments contredisent cette hypothèse, ne serait-ce que la disparité des masses : les galaxies les plus massives et les moins massives forment la famille des elliptiques, les spirales appartenant à une fourchette de masses beaucoup plus restreinte. Aucun modèle ne peut d'ailleurs rendre compte d'une quelconque évolution dans un tel capharnaüm. Il est certain que la variété morphologique des galaxies reflète les conditions initiales de leur formation. Un nuage de gaz se caractérise par sa masse, et surtout son moment angulaire [3]. Il est vraisemblable qu'une valeur élevée de ce dernier par unité de masse est à l'origine des galaxies spirales et lenticulaires, et inversement qu'une galaxie sphérique ou elliptique est la conséquence d'un faible moment angulaire. Cette explication ne résout cependant pas toutes les questions ; par exemple, si les étoiles d'une galaxie se sont formées avant ou pendant son effondrement gravitationnel, la galaxie résultante sera bien moins aplatie que si le collapse s'est effectué en phase totalement

3. Une sphère de gaz homogène de masse M, de rayon R et de vitesse angulaire ω a un moment angulaire :

$$J = 2/5\ M\, R^2\omega.$$

gazeuse. D'autre part, une galaxie peut être le résultat d'une accumulation de nuages de gaz hétérogènes ayant chacun son propre mouvement de rotation. Dans ce cas, les collisions entre les nuages auront pour effet de diminuer la valeur du mouvement angulaire. On voit ainsi que la variété des galaxies observées ne relève pas uniquement des caprices du moment angulaire. Pour cette raison, les astronomes cherchent d'autres effets responsables des différents types morphologiques, mais aucune explication n'est aujourd'hui véritablement satisfaisante. En fait, les observations récentes montrent que la dichotomie entre les elliptiques et les spirales est moins évidente que ce que l'image directe laisse supposer ; il est maintenant établi que la distribution totale de matière dans une spirale diffère fortement de la distribution en lumière. La galaxie est en fait plongée dans un halo quasi sphérique de matière invisible composée peut-être de particules élémentaires à faible interaction et, dans une moindre mesure, d'étoiles peu lumineuses ou mortes et de gaz résiduel.

Il reste à savoir dans quelle catégorie ranger les galaxies lenticulaires ; la tentation est forte de les classer parmi les spirales en raison de leur aplatissement. Il est possible que ces objets soient d'anciennes spirales ayant perdu leur gaz en interagissant avec les galaxies voisines, la proximité d'autres corps provoquant alors un effet de « balayage » du gaz. On ne peut pas non plus exclure la possibilité de ranger ces galaxies parmi les elliptiques. Ces hypothèses sont purement qualitatives et soulignent l'embarras des astronomes à reconstituer les règles du jeu extragalactique. Dans la boîte cosmique, les pièces du puzzle sont bien difficiles à assembler.

La valse des galaxies

Nous avons vu au chapitre précédent par quels moyens ingénieux (et parfois hasardeux) la vitesse de rotation de notre Galaxie avait été mesurée. Pour les galaxies extérieures, les astronomes utilisent des méthodes similaires, même si les mesures de vitesse radiale s'effectuent, non plus « de l'intérieur », mais de l'extérieur du système. La principale contrainte consiste à n'observer que des objets vus raisonnablement de profil : une galaxie observée de face a un mouvement de rotation dans un plan perpendiculaire à la ligne de visée, indécelable depuis la Terre. Pour une galaxie vue de profil, le mouvement de rotation agit de sorte qu'un côté semble se rapprocher et l'autre s'éloigner de l'observateur. Une fente de spectrographe judicieusement alignée le long de l'axe de la galaxie montre un ensemble de raies, soit inclinées, soit en forme de « S » suivant que le mouvement de rotation est uniforme ou différentiel (*Figure 21*). Pour des galaxies proches, il est facile d'obtenir la vitesse de rotation apparente ainsi que, le cas échéant, la vitesse différentielle. La vitesse réelle se déduit en tenant compte de l'angle d'inclinaison de la galaxie par rapport à l'observateur. Ce cas de figure idéal n'est pas réalisable pour les objets lointains en raison des limites imposées par la résolution des spectrographes et par la turbulence atmosphérique. L'étude de la rotation différentielle permet d'établir des courbes de rotation analogues à celle de notre Galaxie, et d'en déduire des propriétés dynamiques des étoiles et des gaz à l'intérieur même des systèmes extragalactiques. Les observations de la raie de l'hydrogène à 21 centimètres complètent la panoplie des informations. Comme pour la Galaxie, le moment angulaire des régions centrales des galaxies est plus élevé que celui des zones extérieures. Les périodes de rotation observées augmentent en allant des elliptiques vers les bulbes des spirales, s'échelonnant pour les noyaux entre 5 millions (types E7) et 80 millions d'années (type Sc). Ces périodes sont bien plus élevées si l'on considère les bras des galaxies spirales.

L'aspect des courbes de rotation des galaxies spirales souligne clairement qu'il n'y a pas de lien évident entre la valeur élevée de cette rotation et la présence de matière lumineuse. Cette remarque plaide en faveur de l'existence de matière sombre à l'intérieur de ces objets. À l'heure où ces lignes sont écrites, cette « masse cachée » n'a pas encore été

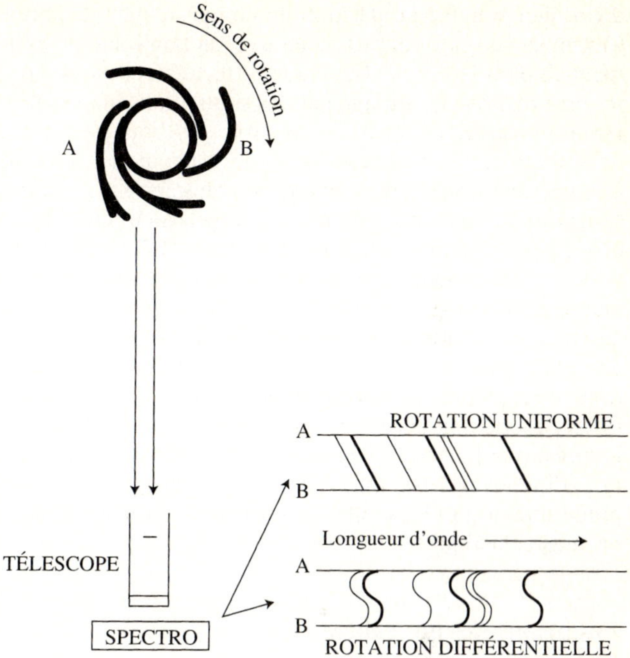

Figure 21 : *Mesure de la rotation d'une galaxie dans le cas d'une rotation uniforme (galaxies elliptiques) et d'une rotation différentielle (galaxies spirales).*

débusquée. Il est nettement plus difficile d'étudier la rotation des galaxies elliptiques en raison même de leur structure ; en outre, l'absence de nuages d'hydrogène rend caduques les observations radioastronomiques. En général, cette vitesse est mesurée en séparant les mouvements individuels des étoiles du mouvement d'ensemble. On constate cependant que ce dernier est insuffisant pour rendre compte de l'aplatissement observé des galaxies elliptiques.

La dynamique des galaxies spirales que nous venons

d'évoquer soulève la question du comportement des bras. Comment ceux-ci, soumis au mouvement de rotation, évoluent-ils dans le temps ? Les études effectuées aussi bien par les observations in situ que par des simulations numériques montrent qu'au cours de la rotation, les bras s'étirent à un point tel qu'ils devraient être dilués au bout de 1 milliard d'années environ. Curieusement, des bras spiraux réguliers sont couramment observés autour d'objets au moins 10 fois plus âgés, ne serait-ce qu'autour de notre Galaxie. Il existe donc un phénomène de préservation de la structure spirale, peut-être une onde de densité dont la propagation a pour effet de stimuler la formation d'étoiles dans les bras, et d'éviter ainsi la dislocation de ces derniers. Cette onde de densité doit avoir des propriétés bien établies, telles qu'une rotation différentielle venant contrecarrer celle de la galaxie afin de préserver la structure spirale. Bien entendu, il ne s'agit que d'une hypothèse, mais elle permet cependant de comprendre pourquoi les étoiles se forment de préférence dans les bras galactiques.

Les propriétés des galaxies

Notre Galaxie peut être considérée comme l'archétype des spirales, et la revue des caractéristiques des galaxies extérieures utilise des approches et des critères d'évaluation sensiblement analogues à ceux de notre système. Une approche particulièrement fructueuse des propriétés des galaxies extérieures consiste à procéder par comparaison entre les différents types morphologiques, afin d'en déterminer les similitudes et les différences.

Luminosité et couleur

Les propriétés observables les plus simples sont la luminosité et la couleur. La première peut être déterminée par photométrie pour toutes les galaxies, et convertie en magnitude absolue lorsque la distance est connue. Les couleurs des galaxies ne sont pas affectées par les effets de la distance, sauf lorsque celle-ci atteint des valeurs cosmologiques, ou lorsque l'absorption interstellaire est importante. Les variations de couleur entre les elliptiques et les spirales reflètent les différences de populations stellaires entre les différents types. La présence d'étoiles géantes chaudes de type O et B dans les bras spiraux est responsable de ces écarts : on dispose ainsi d'un argument plaidant en faveur d'une domination des étoiles de population II à l'intérieur des elliptiques, et d'une majorité d'étoiles de population I au sein des spirales. Les magnitudes absolues déterminées pour les galaxies proches s'échelonnent entre – 14 pour les elliptiques et – 19,5 pour les spirales Sb, tandis que cette fourchette va de – 15 à – 19 pour les Sc et de – 13 à – 16 pour les irrégulières.

Masses des galaxies

Il est extrêmement difficile de donner une bonne valeur de la masse des galaxies, ne serait-ce que par l'incertitude sur leurs dimensions, sur celle du halo, et sur la quantité de matière sombre. Pour une spirale, on se limite en général à la distance maximale où la courbe de rotation a encore une signification. Il est cependant impossible actuellement de donner une valeur « plancher » aux masses des galaxies. D'une part, il est difficile d'observer des galaxies véritablement naines, car rien ne les distingue a priori des amas d'étoiles de champ et, d'autre part, la définition même d'une galaxie est encore sujette à caution. En général, une galaxie est définie comme un vaste système isolé d'étoiles, mais à partir de combien d'objets peut-on parler de galaxie et non plus d'amas ? Finalement, l'observation de quelques galaxies naines donne des valeurs de quelques millions de masses solaires. Pour les raisons que nous venons d'évoquer, l'incertitude augmente pour les plus grands objets, mais on soupçonne que les galaxies elliptiques géantes doivent avoir des masses supérieures à 10^{13} fois celle du Soleil. Entre ces deux extrêmes, notre Galaxie se situe dans une honnête moyenne avec $1{,}5 \cdot 10^{11}$ masses solaires.

Lorsque les premières galaxies furent étudiées, les astronomes pensaient que la distribution de masse des galaxies obéissait à une loi statistique classique (distribution gaussienne). La détection des galaxies naines à faible masse n'autorise plus une telle hypothèse, et renforce l'idée que ces dernières doivent être nombreuses et contribuer pour une part importante à la masse totale de l'Univers. En fonction du type morphologique, les masses les plus couramment adoptées sont les suivantes (toujours exprimées en masses solaires) :

Elliptiques géantes	10^{13}
Grandes spirales	$3 \cdot 10^{11}$
La Galaxie	$1{,}5 \cdot 10^{11}$
Petites spirales et irrégulières	10^{10}
Elliptiques naines	10^{6}

Matière et lumière

Une nouvelle propriété des galaxies se définit par le rapport de leur masse à leur luminosité (noté M/L) ainsi que le rapport de la masse d'hydrogène neutre à la masse totale (noté M_{HI}/M). Ce rapport n'a pas la même valeur parmi les galaxies de même type morphologique, et la dispersion des valeurs trouvées reflète globalement, compte tenu des incertitudes sur les déterminations des masses, une sous-estimation de la quantité de matière.

Les plus importantes valeurs du rapport M/L concernent principalement les galaxies elliptiques, et les plus faibles les galaxies de type Sc et les irrégulières ; par contre, le rapport M_{HI}/M donne un classement inverse. Un tel résultat souligne que les galaxies elliptiques sont relativement dépourvues de matière « froide » (gaz et poussières), mais riches en étoiles. Dans certains cas, la masse totale de gaz interstellaire peut être supérieure à la masse d'hydrogène neutre, et l'hydrogène moléculaire peut exister en quantité comparable à l'hydrogène atomique. Le gaz interstellaire peut avoir trois sources : soit il date de la formation même de la galaxie sans avoir connu le moindre avatar, soit il est passé à la moulinette des réactions nucléaires dans les étoiles avant de retourner dans le milieu interstellaire par suite d'une éjection de matière, soit il provient des profondeurs de l'Univers et a été capturé par la galaxie dans son voyage à travers le milieu intergalactique. Quoi qu'il en soit, la masse et la composition chimique de ce gaz doivent être interprétées comme l'aboutissement de l'évolution stellaire et intergalactique.

La durée de vie d'une étoile dépend étroitement de sa masse : plus celle-ci est importante, plus l'espérance de vie de l'étoile est brève. Dans les galaxies elliptiques, la luminosité dominante provient des étoiles, tandis que le gaz interstellaire n'y existe qu'en faible quantité. Les observations révèlent effectivement une absence d'étoiles bleues massives et lumineuses, contrairement aux galaxies spirales et irrégulières, ce qui explique partiellement la valeur élevée du rapport M/L. Il est cependant évident que ce rapport est globalement élevé, ce qui indique que la majorité de la matière galactique existe sous forme de gaz interstellaire, d'étoiles mortes, d'étoiles visibles moins massives que le Soleil, ainsi que de cette fameuse matière noire, véritable cauchemar des astronomes. Il est pratiquement certain que l'examen du contenu matière-luminosité au sein des groupes et des amas de galaxies nécessite la prise en compte d'une grande quantité de matière obscure sur laquelle nous ne savons presque rien.

Le Groupe local

Nous venons de décrire les différents types de galaxies et leurs propriétés intrinsèques, puis nous avons examiné quelques-unes de nos galaxies voisines, situées « seulement » à quelques millions d'années-lumière. Nous allons maintenant associer les belles spirales d'Andromède et du Triangle, ou bien les Nuages de Magellan, en une vaste structure gravitationnelle, *le Groupe local*. Il est instructif en botanique de connaître individuellement les différentes fleurs, mais seule leur topographie d'ensemble définit un jardin à la française. De manière analogue, les galaxies sont

Galaxie	Type	Diamètre (kpc)	Distance (kpc)	Magnitude absolue	Vitesse (km/s)	Masse (Soleil = 1)
La Galaxie	Sb	30	–	– 20 ?	–	$15 \cdot 10^{10}$
Grand Nuage de Magellan	Irr I	7	53	– 18,5	+ 270	$1 \cdot 10^{10}$
Petit Nuage de Magellan	Irr I	3	60	– 16,8	+ 170	$2 \cdot 10^{9}$
Messier 31 Andromède	Sb	50	690	– 21,1	– 275	$30 \cdot 10^{10}$
Messier 32 Andromède	E2	1	660	– 16,4	– 210	$3 \cdot 10^{9}$
NGC 205 Andromède	E5	2	640	– 16,4	– 240	$1 \cdot 10^{10}$
Messier 33 Triangle	Sc	8	690	– 18,9	– 190	$1 \cdot 10^{10}$
Galaxie du Sculpteur	E	1	85	– 11,7		$3 \cdot 10^{6}$
Galaxie dans Fornax	E	2	170	– 13,6	+ 40	$2 \cdot 10^{7}$
NGC 6822	Irr	2	470	– 15,7	– 40	$4 \cdot 10^{8}$
NGC 147 Cassiopée	E5	1	660	– 14,9	– 250	$1 \cdot 10^{9}$
NGC 185 Cassiopée	E5	1	660	– 15,2	– 300	$1 \cdot 10^{9}$
IC 1613	IrrI	1	740	– 14,8	– 240	$3 \cdot 10^{8}$
Galaxie du Lion I	E4	1	230	– 11,0		$3 \cdot 10^{6}$
Galaxie du Lion II	E1	1	230	– 9,4		$1 \cdot 10^{6}$
Système Petite Ourse	naine	1	67	– 8,8		$1 \cdot 10^{5}$
Système du Dragon	naine	1	67	– 8,6		$1 \cdot 10^{5}$

Tableau 22 : *Les principales galaxies du Groupe local. Les dimensions et les distances sont indiquées en kiloparsecs (kpc).*

assimilées à des systèmes isolés d'étoiles ; elles n'évoluent cependant pas dans cet état, et les observations les montrent rassemblées en groupes ou en amas.

Du côté d'ailleurs

Notre Galaxie elle-même est accompagnée des deux Nuages de Magellan auxquels elle est gravitationnellement liée. Outre ce trio, une vingtaine de galaxies sont situées dans un espace d'environ 3 millions d'années-lumière de rayon, soumises à l'attraction dominante de la Galaxie ainsi que de Messier 31 dans Andromède. À ces objets, il faut ajouter encore quelques dizaines de galaxies naines et d'amas globulaires isolés pour disposer d'un inventaire complet. En réduisant la Galaxie à la seule ville de Paris (banlieue exclue), Messier 31 se situerait à Nevers, le Groupe local trouvant ses limites dans un cercle passant par Lille, Rennes, Clermont-Ferrand et Nancy.

Il n'est actuellement pas possible de savoir si les objets constituant l'Amas local ont vu le jour simultanément ou s'il s'agit d'un processus de capture. On est cependant tenté d'adopter la seconde hypothèse en constatant que la distance moyenne séparant des galaxies dans un système est, toutes proportions gardées, bien inférieure à la séparation des étoiles dans une galaxie, en particulier au cœur des amas de galaxies. Comme conséquence directe de ce processus de capture, des effets de perturbation et de distorsion sont observés parmi les composantes. L'analyse dynamique des couches de gaz externes de notre Galaxie montre que celle-ci a subi ce genre d'avatars sous l'effet de l'attraction gravitationnelle du Grand Nuage de Magellan, lors de son dernier passage au plus près de la Galaxie. En outre, plusieurs galaxies naines, amas globulaires et nuages de gaz accompagnent le Grand Nuage dans sa révolution, ce qui n'arrange pas la morphologie de notre Galaxie. Les galaxies étant observées en paires, en trios, en groupes et en amas, on peut ainsi les représenter de manière analogue aux amas stellaires, chaque étoile étant remplacée par une galaxie. Le *Tableau 22* indique nettement la grande variété morphologique des constituants ; on note cependant l'absence d'une elliptique géante, ce qui n'est pas surprenant en raison du petit nombre d'objets connus appartenant à cette catégorie.

Cette tendance des galaxies à se regrouper soulève une question que nous retrouverons dans les chapitres suivants : au cours de l'histoire cosmique, se sont-elles groupées sous l'effet de l'attraction mutuelle, ou bien sont-elles nées d'un même nuage de gaz pour se disperser dans l'espace ? Ces deux hypothèses contradictoires ne peuvent être départagées dans le cadre du Groupe local où les galaxies sont soumises à une attraction mutuelle dominant tous les autres mouvements éventuels. Nous reviendrons sur cette question en décrivant « l'ordre supérieur », les amas de galaxies. On remarquera cependant que plus d'une cinquantaine de groupes analogues au Groupe local sont observés dans l'Univers « proche », soit à une vingtaine de mégaparsecs, ce qui suggère que de tels regroupements ne seraient pas fortuits. Le groupe le plus proche est situé à 2,4 mégaparsecs de nous dans la direction de la constellation australe du Sculpteur. On trouve également un groupe à 3 mégaparsecs au-delà de la Grande Ourse.

Bien entendu, notre Galaxie gêne considérablement les observations dans une zone s'étendant sur 20 degrés de part et d'autre de son plan, la densité d'étoiles et de gaz rendant cette région opaque aux télescopes. Une grande galaxie a pourtant été détectée en août 1994, à l'aide du radiotélescope de Dwingeloo, aux Pays-Bas. Cette spirale barrée de type SBb se situe aux confins extrêmes du Groupe local, à 5 mégaparsecs. Détectée grâce à son émission d'hydrogène neutre, sa masse est estimée à $3 \cdot 10^{10}$ masses solaires ; la liste des membres du Groupe local n'est donc pas close.

Évolution des galaxies

D'une manière générale, on peut étendre le schéma évolutif de notre Galaxie à toutes les autres, tout en soulignant que des divergences sont observées dont les causes et les conséquences sont liées aux disparités morphologiques. À l'origine, une galaxie se forme par la contraction d'un nuage de gaz en rotation, donnant naissance aux premières étoiles. Sous l'effet de la rotation, le nuage de gaz s'aplatit, tandis que les étoiles restituent au milieu interstellaire une partie de leur gaz enrichi en éléments lourds. Inversement, la formation stellaire appauvrit le milieu en gaz, et l'enrichit en étoiles. Comme nous l'avons vu plus haut, le « diapason de Hubble », aussi séduisant soit-il, ne permet cependant pas une interprétation de la variété morphologique en termes d'évolution. Il est plus vraisemblable que les galaxies se sont formées simultanément dans les premiers temps de l'Univers, avec leurs caractéristiques propres, mais suivant des « biorythmes » différents, les elliptiques transformant la majorité du gaz en étoiles, et les irrégulières se faisant tirer l'oreille [4]. Il est néanmoins certain que la proximité des galaxies dans les groupes et les amas n'est pas sans influence sur l'évolution du gaz. Enfin, l'observation de la distribution sphérique des amas globulaires autour des principales galaxies du Groupe local favorise l'hypothèse de leur appartenance initiale aux différents halos galactiques, donc formés avant le collapse des galaxies. Les amas globulaires sont ainsi les témoins fossiles des premières formations stellaires.

À l'ombre des galaxies en fleurs

Nous avons évoqué ci-dessus quelques galaxies particulièrement spectaculaires appartenant au Groupe local. Dans ce vaste jardin, chacune d'elles nous offre sa faible lumière, et mérite une place de choix dans l'herbier intergalactique. Outre notre Galaxie, véritable page de garde de notre herbier, nous avons choisi de cueillir les deux Nuages de Magellan, Messier 31 dans Andromède accompagnée de ses deux satellites Messier 32 et NGC 205, ainsi que Messier 33 dans la constellation du Triangle.

---

4. Certaines galaxies dont l'activité de formation stellaire est particulièrement lente, bien qu'elles contiennent beaucoup de gaz, portent officiellement le nom de « galaxies paresseuses ».

Les Nuages de Magellan

Situés respectivement à 53 et 60 kiloparsecs de la Galaxie, les Nuages de Magellan *animent singulièrement la solitude des cieux, et l'œil ne se lasse pas de se sentir attiré vers ces îles de lumière* (Camille Flammarion). Depuis les observations de John Herschel qui recensait 284 nébuleuses, 66 amas d'étoiles, 582 étoiles isolées dans le Grand Nuage (GNM), et 32 nébuleuses, 6 amas et 200 étoiles dans le Petit Nuage (PNM), la connaissance de nos deux galaxies satellites a considérablement progressé (*Figure 23*). L'apparition d'une supernova le 23 février 1987 et les nombreuses observations d'étoiles de type Wolf-Rayet [5] dans le GNM soulignent l'intense activité stellaire dans cette galaxie, ne serait-ce que dans la région de la nébuleuse « de la Tarentule », vaste complexe de gaz chaud éclairé par une centaine d'étoiles de types O et B dans un volume de 60 parsecs. Une ceinture de gaz en mouvement joint les deux Nuages au pôle sud de la Galaxie ; ce *courant magellanique* souligne la réelle interaction existant entre la Galaxie et ses deux satellites. Le GNM tourne sur lui-même à une vitesse moyenne de 70 kilomètres par seconde.

Le Petit Nuage présente une structure plus complexe. Les astronomes ont observé des composantes se déplaçant à des vitesses différentes, le long de la ligne de visée. On peut donc en conclure que le PNM se présente à nous « de face », rendant ainsi sa morphologie difficile à définir. Moins massif que le GNM, il est cependant plus riche en gaz, celui-ci atteignant 20 % de sa masse totale.

La galaxie Messier 31 d'Andromède

Joyau de l'hémisphère boréal (Figure 16), la galaxie d'Andromède est l'objet le plus lointain visible à l'œil nu. Aisément observable (loin de la pollution urbaine !) au-dessus de l'étoile ß Andromède, elle était connue des

---

5. Voir D. Proust et J. Breysacher : *Les Étoiles*.

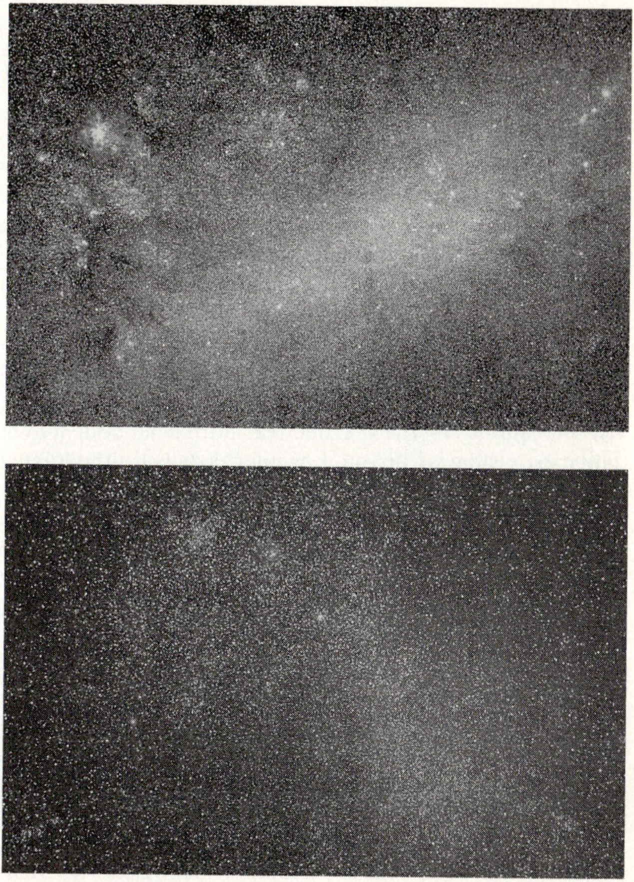

Figure 23 : *Le Grand (en haut) et le Petit (en bas) Nuage de Magellan. (Document ESO.)*

Arabes dès l'an 964, et mentionnée par l'astronome persan Al-Sûfi comme un « petit nuage céleste ». Simon Marius de Franconie l'observe avec une lunette le 15 décembre 1612 : *son intensité s'accroît à mesure qu'on approche du centre*, remarque-t-il. Le Gentil découvre le proche compagnon, Messier 32, en 1749, et les premières études sont effectuées par Halley qui voit *une lumière arrivant d'un espace extra-ordinairement grand dans l'éther, à travers lequel un milieu lumineux est diffusé, lequel brille par sa propre lumière* (remarquable interprétation !). Les observations de William Herschel vont renforcer sa conviction d'avoir affaire à un « Univers-île » au sens d'Emmanuel Kant, véritable système analogue à la Voie lactée. Grâce à sa proximité (690 000 parsecs), on y a observé plus d'une centaine d'amas globulaires, des novae (dont S Andromède qui atteignit la magnitude 6 en 1885) et de nombreuses céphéides permettant d'en déterminer la distance avec une bonne précision. Messier 31 est une spirale Sb vue presque par la tranche, dont seul le bulbe est visible à l'œil nu. Les images dans l'ultraviolet et le domaine radio montrent que les bras spiraux sont très enroulés et ont une composition chimique analogue à ceux de la Galaxie. Malgré un noyau de petites dimensions, de l'ordre de 8 kiloparsecs, Messier 31 est la plus grosse galaxie du Groupe local, avec une masse double de la Voie lactée. Le disque contient de nombreuses régions sombres de poussières, ainsi que des associations lumineuses d'étoiles jeunes et massives.

La galaxie satellite, Messier 32, est une petite elliptique qui interagit avec Messier 31 de manière similaire aux Nuages de Magellan avec la Galaxie. De composition chimique pratiquement analogue à celle du Soleil, Messier 32 serait composée d'étoiles âgées de 8 milliards d'années en moyenne, contrastant avec la vieille population dominante de Messier 31. La seconde galaxie satellite, NGC 205, se manifeste par une abondante population d'étoiles jeunes mélangée avec de larges bandes de poussières, tandis que les nuages d'hydrogène n'interviennent que pour deux dix-millièmes de la masse totale de la galaxie.

La galaxie Messier 33 du Triangle

La galaxie Messier 33 est une spirale Sc tout à fait caractéristique, vue de face et située à la même distance que Messier 31. Elle fut résolue en étoiles par William Herschel, tandis que Lord Rosse mit en évidence sa structure spirale. Les vieilles étoiles de population II sont régulièrement réparties, mais en quantité très inférieure aux étoiles jeunes. Elle possède un noyau extrêmement petit de seulement 5 parsecs de diamètre, d'où s'étendent de longs bras spiraux riches en étoiles bleues et en régions d'hydrogène ionisé. Malgré une apparente régularité, Messier 33 montre une structure asymétrique, révélée par l'analyse du champ de vitesses.

Les belles étrangères

Plusieurs autres galaxies brillantes ont été détectées au cours du temps, leur éclat étant suffisamment intense pour leur permettre de figurer dans les listes de Messier. Leur analyse dynamique montre cependant qu'elles n'appartiennent pas au Groupe local. Le *Tableau 24* donne la liste de huit célébrités que nous allons brièvement passer en revue. Messier 82 fut découverte par Bode en 1774, et notée la même année par Messier comme une *nébuleuse de lumière faible et allongée*. Sa structure est tout à fait typique des galaxies irrégulières non résolues en étoiles. Des filaments d'hydrogène partant du centre et s'étendant sur près de 3 000 parsecs confirment une intense activité, détectée dans le domaine radio. À proximité de cette galaxie, Messier 81 est une superbe spirale Sb dont les dimensions du bulbe indiquent un objet particulièrement évolué, où la grande majorité du gaz central s'est transformée en étoiles. Au printemps 1993, une supernova fut découverte par un astronome amateur dans un bras de Messier 81, permettant ainsi de vérifier sa distance. Dans la même constellation de la Grande Ourse, la belle spirale Messier 101 se présente de face à l'observateur. Sa distance de 6 mégaparsecs est également connue avec une bonne précision grâce à une supernova observée entre juin 1950 et février 1951.

Galaxie	Type	Diamètre (kpc)	Distance (Mpc)	Magnitude absolue	Masse (Soleil = 1)
Messier 82 Grande Ourse	Irr II	7	3	– 19,5	$3 \cdot 10^{10}$
Messier 81 Grande Ourse	Sb	30	3	– 21,0	$20 \cdot 10^{10}$
Messier 51 Chiens de Chasse	Sc	20	4	– 19,7	$8 \cdot 10^{10}$
NGC 5128 Centaure A	E0p	9	5	– 20,0	$100 \cdot 10^{10}$
Messier 101 Grande Ourse	Sc	61	6	– 20,0	$30 \cdot 10^{10}$
Messier 83 Hydra	SBc	30	8	– 20,5	$100 \cdot 10^{10}$
Messier 104 Vierge	Sa	9	12	– 22,0	$50 \cdot 10^{10}$
Messier 87 Vierge	E1	12	15	– 22,0	$30 \cdot 10^{10}$

Tableau 24 : *Les principales galaxies de l'Amas local. Les dimensions sont indiquées en kiloparsecs (kpc), et les distances en mégaparsecs (Mpc).*

La célèbre galaxie Messier 51 des Chiens de chasse se présente de face à une distance de 4 mégaparsecs (*Figure 25*). Un bras s'étend jusqu'à la galaxie satellite NGC 5195, petite spirale dont les bras sont masqués par le gaz ionisé et les étoiles jeunes de la galaxie mère. Dans le ciel austral, NGC 5128 est une galaxie elliptique tout à fait particulière dans la constellation du Centaure. Un large disque fait de poussières, de gaz et d'étoiles en formation occupe son

Figure 25 : *La galaxie Messier 51 des Chiens de chasse. (Document CFHT.)* →

centre, siège d'un important rayonnement radio. Cette particularité a permis aux astronomes de constater que toutes les galaxies elliptiques possédant un disque de ce type sont également des radiosources. La belle galaxie spirale Messier 83 dans la constellation de l'Hydre montre des bras assez larges, et semble posséder une barre centrale ; sa population stellaire est assez âgée.

La constellation de la Vierge est visible des deux hémisphères. Dans cette direction se trouve un amas de centaines de galaxies tout à fait remarquable, car il contient à lui seul 16 des 34 galaxies du catalogue de Messier. Outre la très esthétique galaxie Sa Messier 104, le centre de cet amas est occupé par Messier 87, galaxie elliptique géante autour de laquelle plusieurs centaines d'amas globulaires ont été détectés. Composée en majorité d'étoiles vieilles de types spectraux K ou M distribuées uniformément, elle possède un curieux jet de matière quasiment rectiligne ayant une forte intensité radio provenant du *rayonnement synchrotron* (cette émission est issue d'électrons relativistes accélérés, se déplaçant en hélice autour des lignes d'un champ magnétique intense). Le noyau de cette galaxie est tout à fait particulier : il contient une source radio puissante mais dont les dimensions sont extrêmement réduites. Nous retrouverons ce type d'objets dans le chapitre « Des feux voraces », consacré aux galaxies actives et aux quasars, mais nous pouvons déjà préciser que le Groupe local fait probablement partie de cet amas de galaxies de la Vierge, sous forme d'une structure satellite à une distance de 15 mégaparsecs de Messier 87.

STELLAR REGIONS

Le grand saxophoniste de jazz John Coltrane intitula ainsi une de ses dernières compositions. Celle-ci recherche un développement atonal autour d'un thème d'une simplicité extrême. Le tourbillon sonore qui s'en dégage suggère les mouvements des bras spiraux d'une galaxie en rotation. Cette analogie sonore est un prétexte à résumer les différentes caractéristiques des galaxies rencontrées dans ce chapitre. L'observation des galaxies permet de les classer en fonction de leur apparence visuelle. Elles possèdent en majorité une structure régulière définissant les elliptiques, les lenticulaires, les spirales et les spirales barrées. Les elliptiques se représentent à l'aide d'un système triaxial, tandis que les autres types contiennent des objets fortement aplatis. Les galaxies irrégulières se remarquent par une distribution de lumière hétérogène. Enfin, les galaxies sont soumises à un mouvement de rotation, peu important dans les elliptiques, différentiel dans les spirales, et favorisant l'hypothèse d'ondes de densité dans les bras spiraux.

La distribution des masses des galaxies est très vaste, s'étendant de 10^6 masses solaires dans les elliptiques naines à quelque 10^{13} masses solaires dans les elliptiques géantes, les spirales et les irrégulières se situant entre ces deux extrêmes. Cependant, ces masses demeurent très approximatives car beaucoup d'objets sont entourés de véritables halos de matière. Les rapports de la masse à la luminosité et de la masse totale à la masse de gaz sont liés au type morphologique. Ils sont notablement plus élevés dans la population des elliptiques, soulignant que ces dernières sont moins riches en gaz que les galaxies spirales. Bien que la présence d'étoiles bleues brillantes abaisse le rapport masse-luminosité des galaxies spirales, les valeurs mesurées restent trop élevées pour la quantité de matière observable. Il existe donc une *masse cachée* au sein des galaxies, dont la nature et la répartition ne sont pas encore connues.

La majorité des galaxies appartiennent à des systèmes multiples, groupes et amas. Notre Galaxie est accompagnée de deux satellites, les Nuages de Magellan, le tout appartenant au Groupe local, vaste complexe dont elle partage, avec Messier 31, la suprématie. Le Groupe local contient les différents types morphologiques parmi une vingtaine d'objets, à l'intérieur d'une sphère d'un mégaparsec de rayon.

Connaître la distribution de la matière dans l'Univers revient à dresser une cartographie dans l'espace aussi complète que possible de la répartition des galaxies, celles-ci pouvant être considérées comme les plus petites entités discernables aux échelles extragalactiques. Après l'étude de notre propre Galaxie, et celle du Groupe local dont nous faisons partie, le prochain chapitre va nous faire passer à une nouvelle étape de cette hiérarchie cosmique. Nous verrons que les galaxies sont membres de structures gigantesques, les amas, eux-mêmes connectés en véritables filaments formant la trame de l'Univers. Ainsi, le Groupe local appartient au Superamas local, vaste complexe d'une cinquantaine de groupes, dont le centre est approximativement occupé par l'amas de galaxies de la Vierge, à quelque 15 mégaparsecs de notre Galaxie. Nous aborderons les confins de l'Univers observable, tout en introduisant la notion de « récession des galaxies », véritable pierre angulaire de la cosmologie moderne.

5. Tout ce monde visible

(Les grandes structures de l'Univers)

Que l'homme contemple donc la nature entière dans sa haute et pleine majesté, qu'il éloigne sa vue des objets bas qui l'environnent. Qu'il regarde cette éclatante lumière, mise comme une lampe éternelle pour éclairer l'univers, que la terre lui paraisse comme un point au prix du vaste tour que cet astre décrit et qu'il s'étonne de ce que ce vaste tour lui-même n'est qu'une pointe très délicate à l'égard de celui que les astres qui roulent dans le firmament embrassent. Mais si notre vue s'arrête là, que l'imagination passe outre ; elle se lassera plutôt de concevoir que la nature de fournir. Tout ce monde visible n'est qu'un trait imperceptible dans l'ample sein de la nature. Nulle idée n'en approche. Nous avons beau enfler nos conceptions au-delà des espaces imaginables, nous n'enfantons que des atomes au prix de la réalité des choses. C'est une sphère dont le centre est partout, la circonférence nulle part.

Pascal, *Pensées*

William Herschel avait constaté dès 1784, au cours de ses multiples observations, que les nébuleuses visibles dans son télescope formaient principalement des couches (il utilise le mot *strata*), dont l'une est *fort large, et dirigée presque perpendiculairement à la Voie lactée : c'est la couche où se trouvent la Grande Ourse, Cassiopée, la Chevelure de Bérénice et la Vierge*. Au milieu d'une des couches en question, Herschel aperçut pas moins de 31 nébuleuses parfaitement distinctes en 36 minutes d'observation seulement.

La structure de ces objets pose à Herschel quelques problèmes, car s'il s'agit effectivement d'amas ou de condensations d'étoiles, les plus proches doivent pouvoir être résolus en étoiles individuelles grâce au télescope, et les plus distants rester sous forme de taches floues non résolues. Aussi ne peut-on pas imaginer que tous ces systèmes font partie de notre Galaxie : une structure trop distante pour être résolue en étoiles mais spatialement étendue doit avoir des dimensions considérables. En d'autres termes, considérer que ces systèmes sont formés d'un immense conglomérat stellaire revient à admettre que ces Univers-îles, ou galaxies, existent bien au-delà de la Voie lactée. Remarquons avec quelle facilité Herschel découvre des nébuleuses dans certaines régions privilégiées du ciel, malgré des conditions d'observation assez peu favorables. Les miroirs des télescopes du XVIIIe siècle ont un pouvoir réfléchissant très médiocre, et la qualité du ciel dans le Sud-Ouest de l'Angleterre laisse souvent à désirer (il observe à Bath, puis à Slough, près de Windsor). Herschel interprétera ultérieurement cette répartition hétérogène des nébuleuses en supposant qu'elles font partie d'une structure d'« ordre supérieur » à laquelle il convient d'associer la Voie lactée : l'existence du Superamas local est ainsi soulevée, sans doute pour la première fois dans l'histoire.

Nous avons vu précédemment que la nature véritablement extragalactique des galaxies ne fut définitivement admise qu'après 1924 ; les observations de Hubble le conduisirent à remarquer l'extraordinaire prolifération des galaxies dans toutes les régions du ciel accessibles au télescope (en excluant une région d'une vingtaine de degrés de part et d'autre du plan galactique). Cependant, la tendance « grégaire » de la matière à se regrouper en amas et larges structures est une conception relativement récente, solidement étayée par l'observation en trois dimensions.

Dessine-moi l'Univers

Lorsque les astronomes acceptèrent définitivement, à la suite des travaux de Hubble et Shapley, que les galaxies constituaient une population d'objets extérieurs à notre Voie lactée, les travaux s'orientèrent après 1930 dans l'étude détaillée de leur nature et de leur répartition. La première moitié du XXe siècle voit la publication de nombreux catalogues donnant les positions et les magnitudes d'un maximum de galaxies. Shapley et Ames en 1932 publient ainsi une liste de 1 250 galaxies plus brillantes que la magnitude 13, travail qui sera ensuite étendu par Gérard et Antoinette de Vaucouleurs. Entre 1961 et 1968, Fritz Zwicky et ses collaborateurs constituent un vaste catalogue de plus de 30 000 galaxies dans l'hémisphère Nord, limité à la magnitude 15,7. Ce travail, effectué avec des plaques photographiques prises au télescope de Schmidt du mont Palomar, révèle une multitude de galaxies faibles à la limite de la détection. Un travail similaire, effectué à l'université de Moscou sous la direction de B. A. Vorontsov-Velyaminov, permet de cataloguer plus de 35 000 objets. Donald Shane et Carl Wirtanen, en 1967, poussent le comptage jusqu'à la magnitude 18,7, réalisant une moisson de près d'un million de galaxies sur près de 70 % de la surface du ciel (douze années d'un véritable travail de bénédictin ont été nécessaires à l'établissement de ce catalogue !). La *Figure 26* montre la répartition des galaxies plus brillantes que la magnitude 15,5 entre 8 et 17 heures d'ascension droite, et entre 10 et 50° de déclinaison. La structure en filament qui se détache vers 13 heures et 30° correspond à la région de la Chevelure de Bérénice : c'est le superamas de Coma. La cartographie complète du ciel par plaque photographique réalisée dans les années 1960-1970, à l'aide des télescopes de Schmidt, dans l'hémisphère Nord au mont Palomar et dans l'hémisphère Sud à l'Observatoire européen austral (ESO), permet de localiser des galaxies jusqu'à la magnitude 21. À cette échelle, le nombre de galaxies identifiables se compte par dizaines de millions. Sur une plaque de 6 degrés de côté, K. Rudnicki dénombra pas moins de 10 000 galaxies jusqu'à la magnitude 20,5, soit une distance approximative de 1 000 mégaparsecs. Aujourd'hui, les astronomes utilisent des machines à mesurer numériques, capables de faire la distinction entre une étoile et une galaxie, avec une marge d'erreur de l'ordre de 5 % pour les composantes les plus fines. Ces analyseurs fournissent un ensemble de données précieuses sur chaque galaxie, telles que la position, l'orienta-

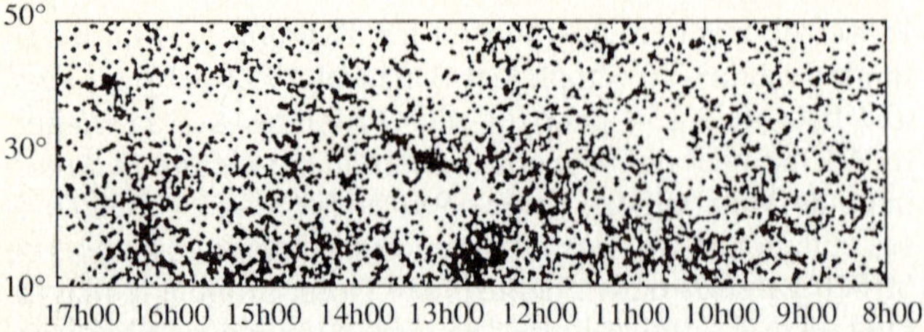

Figure 26 : *Position des galaxies des catalogues de Zwicky et Nilson jusqu'à la magnitude $m_B \leq 15{,}5$. La structure filamentaire qui se détache vers 13 heures et + 30° correspond au superamas Coma. (Document de l'Observatoire de Meudon.)*

tion de l'axe ou la luminosité. Une étude statistique effectuée à l'aide d'une de ces machines indique la présence en moyenne d'une galaxie faible par carré de 8 secondes d'arc de côté, ce qui donnerait plus de 100 milliards de galaxies détectables sur l'ensemble du ciel !

Hubble pensait, en 1926, à partir de ses comptages différentiels, que la distribution des galaxies dans l'Univers était homogène. Shapley, en 1933, utilisant un échantillon d'objets plus important que celui de Hubble, trouve des irrégularités de comptage et conclut à l'existence d'effets à grande échelle. Si l'emploi des catalogues de position permet effectivement de mettre en évidence des variations importantes de la densité projetée, il n'en demeure pas moins que cette méthode atteint rapidement ses limites pour connaître la distribution à grande échelle de la matière dans l'espace. Compter les feuilles des arbres ne donne aucune idée de la topographie de la forêt. La présence d'une structure telle que le superamas de Coma pose en outre la question de savoir si un tel échantillon, aussi limité en volume, est véritablement représentatif de l'organisation de la matière dans l'Univers.

Plus vite et plus loin

Les premières observations spectroscopiques de galaxies furent effectuées par William Huggins en 1864. Un spectrogramme de Messier 31 d'Andromède fut publié dès 1899, montrant de nombreuses raies d'absorption. Le décalage spectral de Messier 31, lié à l'effet Doppler-Fizeau, ne fut reconnu qu'en 1912 avec la première mesure de vitesses radiale par Valdo Slipher : – 300 kilomètres par seconde, le signe moins indiquant un rapprochement de la galaxie. Il ne publia pourtant ce résultat que deux ans plus tard. Rappelons que l'effet Doppler-Fizeau appliqué au domaine des longueurs d'onde lumineuses a pour conséquence un décalage global des raies spectrales vers les grandes longueurs d'onde (vers le rouge), lorsque la source lumineuse s'éloigne de l'observateur, et inversement vers les courtes longueurs d'onde (vers le bleu) en cas de rapprochement. Cet effet physique explique, dans la gamme des ondes sonores, le changement de tonalité de l'avertisseur d'un véhicule roulant rapidement : quand la voiture s'éloigne, la longueur de l'onde sonore augmente. Si λ désigne la longueur d'onde mesurée d'une raie spectrale et λ_o sa longueur d'onde au repos, la vitesse de fuite v, exprimée en kilomètres par seconde, d'une galaxie proche se calcule avec :

$$\mathrm{v} = c\,(\lambda - \lambda_o / \lambda_o)$$

où *c* désigne la vitesse de la lumière.

La *Figure 27* illustre l'effet Doppler-Fizeau, mesuré sur le spectre d'une galaxie, par rapport au spectre solaire. Le décalage des raies d'absorption du calcium ionisé (raies notées K et H), d'un ensemble composite de raies métalliques (G), d'une raie d'hydrogène (H_β) et d'un ensemble de raies du magnésium (Mg) indique ici une vitesse de fuite de 21 880 kilomètres par seconde. Nous utiliserons alternativement par la suite les termes de *récession* ou de *redshift* (décalage vers le rouge), obtenus directement par la mesure

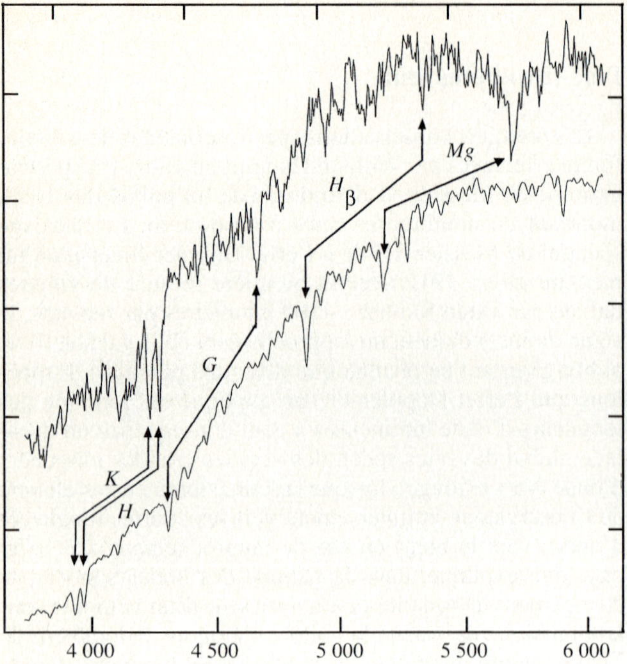

Figure 27 : *L'effet Doppler-Fizeau mesuré sur le spectre d'une galaxie en mouvement (en haut) par rapport au spectre solaire (en bas). Le décalage des raies d'absorption du calcium ionisé (K, H), d'un ensemble composite de raies métalliques (G), de l'hydrogène (H_β) et du magnésium (Mg) indique une vitesse de récession de 21 880 km/s. La longueur d'onde est portée en abscisse.*

du décalage spectral z. La multiplication de cette quantité par la vitesse de la lumière (c) donne la vitesse de fuite de la galaxie :

$$v_{(km/s)} = c \cdot z.$$

Cette relation n'est applicable que jusqu'à une certaine récession, au-delà de laquelle des corrections dues aux effets de la relativité doivent être introduites dans les calculs.

En 1915, Slipher publie les vitesses de 13 galaxies, la plupart indiquant un mouvement d'éloignement, puis de 41 objets en 1923. Les travaux de Slipher mélangent cependant les amas globulaires et les nébulosités extragalactiques. Comme la liste des vitesses permet une classification des objets en deux groupes en fonction de leur appartenance ou non à notre Galaxie, l'astronome conclut à l'existence d'un phénomène fondamentalement nouveau. Hubble entreprit ainsi une étude systématique, cherchant des galaxies ayant les plus grandes vitesses de fuite possibles. À titre d'exemple, il obtint deux spectres utilisables de NGC 7619 en des temps de pose de 33 et 45 heures, répartis sur cinq nuits (de tels spectres sont obtenus de nos jours en moins de 10 minutes de pose !) et mesura une vitesse d'éloignement de 3779 kilomètres par seconde. Utilisant les méthodes décrites au chapitre précédent afin de déterminer la distance des galaxies observées, il parvint à établir une relation quasiment linéaire entre la distance des galaxies et leur vitesse de récession (*Figure 28*). Avec la collaboration de Humason, Hubble acheva son programme en 1936, en faisant triompher la vitesse de récession comme paramètre fondamental de la structure à grande échelle de l'Univers. La relation de Hubble permet ainsi de calibrer la distance des galaxies (D) en fonction de leur vitesse de fuite (v) :

$$v_{(\text{km/s})} = H_o \cdot D_{(\text{mégaparsecs})}$$

et donne la possibilité de « voir » dans l'espace la répartition des galaxies. H_o porte le nom de « constante de Hubble », et s'exprime en kilomètres par seconde et par mégaparsec. Nous verrons au chapitre suivant les implications de la relation de Hubble dans les modèles d'Univers en expansion et évoquerons également les tribulations de cette constante.

Les grands progrès réalisés par la spectroscopie, puis la multispectroscopie (acquisition simultanée de plusieurs dizaines de spectres de galaxies indépendantes, grâce à des dispositifs à fibres optiques ou des fentes multiples), permettent d'obtenir avec une excellente précision les vi-

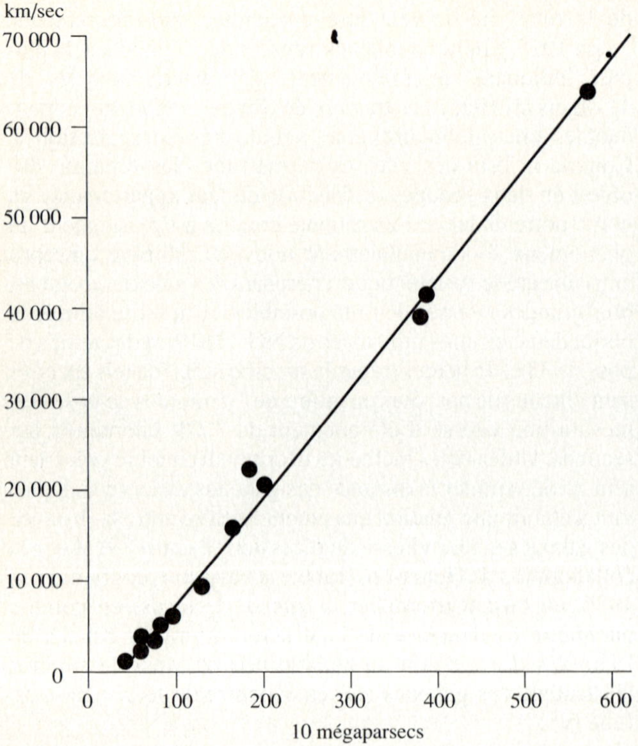

***Figure 28** : Relation de Hubble entre la distance des galaxies proches et leur vitesse de récession.*

tesses de récession d'un nombre croissant de galaxies. Nous accédons, à l'aide de la loi de Hubble, à la « troisième dimension », disposant enfin d'une vision en profondeur de l'Univers. L'étude tridimensionnelle de la distribution de matière doit ainsi permettre d'affiner les différentes théories cosmologiques.

Les campagnes d'observation systématiques se sont développées dans de nombreux instituts. Si, en 1956, on connaissait la vitesse de 600 galaxies, ce chiffre était porté à 2 700 en 1976, 5 000 en 1980, 30 000 en 1989 et environ 100 000 en 1996. De nos jours, pratiquement toutes les galaxies observables jusqu'à une magnitude de 15,5 ont une vitesse de récession connue. À ce relevé sur tout le ciel, il faut ajouter des échantillons entiers choisis comme représentatifs, ainsi que plusieurs centaines d'amas, de galaxies faibles isolées ou non, de radiogalaxies, de quasars, etc. Les résultats sont impressionnants aussi bien par la rapidité de leur acquisition que par leur qualité.

Les amas de galaxies

L'examen de la distribution des galaxies sur le fond du ciel montre nettement les contrastes entre des régions vides d'objets, et des rassemblements sous forme de groupes ou d'amas. Déjà soupçonnées par William Herschel, les deux structures les plus facilement discernables se situent dans les constellations de la Vierge et de la Chevelure de Bérénice. À des échelles de distance de quelques dizaines de mégaparsecs, les galaxies individuelles perdent leurs caractéristiques propres pour faire partie de vastes structures, telles les molécules d'un gaz. La dynamique collective est façonnée par la gravitation universelle, qui tend à rassembler les galaxies dans un espace restreint, contrastant avec une toile de fond d'objets régulièrement répartis. Ces concentrations de galaxies forment les amas, dont la structure globale représente probablement la plus grande entité composée d'éléments physiquement liés dans l'Univers. Les astronomes ont cependant observé que des amas de galaxies sont rassemblés en « superamas » atteignant des diamètres d'une cinquantaine de mégaparsecs. La question se pose de savoir s'il s'agit réellement d'une structure à composantes multiples, chacune d'une dizaine de mégaparsecs de diamètre, ou d'un gigantesque amas unique. Les données de la cosmologie actuelle suggèrent qu'une galaxie isolée n'existe pas dans l'espace. Seules les grandes structures s'accommodent des conditions primordiales issues du Big Bang. Les images de ciel profond réalisées à l'aide des télescopes les plus performants, au sol et dans l'espace, corroborent cette idée de regroupement de la matière.

À LA RECHERCHE DES AMAS DE GALAXIES

Depuis la fin du XVIIIe siècle, les astronomes ont effectué un travail considérable afin de dresser des catalogues de galaxies. En général, ces listes atteignent une magnitude limite, correspondant en première approximation à une « profondeur » donnée, de l'ordre du gigaparsec. Malheureusement, la luminosité intrinsèque d'une galaxie n'est connue, la plupart du temps, que de façon approximative. De telles incertitudes ont des effets directs sur des données aussi fondamentales que la distance, la magnitude absolue ou encore la « fonction de luminosité », c'est-à-dire le comptage des galaxies par tranches de magnitude. Pour cette raison, les astronomes utilisent la vitesse de récession comme une ressource supplémentaire de calibration des paramètres fondamentaux, permettant de considérer la distribution de matière en trois dimensions d'un échantillon d'objets comme un miroir de la répartition globale des galaxies dans l'Univers.

Se basant sur l'hypothèse que les galaxies sont réellement regroupées en amas, et que la variation du nombre de galaxies d'un amas en fonction de la magnitude absolue est la même d'un amas à l'autre, Georges Abell entreprit d'explorer les plaques photographiques du mont Palomar afin de rechercher systématiquement les amas de galaxies de l'hémisphère boréal apparaissant sous forme d'excès de densité, jusqu'à une magnitude de l'ordre de 19. Publié en 1958, son catalogue contient 2 712 amas définis, outre par leurs coordonnées, en fonction d'un certain nombre de critères. Ce monumental travail sera poursuivi dans l'hémisphère austral jusqu'en 1989, totalisant 4 073 amas. Chacun d'eux est caractérisé par sa « richesse » (nombre de galaxies dans une tranche de magnitude donnée), sa « compacité » (nombre de galaxies dans un rayon donné), sa « distance » (estimée à partir de la magnitude de la dixième composante),

Figure 29 : *L'amas Abell 2151 dans la direction de la constellation d'Hercule. La vitesse de récession moyenne des galaxies est de 10 800 km/s. (Document Mount Wilson and Las Campanas Observatories.)*

enfin sa « latitude galactique » (afin de prendre en compte les effets de l'absorption interstellaire, dans la détermination des magnitudes des composantes). Le record de richesse du catalogue Abell est détenu par l'amas Abell 665 avec un millier de galaxies, et celui de récession atteint une valeur $z = 0{,}2$. Ces amas « riches » contiennent au total environ 5 % des galaxies recensées. La *Figure 29* montre l'amas de galaxies proche Abell 2151, situé dans la direction de la constellation d'Hercule. Son décalage spectral moyen $z = 0{,}036$ correspond à une vitesse de récession de 10 800 kilomètres par seconde. On remarque la grande variété de types morphologiques parmi les galaxies.

Propriétés des amas de galaxies

Le travail d'Abell, effectué suivant un protocole rigoureux, a permis de mettre en évidence un certain nombre de propriétés communes aux amas de galaxies. Grâce à elles, nos connaissances sur la distribution à grande échelle de la matière dans l'Univers observable ont fait un bond en avant tout à fait significatif dans les années 1980.

La distribution des amas montre clairement l'existence d'« amas d'amas », véritables superstructures du second ordre, en particulier dans les directions des constellations de Persée et des Poissons. L'analyse statistique de l'échantillon d'Abell montre que d'une part les amas sont distribués uniformément en distance, et que d'autre part ils ont une structure sphérique dont le rayon varie entre 1 et 3 mégaparsecs. Bien entendu, les amas ont été classés en fonction de la variété et de la densité de leur population. Rood et Sastry ont proposé une classification s'appuyant sur la distribution des dix galaxies les plus brillantes, suivant un schéma dont la forme en diapason rappelle celle de Hubble pour les galaxies individuelles, comme le montre le schéma suivant :

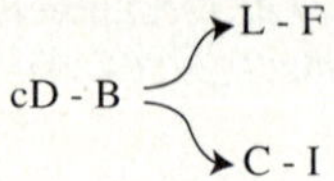

La classe cD correspond à la présence d'une galaxie géante dans le centre, la classe B indique la présence d'une paire centrale de galaxies, dominant l'amas par leur luminosité et leur dimension. Le groupe C est caractérisé par plusieurs galaxies brillantes dans l'amas. La famille L correspond à une structure plus ou moins linéaire sur le ciel. Enfin, la famille F suppose que les galaxies les plus brillantes sont réparties sur un plan, tandis que le groupe I rompt cette disposition. Outre cette classification sophistiquée, les astronomes en utilisent une plus simple, appelée classification de Bautz-Morgan, divisée en trois groupes (de I à III) : le groupe I est analogue à la classe cD de la classification précédente, le groupe II caractérise les amas ayant quelques galaxies dominantes en luminosité, enfin le groupe III contient tous les autres amas.

Une méthode d'analyse des regroupements de galaxies

s'appuie sur l'utilisation de « fonctions de corrélation », qui expriment mathématiquement pour une distribution de galaxies donnée la probabilité de regroupement de 2, 3, *n*... galaxies en structures bien définies. Le résultat principal de ce type d'analyse confirme l'existence de structures ayant des rayons caractéristiques de l'ordre de 5 à 8 mégaparsecs.

L'observation par imagerie des amas de galaxies révèle une quantité d'objets situés à des distances différentes sur la ligne de visée, et n'ayant pas de lien entre eux. Connaître la structure et les propriétés d'un amas impose d'éliminer ces galaxies contaminantes : la *Figure 30* montre une analyse de l'amas Abell 3667 situé dans l'hémisphère austral, dans la direction de la constellation du Paon. Les deux portions de cercle représentent la distribution projetée en ascension droite et en déclinaison des vitesses de récession de chaque galaxie étudiée, représentée par un point, dans une région de ciel d'un degré de diamètre (largement agrandie sur ces diagrammes). On voit nettement que sept galaxies n'appartiennent pas à l'amas, dont la vitesse de récession moyenne mesurée sur 122 composantes est de 16 553 kilomètres par seconde avec une dispersion de 1 665 kilomètres par seconde. Les sept galaxies de cet exemple n'ont pas d'influence sur l'analyse, mais dans bien des cas, l'effet de contamination est beaucoup plus important, en particulier lorsque plusieurs amas se trouvent en parfait alignement dans la ligne de visée. La mesure systématique des vitesses de récession est une donnée indispensable.

Lorsque l'amas de galaxies est véritablement identifié, ses paramètres dynamiques peuvent être déterminés avec une bonne précision. La distance s'obtient par application de la loi de Hubble, d'où il est possible de déduire la luminosité réelle des composantes. En considérant que les amas forment des structures gravitationnellement liées, et en les supposant en état d'équilibre stationnaire, on obtient leur masse par application du « théorème du Viriel ».

En général, il est possible de reconnaître la population morphologique des galaxies sur des images d'amas proches. En revanche, à des récessions supérieures à $z = 0{,}5$, une telle

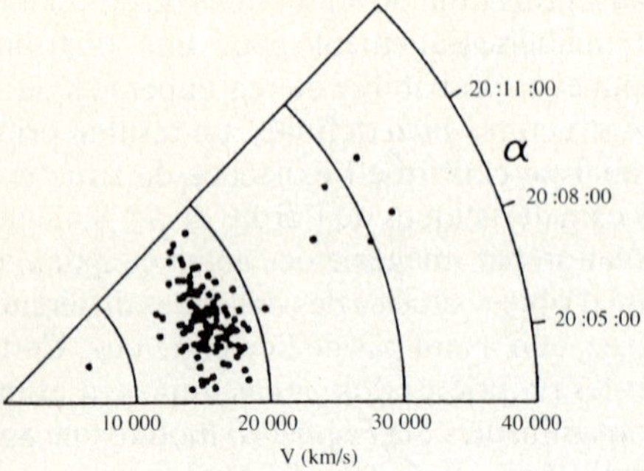

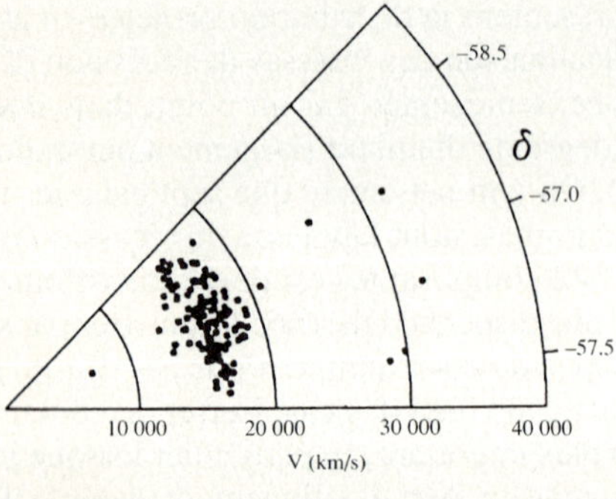

Figure 30 : *La distribution des vitesses de 129 galaxies constituant l'amas Abell 3667 en ascension droite* (α) *et en déclinaison* (δ). *L'arc de cercle, considérablement agrandi, correspond à un champ de 1° sur le ciel. La vitesse moyenne de récession de l'amas est de 16 553 km/s. Sept galaxies n'appartiennent pas à la structure. (Document D. Proust.)*

identification devient impossible par le fait qu'un objet de 5 kiloparsecs à cette distance est visible sous un angle inférieur à une seconde d'arc. Pour les amas plus proches, les travaux effectués ont mis en évidence une véritable ségrégation morphologique. Les galaxies elliptiques se situent de préférence vers le centre, tandis que les galaxies spirales sont distribuées sur le pourtour. Une telle ségrégation s'explique par des effets d'environnement, où la présence de gaz chaud émettant en rayons X depuis le cœur des amas, détecté par les satellites comme *Ginga* ou *Rosat* (le rayonnement X est stoppé par l'atmosphère terrestre), transformerait les galaxies spirales en elliptiques par un effet de « balayage » du gaz. De même, les collisions des galaxies spirales entre elles conduiraient à la formation d'objets de type elliptique.

Les astronomes ont remarqué un alignement privilégié des axes des amas de galaxies. Les grands axes des amas sont orientés préférentiellement en direction de l'amas le plus proche. L'alignement sur des échelles comparables à la taille d'un superamas serait la trace « fossile » de structures originelles plus ou moins linéaires : cet argument milite en faveur de la fragmentation initiale d'un superamas. Le modèle inverse trouve cependant des indices favorables, ne serait-ce que par le fait que les galaxies lointaines, donc observées dans le passé, possèdent des caractéristiques d'évolution similaires à celles de notre Galaxie. En outre, l'analyse d'amas de galaxies présentant des vitesses de récession égales révèle des états d'évolution très différents, certains étant encore en cours de formation, et d'autres ayant atteint la maturité. Il n'est donc pas facile de trancher en faveur de l'un ou l'autre de ces deux modèles antagonistes. Même si des progrès essentiels ont été réalisés dans les sondages systématiques, il faut étendre ceux-ci aux galaxies les plus lointaines et aux quasars.

Fuite de gaz

Nous verrons dans les prochains chapitres comment, dans le contexte de la cosmologie, les astronomes construisent des modèles de formation des grandes structures, dont les amas de galaxies ne sont qu'un avatar. D'emblée, nous pouvons indiquer que les mouvements initiaux des galaxies à l'intérieur d'un amas sont gouvernés simultanément par la dynamique turbulente issue de l'effondrement du protoamas, et par les collisions entre galaxies à l'intérieur de la structure. L'état dans lequel nous observons les amas aujourd'hui suggère des stades différents d'un schéma d'évolution global. Dans tous les cas, la masse de matière lumineuse observée est très insuffisante pour assurer un équilibre dynamique. Dans le cas de l'amas Coma (Abell 1656), il semble que la « masse manquante » représente 90 % de la masse totale, tandis que l'amas de Persée bat tous les records avec seulement 5 % de matière lumineuse, sous forme de galaxies distribuées le long d'une chaîne de 750 mégaparsecs de long. L'analyse de l'amas d'Hercule (Abell 2151) révèle un nombre important de sous-structures, tandis que l'amas voisin, Abell 2152, semble fusionner avec le précédent par effondrement gravitationnel.

Lorsque les galaxies se sont formées à l'intérieur des amas, une fraction importante du gaz résiduel inutilisé s'est concentrée dans le cœur de chaque amas sous l'effet du champ de gravité, la température s'élevant rapidement en raison de la compression. En supposant que cette fuite du gaz vers le centre se produit à des vitesses similaires à celles des galaxies, on atteint rapidement des températures de l'ordre de 10^8 degrés : l'émission de ce gaz se produit donc essentiellement dans le domaine des rayons X. Le gaz de l'amas de Persée (Abell 426) a une luminosité mesurée de $4 \cdot 10^{44}$ ergs par seconde, soit 100 milliards de fois l'énergie du Soleil. De nombreuses observations ont été faites par les satellites X tels que *Einstein*, *Ginga*, et plus récemment *Rosat*, permettant d'obtenir une cartographie complète de la distribution de gaz X à l'intérieur d'un amas. Néanmoins, la quantité de gaz est encore insuffisante pour équilibrer la masse manquante. La *Figure 31* montre le cœur de l'amas Abell 521, observé par les auteurs de cet ouvrage au télescope de 3,60 mètres franco-canadien à Hawaï : la galaxie centrale (qui s'enfuit à 74 200 kilomètres par seconde) et les galaxies environnantes sont plongées dans un vaste nuage de gaz X atteignant une température de plusieurs dizaines de millions de degrés. Il est vraisemblable qu'une certaine anarchie dynamique doit sévir dans cette jungle galactique !

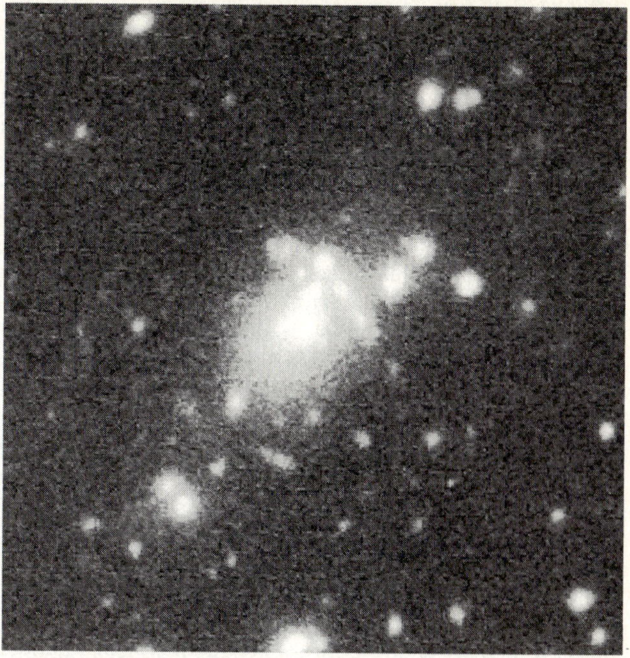

Figure 31 : *Le cœur de l'amas Abell 521 observé par C. Vanderriest, D. Proust et S. Maurogordato au télescope de 3,60 mètres à Hawaï. La galaxie centrale et les objets environnants sont plongés dans un gaz chaud de plusieurs dizaines de millions de degrés. (Document CFHT.)*

Ce gaz résiduel chaud peut également être observé aux longueurs d'onde radio : il se présente alors sous forme d'une source diffuse. De nombreuses radiogalaxies, soit isolées, soit situées à l'intérieur des amas, montrent également une émission sous forme de deux lobes opposés dans l'axe de l'objet, dont l'origine provient vraisemblablement d'un souffle brutal du cœur galactique, projetant le plasma chaud vers l'extérieur. Ce plasma interagit avec le gaz, produisant des structures étirées particulièrement spectaculaires, sous forme de jets galactiques. Nous reviendrons sur ces objets au prochain chapitre.

Ce gaz interne aux amas joue également un rôle important du point de vue dynamique. Il freine les galaxies en mouvement à l'intérieur de ce gaz, à la manière d'un avion traversant un nuage, tandis qu'un effet de balayage agit par la friction du gaz contre les bords galactiques. Il est vraisemblable que bon nombre de galaxies spirales se voient ainsi déshabillées de leur gaz environnant ; elles deviennent des spirales « anémiques », se transformant progressivement en galaxies de type S0. Cet effet explique d'ailleurs la ségrégation morphologique observée dans les amas dont nous avons parlé plus haut, et la sous-représentation des galaxies spirales dans les amas riches en gaz. Une conséquence directe de cet effet est l'enrichissement du milieu intergalactique en éléments lourds issus de la nucléosynthèse stellaire, comme en témoignent les spectres des émissions de gaz X obtenus par les satellites : on remarque la présence de raies du fer pouvant atteindre l'état XXIV (23 fois ionisé !), correspondant à une température de 100 millions de degrés.

Les effets dynamiques à l'intérieur des amas sont progressivement modérés par un équilibre s'installant entre les galaxies de masses différentes. Les plus massives ralentissent au cours du temps, tout en sombrant lentement vers le centre de l'amas suivant des orbites de faible rayon moyen, tandis que les objets de masse moindre sont au contraire projetés sur des orbites plus lointaines. Lentement, l'amas de galaxies tend vers un état d'équipartition de l'énergie : on dit que l'amas atteint le stade « relaxé ». Lorsque toutes les traces des conditions initiales ont disparu, on obtient une relaxation totale, dont la conséquence est une ségrégation de masse allant en décroissant du centre vers l'extérieur.

Le balayage des gaz est un effet important. Les galaxies sont individuellement entourées d'un véritable halo stellaire, et la fréquente collision entre deux objets dans les amas riches a pour effet de dépouiller de son halo une galaxie au profit de l'autre, pour peu qu'elle soit plus massive. Les collisions à répétition ont pour conséquence la présence dans le cœur de nombreux amas riches, de galaxies géantes (dites « cD »), soupçonnées en outre de pouvoir attirer par leur champ de gravitation les objets environnants afin de les absorber. Ce phénomène de « cannibalisme » est une des clés permettant de comprendre la dynamique des grandes structures, sans pour autant apporter le complément de matière nécessaire pour rendre compte des rapports masse-luminosité observés. Les observations photométriques des galaxies cD révèlent la présence de halos atteignant 1 mégaparsec de diamètre, et remplissant presque totalement le cœur des amas. Il est vraisemblable que les petites galaxies entourant la composante centrale de l'amas Abell 521 (Figure 31) seront prochainement phagocytées !

D'amas en superamas

Les recherches menées sur les amas de galaxies ont permis d'isoler ces structures sous forme d'entités obéissant à des règles bien établies. Et l'analyse des caractéristiques des différents amas révèle des propriétés topologiques similaires chez certains d'entre eux. L'utilisation intensive de la fonction de luminosité, en particulier, montre dans notre « proche » environnement des excès d'objets à des vitesses de récession de l'ordre de 5 300, 7 300 et 10 200 kilomètres par seconde, chaque valeur pouvant être associée respectivement à l'un des amas riches Abell 426 (Persée), Abell 1656 (Coma) et Abell 2151 (Hercule, voir la Figure 29). En rassemblant les amas en fonction de leur récession et de leur position dans le ciel, on met facilement en évidence des superamas dont les dimensions angulaires sont considérables, pouvant atteindre 200 mégaparsecs. En outre, l'existence de ces structures contraste fortement avec d'autres régions nettement plus dépeuplées : la distribution de la matière à d'aussi vastes échelles suggère une structure cellulaire de l'espace, où les galaxies seraient de préférence concentrées vers le pourtour de chacune des cellules.

Le Superamas local

Les recherches que nous venons de décrire montrent clairement que les amas riches de galaxies se rassemblent en de vastes concentrations, véritables nuages de galaxies séparés par des zones beaucoup plus pauvres. Dans le contexte particulier de la Galaxie, la question se pose de savoir à quelle grande structure se rattache le Groupe local. Est-il un système isolé ? Où sommes-nous exactement dans le vaste complexe galactique ?

L'analyse du champ de vitesses des objets constituant le Groupe local montre que celui-ci est animé d'un mouvement global en direction de l'amas de galaxies de la Vierge (Abell 1060), situé à 16 mégaparsecs de nous, dont les vitesses de récession s'échelonnent entre 500 et 2 500 kilomètres par seconde. Cette « chute vers la Vierge » a pour conséquence de faire subir au Groupe local une accélération dont la vitesse résultante est de l'ordre de 500 kilomètres par seconde. Comme nous l'avons vu plus haut, le centre de nombreux amas riches est occupé par une galaxie géante, dite galaxie cD, qui semble phagocyter la matière environnante issue des halos des objets voisins. Le centre de l'amas de la Vierge n'échappe pas à cette règle avec la présence de la vigoureuse galaxie Messier 87, qui est également une radiosource très puissante. Outre un jet brillant de matière dû au rayonnement synchrotron d'électrons relativistes, les astronomes ont également détecté dans les régions centrales un objet massif, probablement un trou noir, qui en attirant sur lui la matière environnante gagnerait ainsi l'énergie nécessaire au rayonnement radio. Il est possible d'ailleurs qu'un mécanisme similaire soit à l'origine des énormes quantités d'énergie radio émises par les quasars. Notre « chute sur Virgo » pourrait bien s'achever dans les profondeurs de Messier 87. Cette intime relation avec l'amas de la Vierge nous permet de définir *le Superamas local*, nouvelle structure d'ordre supérieur complétant notre *matriochka* cosmique. Le Superamas local comprend, outre le Groupe local et l'amas de la Vierge, une cinquantaine de petits groupes isolés dans un rayon de

16 mégaparsecs, ainsi que des galaxies dispersées dans un vaste ellipsoïde.

LES AMAS DE GALAXIES PROCHES : LA VIERGE ET COMA

Déjà mis en évidence par William Herschel, l'amas de galaxies auquel le Groupe local est rattaché s'étend sur une importante portion du ciel, comprenant essentiellement la constellation de la Vierge ainsi qu'une partie des Chiens de chasse et de la Grande Ourse. Par un hasard favorable, le plan de notre Galaxie est perpendiculaire à la direction de l'amas, ce qui permet aux astronomes de pouvoir observer l'amas de la Vierge sans souffrir d'une trop forte absorption interstellaire. Pour cette raison, et par sa relative proximité, 13 des 39 galaxies recensées dans le catalogue de Messier appartiennent à cet amas, tandis que 107 autres objets ont une magnitude inférieure à 13.

Loin d'avoir une structure homogène et une distribution isotrope de galaxies, l'amas de la Vierge montre des sous-condensations. L'amas principal est situé à 16 mégaparsecs de nous, avec des vitesses de récession qui s'échelonnent entre 500 et 2 500 kilomètres par seconde. L'attraction gravitationnelle de l'amas fait subir à notre Galaxie une vitesse particulière, à partir de laquelle il est possible de déduire la masse de l'amas et de la comparer à sa luminosité. On obtient un rapport de la masse à la luminosité compris entre 100 et 300, indiquant la présence de gaz et de matière sombre dans l'amas. L'existence de ce gaz explique pourquoi la majorité des galaxies spirales proches du centre n'ont pas de bras très marqués. Leurs constituants ont été balayés dans la tourmente suivant les processus évoqués plus haut. L'amas de la Vierge est observable par les astronomes amateurs situés loin des zones urbaines, et équipés d'un télescope d'au moins 20 centimètres de diamètre.

L'amas de galaxies de la Chevelure de Bérénice, ou amas Coma (Abell 1656), est l'archétype d'un amas sphérique compact. Les galaxies qui le composent ont une vitesse de fuite moyenne de 7 300 kilomètres par seconde ($z = 0{,}024$), correspondant à une distance de l'ordre de 60 mégaparsecs. On dénombre 654 galaxies plus brillantes que la magnitude 16,5, concentrées principalement vers le centre de l'amas, lui-même défini par les deux galaxies les plus brillantes, avec une prédominance d'objets de type E et S0. Les deux galaxies centrales sont en outre entourées d'un véritable halo de petites galaxies, suggérant un double cannibalisme. La densité d'objets est tout à fait étonnante dans le centre de l'amas. Les satellites X ont détecté la présence d'un gaz chaud, tandis que plus de vingt galaxies ont une émission radio. Les observations montrent indiscutablement que l'amas Coma, avec un diamètre de 320 minutes d'arc (6 mégaparsecs), constitue la pierre angulaire d'un superamas gigantesque, dont la texture filamenteuse pourrait bien s'étendre jusqu'au Superamas local.

Dans les griffes du Grand Attracteur

L'étude de la « chute vers la Vierge » du Groupe local, devenue de plus en plus précise, a conduit à améliorer les différents paramètres dynamiques permettant l'analyse des champs de vitesses. De tels travaux mènent les astronomes à examiner le mouvement global de notre Galaxie, du Groupe et du Superamas local dans le contexte général du mouvement d'expansion dans l'Univers. Le mouvement absolu de la Galaxie se résume alors par la devinette suivante :

Mon premier : La Galaxie, ainsi que Messier 31 d'Andromède, se dirigent vers le centre du Groupe local à une vitesse de 40 kilomètres par seconde.

Mon deuxième : Le Groupe local est en mouvement vers l'amas de la Vierge à une vitesse de 500 kilomètres par seconde.

Mon troisième : L'amas de la Vierge se rapproche lentement du grand complexe formé par les amas de l'Hydre et du Centaure.

Mon tout : Il existe une vitesse résiduelle commune à l'ensemble de ces structures gigognes indiquant que le Superamas local tombe sur une gigantesque et mystérieuse concentration de matière dont la position est établie avec précision, mais malheureusement cachée aux observations par le plan de la Galaxie. Le « Grand Attracteur » voit ainsi le jour et, jusqu'en 1996, ses caractéristiques vont faire l'objet de recherches et de spéculations.

La nature du Grand Attracteur, dont l'existence avait été soupçonnée dès 1987, a été connue dix ans plus tard à partir d'une recherche systématique de galaxies à travers le plan galactique, afin de mettre en évidence les connexions entre des grandes structures filamenteuses dans l'hémisphère Nord et leurs homologues de l'hémisphère Sud. Cette attraction, détectable sur une échelle de 200 millions de parsecs, agit aussi bien sur la Galaxie que sur les objets proches, et vient contrarier le mouvement d'expansion général de la loi de Hubble en projetant les composantes du Groupe local à une vitesse de 600 kilomètres par seconde vers une région occultée par le plan galactique, située en direction des constellations du Paon et du Centaure. La position du Grand Attracteur correspond en fait exactement à celle de l'amas de galaxies Abell 3627, situé à 100 millions de parsecs du Soleil, et dont la richesse semble analogue à celle de l'amas Coma, avec une masse estimée à $5 \cdot 10^{15}$ masses solaires. En outre, Abell 3627 émet un rayonnement X intense, trahissant la présence d'un gaz dense à haute température, et augmentant ainsi la masse totale de l'attracteur. Il est donc pratiquement certain que le Groupe et le Superamas local, aussi bien que l'amas de la Vierge, sont soumis à l'influence gravitationnelle de l'amas de galaxies Abell 3627.

Vides et filaments

La situation idéale serait de connaître la récession de toutes les galaxies de l'Univers, mais l'ampleur de la tâche contraint bien naturellement à effectuer une sélection afin d'obtenir des échantillons représentatifs. La stratégie consiste soit à choisir une grande surface apparente de ciel et se limiter à une magnitude donnée, soit à observer un maximum d'objets dans un espace restreint. Les sondages systématiques, entrepris dans les années 1980, ont abouti à un certain nombre de résultats fondamentaux que nous allons passer en revue.

Un mur murant

En 1981, des astronomes américains ont découvert, dans la direction de la constellation du Bouvier, une région d'un diamètre de 60 mégaparsecs où la densité de galaxies est inférieure de 20 % à la densité moyenne. Inversement, l'analyse spectroscopique de la chaîne de galaxies s'étendant vers les constellations de Persée et des Poissons montre une réelle surdensité de matière. Ce contraste de richesse dans la distribution de matière incita de nombreuses équipes d'astronomes à entreprendre des sondages systématiques ; celui du *Center for Astrophysics* à Harvard permit de collecter 15 000 vitesses de récession dans un échantillon homogène de galaxies. Les résultats obtenus montrent une élongation correspondant à l'amas Coma dont la forme, familièrement appelée « doigt de Dieu », résulte de l'effet de gravitation réciproque entre les galaxies. Pour Coma, ce freinage se traduit par une dispersion des vitesses de l'ordre de 1 000 kilomètres par seconde. L'autre structure caractéristique, le « Grand Mur », comprend des galaxies ayant des récessions comprises entre 7 500 et 10 000 kilomètres par seconde, entre 8 et 17 heures en ascension droite (Figure 32), soit une longueur d'une centaine de mégaparsecs, et une épaisseur de 5 mégaparsecs pour une densité 5 fois supérieure à la moyenne.

L'examen de ces résultats permet d'en déduire un certain nombre de conclusions. La tendance au regroupement est frappante et apparaît nettement sur les diagrammes « position-vitesse » (*Figure 32*) où les régions les plus denses correspondent aux amas de la Vierge, de Coma et d'Hercule. D'autre part, la forme des structures s'étendant sur plus de 60 mégaparsecs apparaît plus allongée et filamenteuse que sphérique : ce sont les superamas dont un exemple caractéristique est donné par Coma. Un autre détail frappant est la présence de « vides » atteignant souvent des tailles de

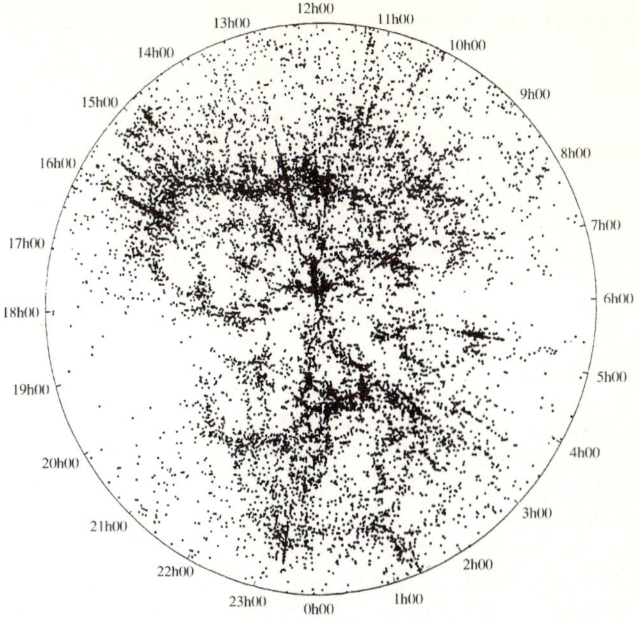

Figure 32 : *La distribution des galaxies dans le proche Univers pour des vitesses de récession jusqu'à 15 000 km/s. Les régions dépourvues de points sont liées à l'absorption du plan galactique.*

l'ordre de celles des superamas. Les superamas semblent s'organiser en un gigantesque réseau dont les filaments constitueraient la texture, les amas les nœuds, et les vides les mailles.

Regard vers le Sud galactique

Afin d'améliorer les connaissances de la distribution de la matière dans l'Univers proche et lointain, et d'estimer les paramètres fondamentaux et les échelles caractéristiques liées aux mécanismes observés, un effort sans précédent a été fait sous la forme d'un programme de longue haleine.

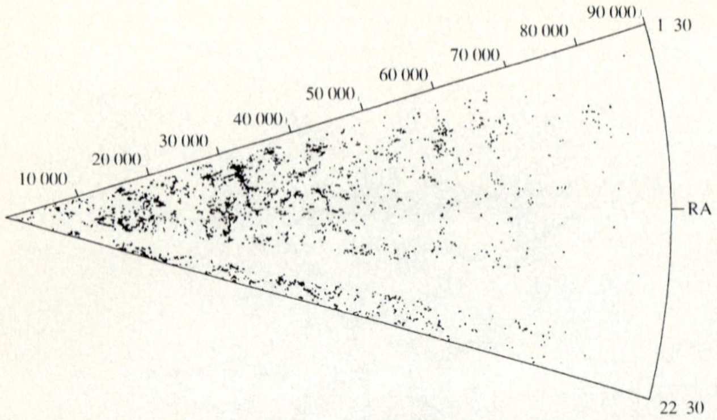

Figure 33 : *La distribution de 3 195 galaxies en fonction de leur vitesse de récession dans une région du ciel proche du pôle galactique Sud. (Document P. Vettoloni et D. Proust.)*

Dans les années 1980, une équipe d'Harvard avait mis en évidence l'existence du « Grand Mur », formidable superstructure de plus de 100 mégaparsecs de long. Plus récemment, un sondage a été achevé par un groupe d'astronomes de France, d'Italie et de Grande-Bretagne dans le but d'observer spectroscopiquement toutes les galaxies jusqu'à la magnitude 20. Le but essentiel consiste à mettre en évidence les structures à grande échelle, et les contraintes sur la distribution spatiale des galaxies. En particulier, il est fondamental de voir si des structures de type « murs », « vides », « amas » existent à des échelles plus grandes que celles précédemment détectées dans l'Univers proche. La *Figure 33* montre les résultats portant sur plus de 3 000 galaxies jusqu'à une distance de l'ordre de 600 mégaparsecs dans un volume d'Univers atteignant 1 million de parsecs cubes ; on remarque un second « Grand Mur » situé à une récession de 30 000 kilomètres par seconde (z = 0,1) ainsi que de nombreux amas, contrastant avec des régions dépeuplées. On constate également que près de 40 % des galaxies observées présentent des raies spectrales en émission, dont l'intensité augmente avec la distance de la source. Or certaines raies de ce type sont des indicateurs assez précis du taux de formation stellaire au sein des galaxies. La loi de Hubble, permettant de remonter les échelles de temps avec l'accroissement de la récession, se trouve ici vérifiée. Les galaxies lointaines, donc jeunes, montrent effectivement une activité de formation stellaire nettement plus importante que les galaxies proches.

Conclusion : la voie hiérarchique

L'étude de l'Univers observable a permis aux astronomes de constater que celui-ci n'est pas parfaitement homogène. On distingue en effet tout un ensemble de structures hiérarchisées dont les galaxies constituent la brique élémentaire. Ces galaxies se regroupent en amas, eux-mêmes rassemblés en tissus filamenteux pouvant atteindre, comme dans le cas du « Grand Mur », des dimensions considérables.

Si cet aspect particulier de la distribution de la matière à grande échelle se confirme, les implications cosmologiques sur la compréhension de l'Univers actuel sont fondamentales. Les théoriciens ont bâti deux scénarios opposés : dans l'un d'eux, les galaxies se forment par fragmentation des superamas ; dans l'autre, les galaxies, formées individuellement, se regroupent par attraction gravitationnelle en un processus hiérarchique aboutissant aux amas puis aux superamas. Bien que les résultats présentés ici offrent une vision de l'Univers cohérente et en accord avec la théorie, de nombreuses questions subsistent. Les observations n'ont pas encore permis d'atteindre l'Univers aux échelles où il apparaît vraiment homogène, c'est-à-dire à des dimensions telles que les amas et les superamas perdent leur structure oblongue ou filamenteuse pour se diluer dans un continuum à densité constante, ceci afin de pouvoir tester la validité des modèles cosmologiques homogènes.

Le prochain chapitre va nous faire découvrir, afin de

compléter notre bestiaire cosmique, les monstres du cirque galactique : les galaxies actives et les quasars. Les analyses spectrales optiques et radio de ces familles d'objets montrent l'agitation et les convulsions de la matière qui les compose. Nous nous promènerons parmi ces galaxies « agitées du bulbe », pour comprendre leur structure et leur évolution. Nous aborderons ensuite le vaste territoire de la cosmologie. Nous examinerons les nombreuses questions qui se posent à propos de la densité de l'Univers, des différentes constantes, de la structure et de la localisation de la matière noire, etc. Nous verrons également comment les différentes observations combinées permettent de construire un scénario vraiment convaincant de la genèse de l'Univers, il y a 15 milliards d'années.

6. Des feux voraces

(Galaxies actives et quasars)

À Henri Reboul

Ainsi, éternellement, le carburant est fourni aux feux voraces et les humeurs aux mers qui s'épuisent.
Giordano Bruno[1], *De l'infinito, universo e mundi*, 1584

La diversité des galaxies « normales » et des structures qu'elles forment collectivement résulte tout autant de leur environnement que de leur dynamique interne. Dans le cas des galaxies anémiques ou des galaxies cD, les interactions, fussent-elles aussi définitives qu'une relation de cannibalisme, sont prépondérantes pour leur évolution. Il existe aussi des galaxies plus turbulentes et plus exotiques, successivement découvertes au fil des progrès instrumentaux et de l'intérêt croissant des astronomes. Il s'agit des galaxies à flambées d'étoiles, des radiogalaxies et des galaxies à noyaux actifs. Ce dernier terme recouvre lui-même un fascinant bestiaire d'espèces composant la grande famille des quasars (au sens large). D'ailleurs, peut-être ne s'agit-il pas d'espèces distinctes, mais d'individus semblables, simplement vus sous un angle différent (et, certainement, à différents âges).

Sont-ils nés de brusques rencontres et n'ont-ils qu'un flamboyant trou noir dans le cœur ? Ces passionnantes questions font l'objet du présent chapitre.

---

1. Giordano Bruno, philosophe et ami des sciences, était un esprit libre, imaginatif et non conformiste. C'est probablement ce qui lui valut de périr, à Rome le 17 février 1600, sur le bûcher de l'Inquisition. On lui reprochait, entre autres, de prétendre que les étoiles sont d'autres Soleils, autour desquels circulent des planètes, peut-être habitées…

Des galaxies au grand cœur

Quiconque a vu l'image d'une belle galaxie spirale (Messier 101, par exemple) et celle de cyclones, comme les satellites météorologiques nous les montrent, ne peut qu'être frappé par la similitude entre ces formations dynamiques d'échelles complètement différentes.

Dès que les galaxies furent reconnues comme d'énormes et lointains rassemblements d'étoiles et que la rotation des galaxies spirales fut démontrée, les astronomes ont subodoré que leur centre devait être, comme l'œil du cyclone, un endroit bizarre. Que se passe-t-il exactement au cœur d'une galaxie ? Équipés de l'habituel attirail du chercheur, à savoir l'astuce et la patience, les astronomes ont fini par le comprendre un peu et découvrir effectivement quelques jolies bizarreries.

Les galaxies à noyaux actifs

L'histoire commence en 1943, au plus fort de la Seconde Guerre mondiale. Cette année-là, Carl Seyfert publie dans une revue scientifique américaine un article qui n'a, tout d'abord, pas un grand retentissement. Il décrit pourtant dans cette publication six galaxies ne ressemblant à aucune autre précédemment recensée, tant par leur morphologie que par leurs particularités spectrales. Si les galaxies ordinaires, spirales ou elliptiques, présentent en leur centre une concentration de lumière bien marquée, le noyau, il est toujours possible de les distinguer d'objets vraiment ponctuels comme des étoiles, même sur des photographies à courte pose. En revanche, les galaxies « de Seyfert » (le nom propre deviendra vite nom commun) ont un noyau si brillant qu'on peut les confondre avec des étoiles sur des clichés peu posés. Le spectre de ces noyaux montre des raies en émission intenses et très larges, cette dernière propriété étant plus marquée pour les raies de l'hydrogène. Traduites en termes de vitesse, ces largeurs correspondent à plusieurs milliers de kilomètres

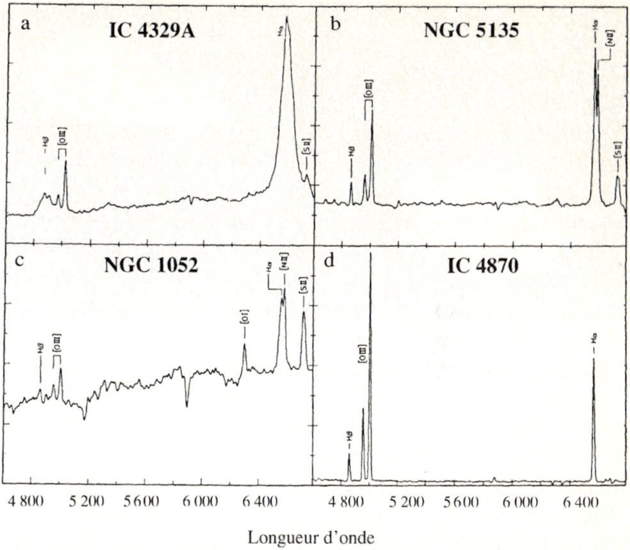

***Figure 34 :** Spectres typiques de différentes catégories de galaxies à raies d'émission : Seyfert 1 (a), Seyfert 2 (b), « LINER » (c), galaxie à flambée stellaire (d). (D'après le catalogue ESO de P. Véron.)*

par seconde. On fit rapidement la distinction entre les « Seyfert 1 » qui ont des raies de l'hydrogène très larges, tandis que les raies interdites (par exemple [OIII]) sont de largeur modérée, et les « Seyfert 2 », dont toutes les raies sont assez étroites (*Figure 34*). Il fallut bien vite introduire des types intermédiaires pour les noyaux de Seyfert dont les raies de l'hydrogène présentent une composante étroite et des ailes larges. Suivant l'importance relative de ces deux composantes, on parla de Seyfert 1,2, 1,5 ou encore 1,8, sans que cette désignation reflète autre chose qu'un moyen de classement commode. On s'avisa aussi que de nombreuses galaxies contiennent un « mini »-noyau de Seyfert. Au total, au moins 5 % des galaxies peuvent être rangées dans cette catégorie.

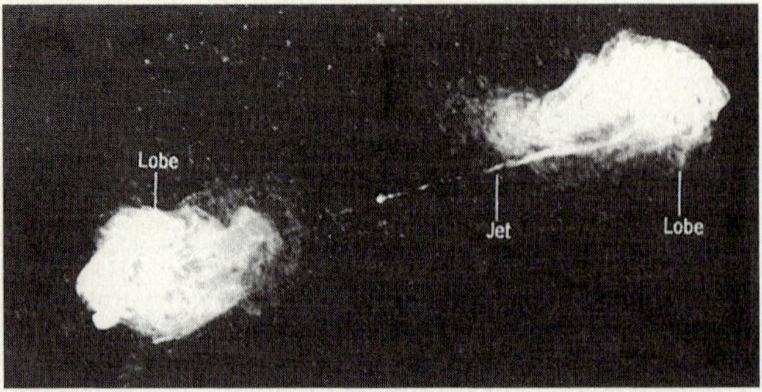

Figure 35 : *Image de la radiogalaxie Cygnus A obtenue au* Very Large Array *à Socorro au Nouveau-Mexique. (Document NRAO.)*

Les radiogalaxies seront découvertes un peu plus tard. Elles ont des propriétés assez semblables aux quasars radio dont nous parlerons bientôt, mais ne montrent pas de noyau bien différencié en lumière visible. C'est leur énorme émission radio qui les distingue de la foule des galaxies anonymes. Souvent, le maximum d'émission radio n'est pas centré sur la galaxie elle-même : on observe au contraire deux gigantesques « lobes », symétriques par rapport à elle et pouvant être séparés de plusieurs mégaparsecs. Il fallut attendre les progrès récents des radiotélescopes (entre autres, la mise en service du *Very Large Array* au Nouveau-Mexique) pour faire la preuve d'un lien avec l'objet optique. Une cartographie précise révèle alors de très fins filaments rectilignes reliant la radiosource centrale (qui coïncide avec le noyau de la galaxie) et les lobes diffus. La *Figure 35* montre le cas typique de la radiogalaxie Cygnus A.

De même, certaines galaxies se signalent à notre attention par une intense émission en ultraviolet. Markarian et ses collègues arméniens les traqueront inlassablement avec le télescope de 2,30 mètres de l'Observatoire de Byurakan. En fait, ces différentes catégories de galaxies étaient définies par les moyens utilisés pour les rechercher, plutôt que sur des critères physiques objectifs. Une même galaxie peut donc être à la fois une « Seyfert » et une « Markarian ». On réserve le nom de « noyau actif de galaxie » (NAG en abrégé) à un noyau de galaxie dont le spectre ne peut s'expliquer seulement par une combinaison de spectres stellaires ou d'émission thermique de gaz. Il comporte nécessairement un rayonnement non thermique, synchrotron ou autre, émis dans un volume très restreint. Les critères de classification les plus objectifs portent sur le spectre : importance et largeur des raies, degré d'ionisation. On peut alors identifier des catégories bien définies, parfois affublées d'amusants acronymes, comme les « LINERS » (*Low-Ionization Narrow-Emission Regions*).

Les galaxies à flambées d'étoiles

Dans une galaxie, les étoiles ne naissent pas de façon isolée, mais au sein de vastes fratries. Les sites de formation d'étoiles sont les régions HII, ainsi nommées parce que l'hydrogène y est partiellement ionisé par le rayonnement des étoiles nouveau-nées. Ce sont des zones où les étoiles se forment en abondance à partir de grands nuages de gaz interstellaire. Une des plus proches et des plus spectaculaires régions HII de notre galaxie est la nébuleuse d'Orion (voir Figure 10), visible à l'œil nu par ciel bien noir. C'est une vaste pépinière d'étoiles située à un peu moins de 1 000 années-lumière de notre système solaire. La fluorescence du gaz excité par l'intense rayonnement ultraviolet des étoiles qui viennent de se former produit un spectacle magnifique dans un petit télescope.

Parmi les quelque 2 000 galaxies de Markarian répertoriées, on distingue des NAG et des galaxies à flambées d'étoiles. Parmi ces dernières, on remarque encore les galaxies présentant seulement une activité de formation stellaire supérieure à la moyenne, celles qui flamboient de partout et ne sont, en fait, qu'un assemblage de régions HII géantes (les galaxies à grumeaux), et enfin celles dont l'activité de formation stellaire est concentrée dans leurs régions centrales. Ces dernières nous intéressent plus particulièrement, car elles pourraient être des précurseurs de galaxies de Seyfert.

Les étoiles naissent dans les nuages moléculaires de grande masse, par effondrement gravitationnel, spontané ou induit par les collisions entre nuages, ou encore par la pression du vent stellaire des étoiles jeunes. Dans les galaxies spirales normales, les ondes de densité qui font apparaître les bras spiraux ne correspondent qu'à un faible contraste par rapport au reste du disque. Par compression du gaz interstellaire, elles provoquent cependant la croissance des nuages moléculaires et la formation d'étoiles nouvelles, traçant ainsi la structure spiralée caractéristique. Il s'agit d'un processus lent (plusieurs milliards d'années) et stable (en l'absence de perturbations extérieures), entre autres parce que les radiations ionisantes et les explosions de supernovae détruisent les nuages moléculaires. La compétition entre formation et destruction des nuages aboutit alors à un taux de formation d'étoiles variant peu avec le temps.

Les flambées d'étoiles observées dans les régions centrales des galaxies convertissent le gaz en étoiles plus efficacement et plus rapidement. Aussi bien l'observation que la théorie suggèrent que ce gaz provient d'interactions rapprochées entre galaxies. Des instabilités du type « barre » joueraient un rôle important pour le faire chuter vers le centre. La filiation entre galaxies à flambées d'étoiles et NAG est vraisemblable ; il existe un faisceau d'indices convergents. Ainsi, les activités de type « flambées stellaires » et de type « NAG » coexistent dans les régions centrales de nombreuses galaxies ; statistiquement, les noyaux de Seyfert se trouvent plus volontiers dans des galaxies à forte luminosité infrarouge, signature d'une grande abondance d'étoiles jeunes et de poussières. On dispose même d'indices suggérant une séquence évolutive du type :

Galaxies à flambées stellaires → Seyfert 2 → Seyfert 1.

Quasars, lacertides et compagnie

Les astronomes n'avaient pas encore bien apprivoisé ces galaxies sauvages que, déjà, des objets encore plus bizarres s'invitaient sans gêne dans leur jardin zoologique.

DE NOUVEAUX VENUS : LA DÉCOUVERTE DES QUASARS

Dès que les radiotélescopes furent assez sensibles pour détecter quelques centaines de sources, les astronomes s'aperçurent que l'aspect du ciel « radio » était assez différent de son aspect « optique ». On chercha, naturellement, à corréler les deux et à identifier les sources radio dans le domaine optique. C'est ainsi que les quasars furent découverts.

La plupart des objets radio trouvaient assez facilement leurs équivalents optiques : galaxies proches, radiogalaxies plus lointaines, restes de supernovae, etc. Mais un petit nombre, en particulier les sources non résolues, n'avait pas d'identification claire. Il faut dire qu'à des longueurs d'onde d'une dizaine de centimètres, même avec des paraboles de 60 ou 70 mètres, la résolution spatiale n'est que de plusieurs minutes d'angle. À Jodrell Bank, en 1960, une des premières expériences d'interférométrie radio permit de mesurer avec une bien meilleure précision (environ 4") la position de 3C 48 [2]. Cette puissante radiosource est alors identifiée à une petite « étoile » bleue de seizième magnitude dont le spectre, obtenu par Jesse Greenstein, est incompréhensible : aucune des raies d'émission qu'il comporte n'est identifiable. Que sont donc ces mystérieuses « radio-étoiles » ?

En Australie, Cyril Hazard et John Bolton utilisent une autre méthode pour mesurer précisément, avec l'antenne unique de 64 mètres du radiotélescope de Parkes, la position de 3C 273, autre radiosource non résolue. Ils vont tirer parti

2. 3C 48 signifie : 48e source du 3e Catalogue de Cambridge.

de la série d'occultations par la Lune que cette source subit tous les 20 ans et qui, justement, se produit en cette année 1962. Le mouvement et la forme de la Lune étant bien connus, en mesurant les instants de disparition et de réapparition de la source occultée, ils obtiennent très précisément sa position. Quelques mois plus tard, après l'observation de trois occultations, la position de 3C 273 est connue à 1" près et une composante secondaire voisine est également détectée [3].

L'objet optique correspondant à la source principale est encore une petite étoile bleue munie d'un curieux jet rectiligne qui coïncide avec la deuxième composante radio. Optiquement, ce jet ressemble à celui observé dès 1918 par l'Américain Curtis, jaillissant du noyau de la galaxie Messier 87 dans l'amas de la Vierge. Le spectre de 3C 273, obtenu au mont Palomar par l'astronome hollandais Marteen Schmidt, comporte six raies en émission ne correspondant apparemment à aucun élément connu. Après plusieurs semaines de perplexité, Schmidt comprend que ces raies sont simplement celles de l'hydrogène, décalées de 16 % vers le rouge. Si l'on interprète ce décalage comme une vitesse d'expansion, 3C 273 n'est pas une étoile de notre Galaxie aux propriétés étranges, mais bien un astre très lointain émettant autant de lumière que cent galaxies comme la nôtre ! Exhumant le jour même le spectre de 3C 48 du tiroir où il dormait depuis trois ans, Schmidt et Greenstein l'identifient également au spectre de l'hydrogène avec un décalage encore plus grand : $z = 0{,}37$. 3C 48 se situe donc presque aussi loin que la plus lointaine galaxie connue à l'époque. Les quasars sont nés ! Ce mot, contraction de « quasi-stellar », ne fait référence qu'à l'aspect radio et optique de ces objets lors de leur découverte. Mais cet aspect dépend étroitement des moyens d'observation et n'a pas de valeur intrinsèque. Il y a en fait une continuité entre

---

3. Convaincus de l'importance des données recueillies, les deux radioastronomes s'empressèrent de les dupliquer et prirent chacun une copie pour rentrer à l'université de Sydney à bord de deux avions différents. Précaution qui, heureusement, se révéla superflue.

les galaxies de Seyfert (plus précisément celles de type Seyfert 1) et les quasars : les propriétés spectrales sont identiques. Leur différence d'apparence n'est due qu'à des effets de contraste et d'éloignement. Si l'on veut continuer d'effectuer une distinction entre ces deux catégories d'objets, on peut utiliser un critère plus objectif comme la luminosité du noyau. Un objet moins brillant que la magnitude absolue $M_v = -23$ est une *galaxie de Seyfert* ; s'il est plus brillant, on l'appelle *quasar*. Fondamentalement, il s'agit cependant du même objet. C'est du moins la représentation la plus communément admise aujourd'hui, mais la question de la nature des quasars a soulevé bien des polémiques.

Le redshift des quasars

La controverse sur la nature du *redshift* [4] des quasars, qui remonte à leur découverte même, vient des difficultés rencontrées pour expliquer leur formidable débit d'énergie dans un très petit volume (déduit de leurs rapides variations d'éclat), si ce redshift est bien une mesure de leur distance via la relation de Hubble. On chercha donc d'autres explications que nous allons rapidement évoquer.

Une première possibilité est un redshift gravitationnel. Ce phénomène est un des tests classiques de la relativité et a été observé dans le spectre du Soleil puis dans celui des naines blanches. Il est cependant difficile de construire sur ces seules bases un modèle cohérent incorporant les autres propriétés des quasars. L'hypothèse d'un redshift gravitationnel a été définitivement abandonnée lorsqu'on a pu obtenir le spectre des « nébulosités » entourant les quasars et que l'on n'a pas mesuré de différence sensible de décalage spectral entre ces structures et le noyau. On peut aussi imaginer un effet Doppler-Fizeau local, indépendant de l'expansion universelle. Les quasars pourraient être des objets assez proches éjectés à grande vitesse de notre

---

4. Nous adopterons ici ce terme anglais, largement passé dans l'usage, pour indiquer que, justement, l'identification de ce *décalage vers le rouge* à une vitesse de récession ne fut pas immédiate.

Galaxie. L'explication semble cependant un peu ad hoc et atténue à peine le problème énergétique. Pour différentes raisons (par exemple, absence de mouvements propres mesurables), les quasars ne peuvent être des objets très proches. Pourquoi, par exemple, n'observe-t-on pas de quasar éjecté de la galaxie Messier 31 dans notre direction, donc avec un décalage vers le bleu ? Notre Galaxie serait-elle la seule à avoir éjecté des quasars ? Un tel privilège semble inexplicable.

En désespoir de cause, on peut toujours invoquer des principes physiques nouveaux, une physique nouvelle que nous ne comprenons pas encore. Mais cette fuite en avant doit être justifiée, à défaut d'autre chose, par des faits précis.

Sur le plan observationnel, la discussion a été alimentée essentiellement par les travaux de Halton Arp, astronome américain aux vues hétérodoxes, et de quelques-uns de ses collègues. Arp a mis en évidence d'apparentes associations entre objets à redshifts différents, qu'il s'agisse de quasars ou même de paires de galaxies de banale apparence. Certaines de ces associations sont effectivement troublantes mais, dans aucun cas, il n'a été possible de confirmer avec certitude une interaction physique, et la meilleure explication reste une projection fortuite sur le ciel d'objets situés à des distances différentes [5]. Dès 1970, Arp a alors recours à des arguments statistiques : le nombre de ces cas « douteux » serait trop grand pour résulter de projections au hasard et il y aurait un excès de quasars au voisinage de galaxies proches. Face à l'accumulation d'observations favorables à une interprétation « cosmologique » du redshift des quasars (association fréquente avec des galaxies au redshift similaire, apparition d'une supernova dans la galaxie-hôte confirmant la distance, etc.), les tenants des redshifts « anormaux » proposèrent l'existence de deux catégories de quasars : ceux à redshift cosmologique et ceux à redshift intrinsèque, ou encore ceux dont une partie seulement du redshift

---

5. Toujours cet éternel problème qu'ont les astronomes avec la troisième dimension !

est intrinsèque. Mais on ne voyait pas du tout ce qui déterminait cette proportion de redshift intrinsèque, ni son origine physique, ni pourquoi les spectres résultants devraient être identiques à ceux des quasars « cosmologiques ».

Quel est le bilan de cette controverse ? Il semble désormais bien établi que les redshifts « anormaux » n'existent pas. Mais il est toujours bon de mettre en doute des interprétations trop facilement acceptées. En physique, une loi n'est jamais définitivement prouvée ; il suffit d'un seul contre-exemple pour la mettre à mal. On observe aujourd'hui un effet plus subtil sous forme d'une périodicité dans les redshifts, dont les valeurs ne seraient pas distribuées au hasard. Il peut donc y avoir encore quelques surprises en matière de redshift.

Un autre aspect est la recherche de quasars au redshift le plus élevé possible. Il ne s'agit pas seulement d'une course au record un peu vaine. Trouver des quasars à des redshifts élevés donne des indications sur la formation des galaxies. Dans le modèle standard des quasars, il faut qu'une galaxie ait d'abord eu le temps de se former (la durée du collapse initial de la Galaxie est de l'ordre du milliard d'années) et d'évoluer pour qu'un trou noir supermassif se forme en son centre et qu'elle apparaisse sous l'aspect d'un quasar. Le record $z = 3{,}53$ a tenu pendant longtemps, puis des méthodes de sélection basées sur des critères de couleur ont rapidement repoussé cette limite. Le détenteur du titre est, depuis 1991, le quasar PC 1247 + 3406, avec $z = 4{,}90$, mais on ne désespère pas de franchir prochainement la barre $z = 5$. Le calcul exact de la « remontée dans le temps » que l'on effectue en observant de tels objets dépend des paramètres H_o et q_o[6] des modèles cosmologiques mais, pour des modèles plausibles, on s'approche déjà très près du Big Bang. Pour $q_o = 0{,}5$, nous voyons PC 1247 + 3406 à une époque où l'Univers n'avait que 7 % de son âge actuel, soit environ 1 milliard d'années si H_o vaut 50. Or, pour qu'un objet aussi brillant se forme, même par accrétion de matière au taux

6. Ces deux quantités sont explicitées dans le chapitre suivant.

maximum possible, 500 millions d'années environ sont nécessaires. Les galaxies se seraient donc formées très tôt dans l'histoire de l'Univers. Moins de 500 millions d'années après le Big Bang ? Ce n'est pas sans poser quelques problèmes aux théoriciens, et cette situation ne manquera pas de s'aggraver si des quasars à $z = 6$, 7, ou plus, sont découverts.

La structure radio des quasars

Les quasars ont été découverts, tout d'abord, par leur émission radio. Ensuite, on s'est aperçu qu'à peine 10 % d'entre eux étaient de puissants émetteurs à ces longueurs d'onde, et qu'il existait une population nombreuse de quasars « radio-silencieux », que l'on peut mettre au jour par des méthodes purement optiques (recherche d'objets bleus, ou variables, observations par prisme-objectif, etc.).

L'émission radio des quasars est un rayonnement « synchrotron » d'électrons décrivant une trajectoire en spirale autour des lignes de force d'un champ magnétique. La structure radio des quasars, telle qu'elle s'est peu à peu révélée, n'est qu'une série de variations sur un thème imposé : les jets linéaires, généralement symétriques. On observe souvent des jets très fins, bien collimatés sur des centaines de kiloparsecs, aboutissant dans des lobes radio beaucoup plus vastes dont la formation résulte probablement du freinage des jets par le milieu intergalactique. Ces jets viendraient alimenter les lobes diffus en électrons très énergétiques, qui continueraient à rayonner en suivant les méandres du champ magnétique intergalactique [7]. Dans certains cas, la longueur des jets, dépassant le mégaparsec, et la brillance des lobes indiquent que l'émission radio a conservé la même direction et la même intensité pendant 10^6 à 10^7 années.

La structure des jets peut aussi être étudiée très près du

7. Quand la résolution est suffisante, on observe en effet dans ces lobes tout un embrouillamini de structures compliquées comme le montre la Figure 35 : les lobes radio rappellent irrésistiblement des volutes de fumée ; mais le diamètre de ces « bouffées » dépasse celui d'une grande galaxie.

noyau, à l'échelle du parsec, par interférométrie à très longue base. On note alors une remarquable continuité de leurs propriétés (direction, finesse de collimation) sur cinq ou six ordres de grandeur. La structure des jets aux échelles les plus fines peut changer en quelques mois ou quelques années. On observe fréquemment un mouvement d'éjection de « condensations » successives, suivant l'axe du jet. Un effet surprenant, observé sur quelques dizaines de quasars, est que ces éjections peuvent s'effectuer à des vitesses apparemment *superluminiques*. Il s'agit en fait d'un « effet d'optique » bien compris, dû à la vitesse finie de la lumière, et se produisant lorsque le jet se dirige presque exactement vers l'observateur. Il n'y a bien sûr aucun mouvement de matière à une vitesse supérieure à c : Einstein peut dormir en paix. Mais cela implique quand même des vitesses réelles très élevées (95 % ou 99 % de c), donc un mécanisme d'accélération des particules assez efficace. Le modèle est cohérent. Par exemple, il prévoit que, par effet Doppler relativiste, la luminosité du jet qui s'approche est considérablement augmentée, alors que le jet qui s'éloigne est affaibli jusqu'à devenir indétectable. Il est significatif que, dans tous les cas de mouvements superluminiques observés, on ne voie toujours qu'un seul jet.

La structure optique des quasars

Les jets optiques de Messier 87 ou de 3C 273 sont des structures peu fréquentes. Contrairement aux jets radio, les jets optiques sont toujours asymétriques, et la détection de « contre-jets » est très difficile. Tout ceci indique qu'on ne peut voir une structure de jet en optique que si sa direction pointe presque parfaitement vers l'observateur. On devrait donc pouvoir observer aussi des jets optiques superluminiques, le jour où les techniques d'observation permettront de résoudre le millième de seconde d'angle dans ce domaine de longueur d'onde, ce qui peut demander encore un peu de patience. En revanche, une structure systématiquement observée en optique pour les quasars de petits redshifts est une nébulosité entourant le noyau quasi stellaire. Peu après la découverte des quasars, une importante question était : ces nébulosités sont-elles des galaxies ? Après quelques décennies d'observation, on peut répondre positivement, et même préciser qu'il s'agit de galaxies généralement de bonne taille, présentant tous les indices d'une perturbation par interaction gravitationnelle plus ou moins récente.

Dernièrement, on a cru observer des quasars « nus » avec le télescope spatial Hubble, ce qui aurait remis en cause cette interprétation. Ces quasars étaient en fait hébergés par des galaxies à faible brillance de surface, paradoxalement plus facilement détectables au sol qu'avec un télescope en orbite. Cette difficulté de détection était prévisible car il s'agit de quasars radio-silencieux, plus fréquemment trouvés dans des galaxies spirales, tandis que les quasars à fort flux radio sont généralement hébergés par des galaxies elliptiques géantes.

La spectroscopie permet de se faire une idée de la structure des quasars à des échelles beaucoup plus fines, inaccessibles à l'imagerie directe. Il se produit dans l'environnement proche du noyau un transfert de rayonnement assez complexe. Les raies d'émission indiquent que des nuages de gaz de faible densité sont irradiés par des photons d'énergie suffisante pour ioniser l'hydrogène et d'autres éléments. Ces photons du domaine ultraviolet ou X proviennent vraisemblablement du rayonnement synchrotron d'électrons rapides. Les nuages de gaz les convertissent en photons visibles, tandis que les poussières présentes dans les nuages et chauffées par le rayonnement primaire ou secondaire les réémettent dans l'infrarouge. Cela explique la forte composante continue dans l'infrarouge de certains quasars.

Dans un quasar ou une galaxie de Seyfert typiques, on distingue la région émettant les raies larges, qui signale des mouvements de nuages, à des vitesses de quelques milliers ou dizaines de milliers de kilomètres par seconde. La dimension caractéristique de cette zone est de quelques jours-lumière. La région émettant les raies interdites plus étroites (quelques centaines de kilomètres par seconde) correspond à des nuages de plus faible densité et de plus grande extension (quelques centaines ou milliers d'années-lumière). Un point remarquable est le faible « taux de couverture » de ces nuages et leur masse relativement modeste. Ils n'occupent qu'un très faible volume autour du noyau central, et leur masse totale n'est que de quelques dizaines (pour les Seyfert faibles) à quelques milliers (pour les quasars les plus brillants) de masses solaires. C'est cependant l'émission de ces formations évanescentes qui permet d'identifier un quasar jusqu'aux plus grandes distances. Nous savons donc que ces nuages sont dans un état très fractionné, mais nous ne connaissons pas exactement leur géométrie : globules, fins filaments ?

Le modèle expliquant le mieux le rayonnement des quasars a été proposé en 1969 par le Britannique Donald Lynden-Bell : un trou noir supermassif engloutissant la matière environnante. Cette matière se rassemble en un disque d'accrétion en orbite autour du trou noir. Le rayonnement ionisant primaire provient de ce disque d'accrétion et est réémis par le gaz et les poussières environnants. Le rayonnement du disque d'accrétion peut varier dans le temps, au gré des fluctuations dans l'alimentation du trou noir. Divers mécanismes d'instabilité sont susceptibles de provoquer ou d'amplifier les « hoquets » du gros goulu. Cette variabilité intrinsèque des quasars a été utilisée par les astronomes dans divers buts, d'abord pour les identifier, puis pour mesurer leur distance. Des programmes de surveillance photométrique ont aussi permis de corréler les variations du continu, provenant du disque d'accrétion, et des raies larges issues des nuages les plus proches du trou noir. Les variations des raies reproduisent celles du continu avec un retard de quelques jours ou quelques dizaines de jours. Cet effet de réverbération permet ainsi d'estimer la taille de la région des raies larges : à peine plus grande que la dimension du disque d'accrétion. Dans certains cas, ce disque d'accrétion peut lui-même émettre des raies larges à profil bien particulier, résultant de sa rotation différentielle. La *Figure 36* présente le premier cas de ce genre : la galaxie de Seyfert Arp 102B, et l'ajustement du profil de la raie au modèle

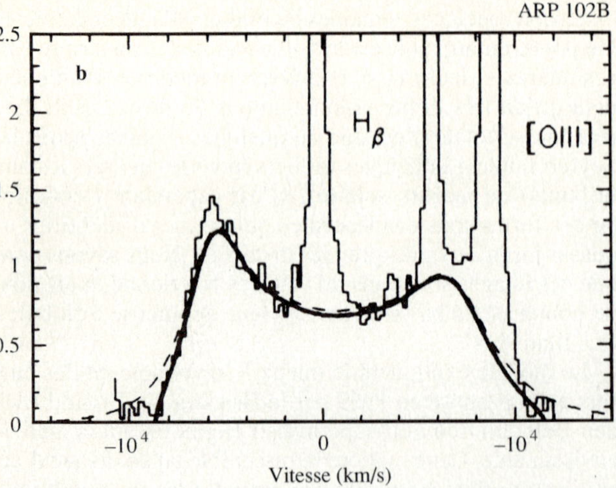

Figure 36 : *Structure de la raie de Balmer H*$_\beta$ *du noyau de galaxie Arp 102B. Le trait épais montre l'ajustement d'un modèle d'émission par le disque d'accrétion. (Document Astronomy & Astrophysics.)*

cinématique. Plusieurs dizaines de cas plus ou moins bien caractérisés ont ensuite été découverts. Il faut en effet bénéficier de circonstances favorables : orientation, importance du disque, pour que ce type de profil soit observé. C'est, en tout cas, la signature la plus flagrante d'un disque d'accrétion tournant à grande vitesse, donc d'un trou noir massif.

UN RICHE BESTIAIRE

Pour la plus grande joie des observateurs et le plus grand tourment des théoriciens, le safari photographique n'est pas terminé. On a découvert encore quelques bêtes impossibles apparentées aux quasars, par exemple les lacertides, dont le prototype est l'ex-« étoile » variable BL Lacertae (traduction latine de la constellation du Lézard). Ces objets ne présentent apparemment qu'un spectre continu. Pendant quelques années, ils ont donc constitué une énigme puisqu'il était impossible d'obtenir leur distance par les méthodes conventionnelles. L'étude par imagerie de BL Lac a révélé une nébulosité assimilable par ses dimensions et sa couleur à une grande galaxie elliptique, dont le spectre indique un redshift $z = 0{,}069$, avant qu'on ne finisse par trouver de très faibles raies en émission, au même redshift, dans le noyau lui-même. Les lacertides sont toujours de puissants émetteurs radio qui se caractérisent aussi par de rapides variations de luminosité. Il n'est pas rare qu'un objet de ce type varie de 20 ou 30 % d'une nuit à l'autre, et l'amplitude de variation en quelques mois peut atteindre un facteur 100.

Les quasars de type « OVV » (*Optically Violent Variable*) ont des propriétés voisines, sauf que leur spectre présente des raies plus facilement détectables. Ce sont, comme les lacertides, des émetteurs radio dont le flux et la polarisation sont en moyenne très élevés, mais rapidement variables. Ces deux sous-familles de quasars sont celles qui s'accommodent le plus difficilement de modèles alternatifs au modèle de trou noir massif.

Les quasars de type BAL (pour *Broad Absorption Lines*) constituent environ 5 % de la famille des quasars. Ils sont caractérisés par des bandes d'absorption larges venant éroder la partie bleue des raies en émission habituelles. Des nuages denses, éjectés à grande vitesse (quelques milliers de kilomètres par seconde) par le noyau, seraient responsables de ces spectres bizarres. Mais les modèles sont encore approximatifs et la géométrie de l'ensemble mal connue. Des effets de micro-mirage sur l'un d'eux ont ouvert une voie intéressante pour préciser la structure de cette variété de quasars.

Des embrasements nés d'embrassements ?

La distance moyenne entre galaxies est seulement 10 à 100 fois plus grande que leurs dimensions. Cette situation de promiscuité est très différente de celle des étoiles dans une galaxie, dont la distance mutuelle est plutôt 1 million de fois leur diamètre, sauf dans le cœur d'amas d'étoiles très denses. Les collisions entre les galaxies sont donc fréquentes, alors que les collisions entre étoiles sont rarissimes.

Les carambolages entre galaxies les réveillent

Suivant les paramètres d'une collision entre galaxies (module et direction du vecteur de vitesse relative, rapport des masses des deux galaxies, nature elliptique ou spirale, contenu en gaz, etc.), les résultats peuvent avoir des aspects variés. On forme ainsi des galaxies annulaires, d'autres avec des jets produits par effets de marée, symétriques (donnant à l'ensemble l'aspect d'un papillon) ou asymétriques, ou encore des galaxies cD pouvant être entourées d'une série de « coquilles [8] » concentriques. On a parfois l'impression un peu inquiétante que les interactions entre galaxies constituent pour l'astronome une panacée permettant d'expliquer toutes les bizarreries qu'il rencontre. *Le poumon, vous dis-je !* répétait Diafoirus pour tout diagnostic ; *les interactions !* répète le spécialiste des galaxies quand il voit un mouton à cinq pattes. Mais, contrairement aux médecins de Molière, les astronomes disposent d'indices observationnels de plus en plus sûrs, passés au crible de la physique.

Le jeu d'autotamponneuses entre les galaxies se fait à la fois à grande vitesse, quelques centaines, voire quelques milliers de kilomètres par seconde, et lentement : par suite des dimensions énormes des projectiles, les collisions durent des centaines de millions d'années. Il n'est donc pas question de suivre l'évolution d'un objet donné d'un bout à l'autre. On peut se faire une idée de cette évolution en observant des objets à différentes phases de l'interaction.

Lorsque deux galaxies s'interpénètrent, la probabilité de collision entre les étoiles reste infinitésimale. La situation est différente pour le gaz interstellaire, figé par le champ

8. Ces coquilles matérialisent des ondes de densité provoquées par la chute d'une petite galaxie sur la cD, et son absorption. On ne peut s'empêcher d'y voir une ressemblance avec les « ronds dans l'eau » que l'on fait en y jetant un caillou.

magnétique intragalactique qui lui confère une certaine rigidité. Des compressions locales peuvent déclencher la formation rapide d'étoiles nouvelles, aussi bien dans les régions centrales des galaxies en interaction que dans les éjectats lointains résultant des forces de marées. Des galaxies de faibles masses, éclaboussures des galaxies dominantes, pourraient se former de cette façon. Les simulations numériques montrent que des interactions rapprochées entre galaxies pouvant conduire à terme à la coalescence complète (les deux galaxies n'en forment plus qu'une seule) induisent des distorsions dynamiques dans les régions centrales. Ce phénomène facilite l'injection de gaz vers le noyau, processus essentiel pour expliquer la formation des galaxies à noyau actif par collision. Pour que le mécanisme soit efficace, la vitesse relative de la rencontre ne doit pas être trop élevée : il est interdit de dépasser 500 ou 600 kilomètres par seconde.

La *Figure 37* montre la région centrale d'un système de deux galaxies en collision dont les noyaux sont encore distincts. Ce système a été observé par spectrographie bidimensionnelle. Le noyau de gauche a clairement un spectre de Seyfert ; un jet de moins de 1" s'en échappe. Le noyau de droite a un spectre intermédiaire entre région de formation d'étoiles et Seyfert. Il y a des indices d'échange de matière entre ces deux zones. Attendons encore quelques dizaines de millions d'années et il n'y aura probablement plus qu'un seul noyau de Seyfert bien brillant.

INDICES D'INTERACTION POUR LES QUASARS

Les quasars semblant ne pas être autre chose que des Seyferts brillantes, sont-ils aussi formés par collision ? Étant plus rares [9], les quasars sont en moyenne plus lointains. De plus, le contraste entre le noyau et l'environnement proche étant plus grand, leur étude est donc plus difficile que celle

9. Jusqu'à la magnitude B = 22, on observe en moyenne dans le ciel, vers les pôles de notre Galaxie, 10 000 objets par degré carré, dont la majorité sont des galaxies lointaines. Sur ce total, quelques centaines sont des galaxies actives, et moins de 100 sont des quasars.

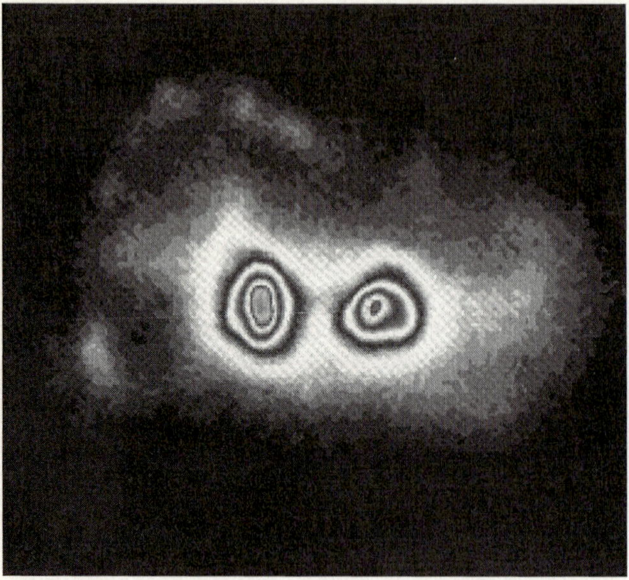

***Figure 37 :** Markarian 463, observée au télescope Canada-France-Hawaï. L'image montre les extensions, signature d'une interaction gravitationnelle violente. Dans les régions centrales, on remarque les deux noyaux et le « jet » émanant de l'un d'eux ; un pont de matière relie les deux galaxies. (Image Chatzichristou et Vanderriest, document CFHT.)*

des galaxies de Seyfert. Néanmoins, quand on peut les observer avec une résolution suffisante, au moins 40 % des galaxies hébergeant un quasar présentent des signes clairs de perturbation par collision.

Sur le plan théorique, les divers aspects des systèmes de galaxies en interaction ont pu être reproduits, dès 1972, grâce aux simulations numériques des frères Alar et Juri Toomre. Elles suggèrent que ce mécanisme peut apporter aussi du « combustible » dans les régions centrales des galaxies à noyau actif. Avec l'accroissement rapide des moyens de calcul, nous pouvons maintenant vérifier cette intuition. Si les détails du mécanisme qui permet de transporter du gaz jusqu'au cœur même d'un quasar ne sont pas encore tous bien compris, la réalité de ces mouvements ne fait plus guère de doute.

Sur le plan observationnel, le cas de 3C 48, historiquement le premier quasar découvert, illustre bien les progrès accomplis. Sur des images à haute résolution, Alan Stockton, à l'université d'Hawaï, a d'abord observé une asymétrie de la galaxie-hôte, typique d'une interaction gravitationnelle, puis il a mis en évidence un second noyau très proche du noyau principal mais environ 100 fois plus faible. Il s'agit probablement du noyau résiduel d'une petite galaxie absorbée par celle qui héberge le quasar, événement qui serait responsable de la réactivation de ce dernier. En 1996, nous avons pu montrer par spectrographie bidimensionnelle que ce second noyau avait aussi un spectre de noyau actif de type Seyfert. Ce résultat semble valider le concept d'« interactivation », ou activation réciproque de noyaux de galaxies lors d'une rencontre rapprochée.

D'autres indices, plus indirects, plaident à la fois en faveur de la formation des quasars par collision et du modèle de trous noirs supermassifs dont nous allons parler au prochain paragraphe. Certains quasars pourraient contenir deux de ces monstrueux trous noirs. Ainsi, OJ 287 est un objet de type BL Lac bien étudié grâce à d'anciennes collections de plaques photographiques permettant de suivre ses variations lumineuses sur près d'un siècle et révélant une période d'environ 11 ans. Un modèle dans lequel un trou noir de $2 \cdot 10^7$ masses solaires est en orbite très elliptique, avec cette période de 11 ans, autour d'un autre trou noir encore plus massif de $5 \cdot 10^9$ masses solaires, peut rendre compte des augmentations d'éclat observées : elles se produiraient à chaque fois que le « petit » trou noir traverse le disque d'accrétion qui entoure le « gros ». Ce modèle est étayé par l'observation interférométrique à très longue base de composantes radio superluminiques à mouvement hélicoïdal.

Cette « précession » s'accorde parfaitement au modèle des deux trous noirs. Troublants trous noirs [10] !

Le modèle unifié et ses limites

Face à la diversité des catégories de Noyaux Actifs de Galaxies (NAG), on recherche naturellement une unification. Pour cela, il faut d'abord s'assurer de la validité du modèle le plus en vogue pour le « moteur central ».

Le moteur central : trou noir ou pas ?

Les quasars posent un sérieux problème énergétique : ils rayonnent parfois plus que mille galaxies analogues à la nôtre dans un volume n'excédant pas celui du système solaire. Cela défie l'imagination, car il faut concevoir un processus de production d'énergie particulièrement efficace. Pour certains quasars, comme ceux de type OVV, on ne voit pas d'autre solution qu'un trou noir [11].

Le concept de trou noir existait bien avant qu'il n'ait un nom. Dès 1796, Pierre Simon de Laplace avait imaginé que des astres pourraient être tellement massifs et denses que leur vitesse de libération deviendrait supérieure à celle de la lumière. La vitesse de libération est la vitesse minimale que doit avoir un corps pour s'éloigner à l'infini à partir de la surface d'un astre. Elle dépend de la masse M et du rayon R de ce dernier :

$$V_l^2 = 2GM/R$$

G étant la constante de la gravitation. Cette vitesse de libération est d'environ 11 kilomètres par seconde pour la Terre

10. Rendons à Jean-Pierre Luminet la paternité de ce calembour.

11. La fraction de matière convertie en énergie, suivant la célèbre relation $E = mc^2$, lors de réactions nucléaires classiques dans les étoiles, ne dépasse pas 0,8 % ; mais quand de la matière tombe dans un trou noir, la fraction convertie en énergie peut atteindre 40 %. Seule l'annihilation entre matière et antimatière pourrait faire mieux, avec un rendement de 100 % ; ce processus fut un temps considéré mais il est maintenant exclu par les observations.

et atteint 600 kilomètres par seconde pour le Soleil. Lorsque le Soleil deviendra, dans quelques milliards d'années, une naine blanche de taille comparable à celle de la Terre, sans avoir trop perdu de masse, sa vitesse de libération passera à près de 8 000 kilomètres par seconde. Si la vitesse de libération dépasse celle de la lumière, les photons eux-mêmes, donc, a fortiori, aucun objet matériel, ne peuvent s'échapper du champ de gravitation. La formulation moderne fait appel à l'appareil mathématique un peu plus complexe de la relativité [12], mais cette définition simple d'un trou noir reste valable. L'existence de trous noirs de masses comparables à celle du Soleil est probable. Ils seraient le produit ultime de l'évolution stellaire des étoiles les plus massives.

Il semble exister un paradoxe : comment un trou noir peut-il rayonner et même être le moteur des objets les plus brillants de l'Univers ? En fait, ce que nous voyons, c'est le rayonnement émis par la matière tombant dans le trou noir. Pour une étoile, il peut s'agir du gaz interstellaire environnant, des couches externes de l'étoile elle-même, ou d'un compagnon. Dans le cas des quasars, il faut faire appel à des trous noirs supermassifs. Il ne s'agit plus de masses de l'ordre de celle du Soleil, mais de dizaines ou centaines de millions, voire quelques milliards de masses solaires. La matière qui rayonne peut alors provenir de nuages gazeux ou d'étoiles entières aspirées par le trou noir supermassif et aplaties en crêpe, puis littéralement déchirées par les effets de marée de l'intense champ gravitationnel. Cette matière s'accumule alors en un disque d'accrétion où elle tourbillonne à grande vitesse, s'échauffant par friction jusqu'à quelques dizaines de milliers de degrés, voire davantage dans la partie interne du disque. Au total, c'est l'énergie potentielle de gravitation du trou noir qui est transformée en énergie radiative, émise dans toute une gamme de longueurs d'onde, jusqu'aux rayons X et gamma.

Quand ce magma de matière, suivant une inexorable

---

12. Pour une discussion détaillée, voir le livre de Jean-Pierre Luminet : *Les Trous noirs*, dans cette collection.

chute en spirale, franchit l'« horizon » du trou noir, il ne peut que continuer de tomber vers une singularité de densité infinie, mais nous ne recevons plus aucune information sur ce qui se passe. Comme l'esprit humain s'accommode mal des notions d'infini, on essaie dans la mesure du possible de les éliminer de la physique. Les réticences intellectuelles à l'existence des trous noirs ne sont pas négligeables et, d'une certaine façon, sont compréhensibles. On se dit qu'il doit y avoir des mécanismes physiques empêchant une telle aberration d'exister dans l'Univers réel. Par exemple, les étoiles perdraient suffisamment de leur masse pour mourir sous forme de naines blanches ou d'étoiles à neutrons. On doit aussi pouvoir trouver un modèle de quasar évitant de recourir aux trous noirs géants.

Des modèles alternatifs ont donc été développés, tels ceux de Roberto Terlevitch : le cœur des quasars serait un amas dense d'étoiles massives évoluant rapidement. Il s'y produirait, en rafales, de nombreuses explosions de supernovae. De fait, il est étonnant de constater que ce modèle reproduit assez bien le spectre observé des galaxies de Seyfert ou des quasars pas trop brillants, ainsi que leur variabilité. Mais il devient beaucoup plus difficile d'expliquer les propriétés des lacertides, des quasars les plus brillants, ou des objets du genre Arp 102B. On montre d'ailleurs qu'un tel amas très dense (il doit contenir des millions d'étoiles dans un petit volume) est instable et doit évoluer rapidement, par collisions stellaires, vers un trou noir massif. Cette étape (fugace ?) d'amas dense peut pourtant exister, quelque part entre les noyaux de galaxies à flambées d'étoiles et les quasars extrêmes.

Chaque galaxie a été, est ou sera un quasar

Pour de simples raisons énergétiques, la durée de vie d'un quasar brillant doit être nettement inférieure à l'âge de l'Univers, mais on en observe pourtant à toutes les époques. Ils doivent donc se former, ou passer par des phases brillantes transitoires, tout au long de l'histoire cosmique. Il est vrai aussi qu'on en observe nettement plus dans le passé, c'est-à-dire à de grands redshifts, que maintenant. Les modèles d'évolution au cours du temps de la fonction de luminosité des quasars ne peuvent pas encore s'appuyer sur des statistiques très abondantes ni, surtout, exemptes de biais observationnels, mais il est clair qu'une évolution existe. Les quasars se sont formés très tôt et en grand nombre : il y a maintenant environ 50 fois moins de quasars qu'à l'époque correspondant à $z = 3$, qui semble être celle de leur abondance maximale. Où sont donc passés aujourd'hui les quasars manquants ? Une hypothèse en cours de vérification suppose que la plupart se cachent sous les apparences de galaxies bien sages.

Dans le modèle de trou noir massif, celui-ci finit par faire le vide autour de lui, à la manière d'un aspirateur. Quand toute la matière disponible est épuisée, le quasar devient dormant. Il peut cependant être réactivé à l'occasion d'une rencontre rapprochée ou d'une collision avec une autre galaxie riche en gaz. Ce mécanisme expliquerait l'existence des quasars à petits redshifts, comme 3C 48, connaissant une nouvelle phase brillante après, peut-être, plusieurs autres.

On recherche aussi activement des indices de trous noirs inactifs dans les galaxies proches, par imagerie et spectroscopie à haute résolution spatiale. Pour plusieurs d'entre elles, des dispersions de vitesses de plusieurs centaines de kilomètres par seconde ont été mesurées dans les quelques parsecs centraux, indices clairs d'une concentration de masse importante. En fait, la plupart des noyaux de galaxies pourraient contenir un trou noir plus ou moins massif, moteur passé ou futur d'une phase active de type quasar. Il n'est pas besoin d'aller chercher bien loin : Messier 31, notre proche voisine, est soupçonnée d'héberger un tel monstre assoupi en son centre. Les observations du télescope spatial Hubble, comme les observations au sol en spectroscopie bidimensionnelle, révèlent un comportement curieux du champ de vitesse, suggérant la présence d'un trou noir de quelques dizaines de millions de masses solaires. Ce type de recherche bénéficiera évidemment en priorité de l'amélioration de la résolution des images, par les techniques futures au sol ou dans l'espace.

Le modèle unifié

L'hypothèse de base du modèle unifié[13] repose sur la structure identique des différents objets que nous avons décrits, leurs différences d'aspect ne résultant que d'effets de perspective (*Figure 38*). Diverses observations ont peu à peu suggéré cette unification. Dès 1985, on a pu montrer que les raies d'émission de certaines galaxies de Seyfert 2 ont des composantes larges semblables à celles des Seyfert 1 quand on observe en lumière polarisée. Ces composantes larges « cachées » suggèrent que les nuages émissifs correspondants sont masqués par un tore de gaz et de poussières. On ne peut les voir qu'indirectement, par réflexion sur des électrons ou des grains de poussière situés au-delà de la zone cachée. La lumière que l'on recueille à l'aide de ces péri-

13. Le modèle suppose que tous les noyaux actifs sont constitués d'un trou noir entouré d'un disque d'accrétion émettant un spectre primaire en loi de puissance – l'énergie $F(\nu)$ émise par intervalle de fréquence $d\nu$ suit la loi : $F(\nu) = \nu^{\alpha} \cdot d\nu$. Pour une luminosité donnée L de l'objet, on peut calculer une limite inférieure à la masse M du trou noir. Par exemple, $L = 10^{12}$ luminosités solaires implique $M > 10^{8}$ masses solaires. Cette relation entre M et L a été établie par Eddington. L'argument physique est que le champ de gravitation doit être au moins suffisant pour contrebalancer la pression de radiation du rayonnement émis, sinon il ne peut plus y avoir accrétion de matière. Par ailleurs, la dimension de la région émettrice est au moins égale au rayon de Schwarzschild du trou noir R_S, et les variations de luminosité ne peuvent pas être plus rapides que R_S/c. Ce raisonnement permet d'établir, en passant par le calcul de R_S et M, une relation entre la luminosité L et les fluctuations de cette luminosité dL/dt. Presque tous les NAG respectent la « limite d'Eddington » : ils ne fluctuent pas trop vite par rapport à leur luminosité absolue. Quelques délinquants transgressent cependant cette loi, dépassant la limite d'un facteur pouvant atteindre 5 à 10 : ce sont des lacertides ou des quasars OVV. Quelque chose doit donc être faux dans le raisonnement. Implicitement, on a admis ici que le rayonnement était isotrope, c'est-à-dire que son intensité était la même dans toutes les directions. Si le rayonnement est directif, limité à un cône d'angle solide A, on peut gagner un facteur $4\pi/A$ sur la limite d'Eddington ; avec un faisceau étroit, ce facteur atteindra aisément quelques dizaines.

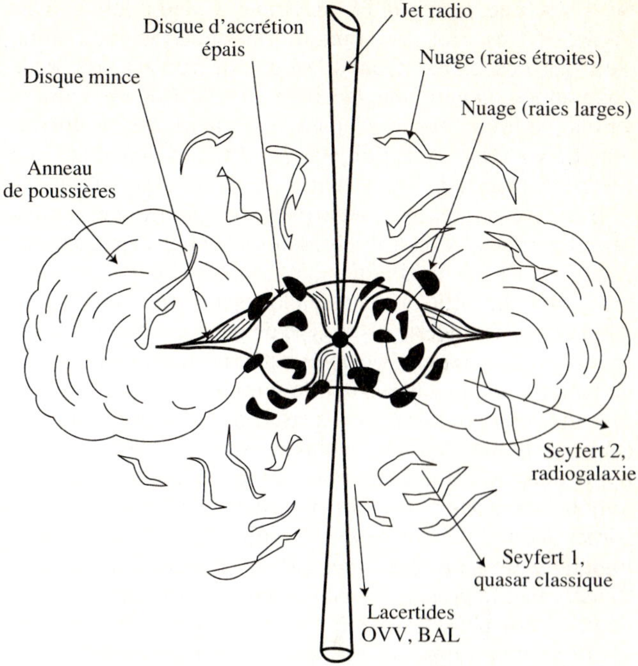

Figure 38 : *Le modèle unifié : comment un même objet peut apparaître comme un quasar radio, une lacertide, un BAL, un quasar radio-silencieux, suivant la direction d'où on l'observe.*

scopes naturels est alors fortement polarisée, tout comme la lumière diffusée par les nébuleuses entourant certaines étoiles.

Divers mécanismes peuvent produire de vigoureux jets de particules relativistes suivant l'axe de rotation du trou noir. Le champ magnétique et le gonflement du disque d'accrétion, par pression de radiation, dans ses régions les plus internes, concourent à restreindre la zone d'émission possible à un cône étroit. On aboutit ainsi à un modèle cohérent. Lorsque la ligne de vue est perpendiculaire à l'axe des jets, on verra une radiosource classique à deux lobes (voir Figure 35), ou un quasar optique classique lorsque l'émission radio est faible. Quand la ligne de vue est proche de l'axe du jet, on verra une lacertide, un OVV ou un quasar à jet unique (avec, éventuellement, des phénomènes superluminiques). L'aspect de l'objet dépend de la valeur exacte de l'angle de vue et de l'importance du disque d'accrétion.

Il ne faut pas perdre de vue que l'énergie émise est colossale. Les quasars les plus brillants peuvent rayonner une énergie correspondant à quelques masses solaires par an [14].

Ce modèle unifié présente quelques imperfections. Ainsi, il y a des différences dans le type de galaxies-hôtes (spirale ou elliptique) de telle ou telle catégorie de NAG, ce qui ne peut en aucun cas se réduire à un effet de perspective. Les noyaux de Seyfert et les quasars sans émission radio se trouvent plutôt dans des galaxies spirales, alors que les radiogalaxies, les quasars radio ou les lacertides semblent toujours associés à des galaxies elliptiques. Même si l'on admet que les galaxies peuvent évoluer d'un type morphologique à un autre (par exemple par cannibalisme), cette transformation prendra beaucoup plus de temps que la durée de vie d'une phase active de quasar. En plus d'effets purement géométriques, il faut sans doute faire intervenir la nature de départ de la galaxie-hôte, qui peut influer sur le sort du trou noir central par divers paramètres comme le contenu en gaz, ainsi que l'âge du noyau actif. Ce modèle est donc attrayant et prometteur, mais il doit encore être complété. Un important effort, tant théorique qu'observationnel, doit être fait pour mieux comprendre les mystères du trou noir central et de son disque d'accrétion, cet étrange objet étant probablement, parmi ceux dont les astronomes tentent de décortiquer la physique, un des plus complexes. Il faut aussi mieux prendre en compte l'évolution d'un noyau

14. Pour comparaison : chaque seconde, le Soleil transforme 564 millions de tonnes d'hydrogène en 560 millions de tonnes d'hélium ; les 4 millions de tonnes manquants sont transformés en énergie. À ce rythme, il n'aura cependant fait « disparaître » que 0,1 % de sa masse en plusieurs milliards d'années.

actif au cours du temps et passer d'une description statique à un modèle dynamique.

Du bon usage des quasars

Les quasars ne sont pas seulement des objets d'étude fascinants en eux-mêmes, ce sont aussi des *phares* visibles de très loin. Suivant une habitude maintenant bien établie, les astronomes ont donc cherché à les utiliser pour étudier d'autres objets.

LES QUASARS, TRACEURS DE GRANDES STRUCTURES

Au mur du bureau d'Henri Reboul, astronome à l'université de Montpellier, est affichée une grande carte du ciel, régulièrement remise à jour, où figurent tous les quasars connus : il y en a maintenant près de 9 000. La répartition des petits points noirs sur la carte est très irrégulière, on remarque des zones d'accumulation où ils se chevauchent jusqu'à former de véritables taches et plusieurs quadrilatères d'environ 5 degrés de côté assez bien remplis, contrastant avec de grandes régions presque vides. Cette distribution des quasars ne reflète assurément pas leur distribution réelle, mais les méthodes utilisées pour les chercher. Les zones d'accumulation correspondent à des sondages profonds dans une très petite région du ciel, les quadrilatères à des recherches de moyenne « profondeur » à l'aide de plaques obtenues aux télescopes de Schmidt ; enfin les régions vides sont celles où l'on n'a simplement pas recherché de quasars.

Il serait pourtant très intéressant de disposer d'un échantillon homogène et complet de quasars dans une zone assez grande du ciel [15]. Comme dans le cas des galaxies, on pour-

15. Le seul relevé systématique de quasars sur presque tout le ciel a été fait vers 1975 et se limitait aux quasars plus brillants que la magnitude V = 16,5, bien peu nombreux. Actuellement, environ un million de quasars pourraient être accessibles à l'observation.

rait mettre en évidence des structures à grande échelle, mais à des redshifts plus élevés, et même faire le lien avec les faibles fluctuations de brillance du fond de rayonnement cosmologique. Une équipe française s'est attelée à cette tâche en sélectionnant des candidats quasars par leur couleur, sur des plaques obtenues avec le télescope de Schmidt du mont Palomar. Un catalogue de 1 700 candidats jusqu'à la magnitude V = 20, dont au moins 1 000 doivent être réellement des quasars, a déjà été publié. Il couvre une région de 40 degrés carrés autour du pôle Nord galactique et son extension à 300 degrés carrés, devant contenir au moins 7 500 quasars, est en cours. Le problème majeur reste de confirmer la nature de quasars de ces candidats, et de mesurer leurs redshifts par spectroscopie. Les méthodes de spectroscopie multi-objet applicables aux galaxies ne sont malheureusement pas efficaces pour des objets aussi rares que les quasars, beaucoup plus dispersés sur la sphère céleste. En attendant de pouvoir réaliser un tel programme, les quasars ont déjà servi à localiser des galaxies « normales » qui leur seraient associées, d'abord à petits redshifts, et maintenant jusqu'aux plus grandes distances ; le record actuel pour une galaxie trouvée de cette façon vient d'être porté à $z = 4,6$.

Les quasars, sondes de galaxies

Comment les galaxies se sont-elles formées ? C'est l'une des plus irritantes questions que les astronomes se posent depuis qu'ils parlent de galaxies. Elles sont certainement issues de gigantesques masses d'hydrogène et d'hélium qui se sont effondrées sur elles-mêmes par instabilité gravitationnelle et qui ont engendré une première génération d'étoiles. Mais quand et comment, exactement, cela s'est-il produit ? Y a-t-il encore maintenant des nuages de gaz qui ne se sont pas transformés en galaxies ? Quelle proportion de la densité de l'Univers constituent-ils ?

Les quasars peuvent nous aider à répondre à ces questions. Ils se comportent comme des phares sondant l'espace qui nous sépare d'eux. Dès que l'on a pu observer des quasars à un décalage spectral suffisant pour que la raie Lyman alpha entre dans le domaine visible, on a remarqué de nombreuses raies d'absorption du côté bleu de cette raie. Ce phénomène s'explique par l'absorption créée par de nombreux nuages d'hydrogène situés à différentes distances entre le quasar et l'observateur. On a donné à ce fouillis de raies, souvent inextricable, le nom technico-bucolique de « forêt Lyman alpha ».

Des nuages absorbants très ténus, dont la densité projetée sur la ligne de visée est bien inférieure à celle d'une bulle de savon, peuvent ainsi être détectés sans difficulté. Les astronomes sont convaincus que l'espace intergalactique n'est pas vide et qu'il reste beaucoup de gaz non lié aux galaxies. On observe parfois des raies d'absorption d'éléments lourds comme le carbone, le sodium, le fer, etc., qui n'ont pu être formés qu'au sein des étoiles d'une galaxie. Ces systèmes de raies sont bien moins nombreux que ceux de la forêt Lyman alpha et, curieusement, les astronomes ont beaucoup de difficultés à identifier la galaxie dont ils dépendent.

Pour que la fréquence de ces raies d'absorption soit compatible avec la densité de galaxies observée dans l'Univers, il faut admettre que les galaxies sont entourées de gigantesques halos gazeux de quelque 100 ou 200 kiloparsecs, soit 5 à 10 fois le diamètre visible tracé par les étoiles. Une telle idée fut difficile à admettre, jusqu'à ce qu'on puisse identifier clairement une galaxie située exactement au décalage spectral des raies d'absorption d'un quasar. Depuis la première identification indiscutable, une ou deux dizaines de cas analogues ont ainsi été établis. L'existence de vastes halos galactiques ne fait donc plus de doute, mais leur structure semble très morcelée. Telle galaxie située à 100 kiloparsecs de la direction d'un quasar pourra donner une absorption forte, alors qu'une autre beaucoup plus proche ne produira pas d'absorption mesurable. L'accumulation de cas bien étudiés devrait nous donner une image, au moins statistique, de la structure des halos de galaxies.

Les quasars, thermomètres cosmiques

Dans un article fameux de 1948, Alpher, Bethe et Gamow [16] prédisaient l'existence d'un résidu fossile du rayonnement de corps noir qui avait dû accompagner le Big Bang. Par suite de l'expansion, il devait apparaître maintenant comme un rayonnement isotrope à quelques degrés Kelvin, donc être détectable aux longueurs d'onde millimétriques et centimétriques. Cette prédiction n'entraîna pas vraiment une frénésie d'observations, et c'est presque par hasard que Penzias et Wilson, en 1965, détectèrent finalement le « rayonnement de fond cosmologique », comme on l'appelle aujourd'hui, à une température voisine de 3 degrés Kelvin (voir Figure 43). La découverte fit alors grand bruit dans la communauté astronomique et au-delà. Penzias et Wilson ont reçu le prix Nobel de physique en 1978.

Les mesures se sont succédé très rapidement aux longueurs d'onde centimétriques, montrant un spectre compatible avec celui du corps noir à environ 3 degrés Kelvin, mais pour en être certain, il fallait pouvoir observer la retombée du flux en ondes millimétriques. Les moyens d'observation n'existant pas à l'époque pour ces longueurs d'onde, on s'avisa d'une possibilité de mesure indirecte en utilisant les raies d'absorption interstellaires du radical moléculaire CN (cyanogène) qui présentent, dans le spectre visible d'étoiles brillantes, un doublet très serré. C'est le cas, par exemple, de l'étoile de deuxième magnitude ζ Ophiuchi. L'origine de ce dédoublement est claire : par suite de la rotation de la molécule de cyanogène, son niveau d'énergie fondamental a une structure dite « hyperfine », avec 2 niveaux quantiques rotationnels $J = 0$ et $J = 1$, et les transitions qui se manifestent dans le spectre d'absorption peuvent se faire à partir de l'un

16. Ce sont surtout Gamow et son étudiant Alpher qui avaient travaillé à cet article ; ils avaient demandé à Hans Bethe, par ailleurs prix Nobel pour ses travaux sur la nucléosynthèse dans les étoiles, de se joindre à eux afin que la liste des auteurs rappelle le début de l'alphabet grec : alpha, bêta, gamma… Les savants sont de grands enfants !

ou l'autre de ces deux niveaux. Le rapport d'intensité des deux raies d'absorption donne le rapport des populations dans les états J = 0 et J = 1, et donc la température d'excitation de la molécule pour la transition 0-1, qui correspond à un photon inobservable de longueur d'onde 2,64 mm. Les astronomes trouvèrent pour cette température une valeur voisine de 3 degrés Kelvin. En fait, une moyenne sur les meilleurs spectres de ζ Ophiuchi donne une température $T_{(2,64\ mm)} = 2,78 \pm 0,10$ K. À cette longueur d'onde, c'est bien le fond de rayonnement cosmologique qui domine. Au total, chaque centimètre cube de l'Univers contient environ 415 photons[17] du fond cosmologique ! Récemment, on a pu corriger ce rayonnement de la faible contribution des autres sources d'excitation (rayonnement des étoiles voisines) : on trouve une température de 2,73 K, exactement identique, au centième de degré près, à celle que le satellite COBE (voir p. 216) a directement mesurée.

La méthode est donc fiable et peut être utilisée avec d'autres molécules ou atomes. Dès 1968, l'Américain John Bahcall avait proposé de l'appliquer aux nuages absorbants se trouvant près de lointains quasars. L'intérêt était de mesurer ainsi la température du fond cosmologique à grand redshift, donc à une époque où il devait être plus chaud qu'aujourd'hui. C'était un moyen de prouver définitivement l'origine de ce rayonnement, et aussi d'éliminer certains modèles cosmologiques. En effet, le modèle désormais classique du Big Bang prévoit que la température doit croître comme $1 + z$, alors que d'autres modèles donnent une relation différente. L'idée était excellente mais, comme souvent en astronomie, les moyens d'observation n'étaient pas encore à la hauteur, les quasars étant des objets bien faibles pour ce genre d'exercice. La première mesure fiable n'a finalement pu être effectuée que plus de 25 ans plus tard, en 1994, sur un quasar à $z = 1,78$, en mettant à contribution le télescope

17. On peut en « voir » quelques-uns très facilement : ils constituent une partie de la « neige » qui envahit les écrans de télévision quand les émissions (plus ou moins) cohérentes des sociétés de diffusion ont cessé.

Keck et son miroir segmenté de 10 mètres de diamètre, pendant une pose de 13 heures ! On obtint alors une température de 7,4 ± 0,8 K, en total accord avec la prédiction théorique de 7,58 K.

Les quasars, système de référence

Déjà la nuit en son parc amassait
Un grand troupeau d'étoiles vagabondes...

Joachim du Bellay, *L'Olive*

Les modèles cosmologiques relativistes abandonnent la notion d'espace et de temps absolus. Mais un temps « privilégié », le temps cosmique, s'impose naturellement pour décrire l'évolution de l'Univers. De même, un référentiel spatial « privilégié », celui dans lequel le rayonnement cosmologique est vu le plus uniforme et isotrope, s'impose naturellement en permettant de s'arrimer à l'ensemble des objets du cosmos. Quasi ponctuels et lointains, les quasars sont de bonnes sources pour définir un tel référentiel, auquel les mouvements de tous les objets plus proches, étoiles, galaxies, peuvent se rapporter.

Le satellite astrométrique *Hipparcos* a mesuré quelques quasars ou Seyferts lointains (un tout petit nombre, par manque de sensibilité) afin de « caler » les positions relatives très précises des étoiles observées sur ce référentiel.

Conclusion : les quasars providentiels

Découverts voici près de 35 ans, les quasars et leur parentèle sont devenus, dans tous les sens du terme, des objets majeurs de l'astrophysique. Nous n'avons présenté ici, à l'aide d'exemples précis, que quelques aspects des problèmes qu'ils ont posés et posent encore aux observateurs comme aux théoriciens. Mais la moisson est déjà riche. Les faits sont têtus, dit-on, et les quasars illustrent bien cet adage. Malgré tous les efforts déployés pour construire des modèles alternatifs, il est maintenant certain qu'ils sont situés à la distance correspondant à leur décalage spectral, et il devient presque inévitable de recourir à des trous noirs massifs pour expliquer leur source d'énergie. Les moyens d'observation actuels et, plus encore, ceux dont nous disposerons prochainement, permettront de connaître de mieux en mieux les mécanismes qui sont en œuvre dans ces étonnants laboratoires que personne n'avait prévus. Les quasars sont également les chouchous des cosmologistes, constituant une population privilégiée pour tester aussi bien les modèles d'Univers que les effets d'optique gravitationnelle dont les deux prochains chapitres vont nous entretenir.

7. Fabriquer l'Univers

(La cosmologie)

Fabriquer l'univers d'atomes assemblés,
Lire du firmament les chiffres étoilés,
Faire un nouveau Soleil dans le monde chimique...
Étienne Pavillon (1632-1705), *Prodiges de l'esprit humain*

La cosmologie est une discipline d'un genre très particulier. Trouvant ses racines profondes aussi bien dans les idées philosophiques et dans les fictions poétiques remontant à la plus haute antiquité que dans les démarches scientifiques les plus rigoureuses, elle impose d'élargir le discours au-delà du tangible, afin de concevoir l'Univers dans sa totalité pour pouvoir accéder à l'idée même d'un début. Depuis Pythagore, la question s'est posée de savoir quel était le précurseur, l'œuf ou la poule. L'inconnu angoissant des débuts de l'espace et du temps des civilisations passées a fait place à l'émerveillement des hommes, voire à la jubilation d'Hubert Reeves de pouvoir intégrer l'homme comme roseau pensant dans la tornade qui souffle dans le cosmos, 15 milliards d'années après le Big Bang.

Dans l'introduction de son ouvrage *Le Royaume des cieux* paru en 1923, Charles Nordmann, astronome à l'Observatoire de Paris, notait : *La plupart des êtres pensants aspirent à s'évader parfois des litiges militaires et monétaires qui caractérisent notre idéaliste époque. Ils rêvent dans leur ciel terne d'autres étoiles que les gros sous. À ceux-là la voûte étoilée offre des sources merveilleuses pour étancher leur soif.* Si, de nos jours, la soif de connaître les origines de l'Univers demeure intacte, les gros sous ont pris une telle importance que chaque restriction de crédit est le moyen le plus sûr d'étouffer la recherche. Les grands télescopes permettent de remonter le temps afin de reconstituer, maille par maille, le tissu de l'histoire de l'Univers. Les modèles issus de la relativité générale fixent la trame de ce long récit. Malgré les immenses progrès accomplis, nous devons encore plonger, comme Baudelaire, *au fond de l'Inconnu pour trouver du nouveau*. Ce saut dans l'espace et le temps permet de comprendre et d'interpréter les processus de l'évolution de la matière. Ils sont devenus possibles grâce à un scénario cohérent dont les éléments de la nature sont les acteurs essentiels.

La cosmologie véhicule l'image d'un Univers issu d'une explosion initiale, engendrant son propre espace par un mouvement d'expansion, comme le fait un soufflé aux raisins dans un four, chaque grain devenant une galaxie. Cette approche est suffisamment chargée d'images et d'affects pour être entretenue aussi bien par les philosophes et les théologiens que par les scientifiques eux-mêmes. Un malentendu s'est ainsi installé à propos de ce modèle, sans doute trop proche des mythes et des cosmogonies, associant Big Bang et création. Le pape Pie XII a très imprudemment rapproché cette cosmologie primordiale du *Fiat lux* initial de la Genèse, balayant ainsi les états ultra-primordiaux de la matière (gravitation quantique), au profit d'un processus abracadabra (création *ex nihilo*), où la matière surgit du néant. Notre histoire est jalonnée de conflits entre physique et métaphysique, dans lesquels science et Église se sont rendu coup pour coup, commettant dans cette mauvaise querelle les mêmes erreurs. Quelques astrophysiciens contemporains font preuve d'une étonnante démagogie en prétendant réconcilier science et foi : à la race des mandarins s'est substituée celle des souverains pontifiants.

La cosmologie dans l'histoire

La cosmologie de l'Antiquité mêle le rêve, l'extase et le délire avec les premiers textes véritablement scientifiques et solidement argumentés en style scolastique. Nous devons aux présocratiques tels qu'Anaximandre (– 610, – 546), Héraclite (–576, –480), Philolaos (–470, fin du Ve siècle) la notion de Cosmos comme entité où règnent l'harmonie, la symétrie, la loi, l'équilibre. Le mythe d'Er, fils d'Armenios, à la fin de *La République* de Platon, est le premier document indiquant sous une forme figurée l'ordre et les proportions des sphères célestes.

L'un des classiques favoris du Moyen Âge, *Le Songe de Scipion*, extrait de *La République* de Cicéron (vers 50 avant Jésus-Christ), est rempli de parfum cosmologique : un Romain vertueux est transporté durant son sommeil dans la Voie lactée ; il y entend la musique des sphères [1], découvre les rythmes supérieurs de l'Univers et la place véritable de l'homme. Les néo-platoniciens cherchent à « voir » et à « entendre » les vrais mouvements de l'Univers à la manière de Pythagore. Théon de Smyrne (vers l'an 100) cite l'abrégé d'astronomie d'Adraste : *Il est dans l'ordre de la nature et nécessaire que, comme les étoiles fixes, chacun des autres [êtres] célestes aussi soit emporté dans un mouvement dans le même sens, simple et unique, de façon régulière et bien réglée.*

La plupart des grands textes cosmologiques du Moyen Âge sont des voyages de l'âme. Les préoccupations religieuses et la description des astres sont inséparables. Dante orchestre la montée dans les cercles successifs du monde en s'inspirant des récits d'Avicenne. La Renaissance marque une extraordinaire évolution des idées. Le livre de Copernic *De revolutionnibus*, qui paraît en 1543, met enfin un terme au lourd système de Ptolémée, encombré d'épicycles multiples, au profit du système héliocentrique. Ce nouveau modèle sera pour Galilée l'occasion de bien des déboires, lors de la publication en 1632 de son *Dialogue sur les deux grands systèmes du monde*. Un an plus tard se déroulera le procès et la condamnation de l'astronome par l'Église. Giordano Bruno

---

1. Les liens entre musique et astronomie ont toujours été étroits au cours de l'histoire, de Pythagore à Einstein (cf. Dominique Proust, *L'Harmonie des sphères*, Dervy, 1990).

avait eu moins de chance en périssant sur le bûcher de l'Inquisition. Ce retard intellectuel considérable de l'Église a pour effet de bloquer tout essai de recherche et de nouveauté pendant tout le XVIIe siècle.

Le terme de *cosmologie*[2] n'apparaît que dans les années 1750, à travers les écrits de Wolff (1679-1754), Maupertuis (1698-1759), Lambert (1728-1777) ou Kant (1724-1804). On trouve les prémices des grands débats concernant la définition même de l'espace et du temps, ou les limites de l'Univers dans les échanges épistolaires passionnés et théâtraux entre Leibniz (1646-1716) et Clarke (1675-1729) en 1715-1716. Ces questions reviennent sous forme de traités magistraux dans les ouvrages de Suarez et surtout de Wolff : *Deutsche Metaphysik* (1720) et *Cosmologia generalis* (1731). Dans *L'Encyclopédie*, l'article sur la « Cosmologie » rédigé par d'Alembert (1717-1783) discute essentiellement du retour aux causes finales en physique, et du principe de moindre action. Newton lui-même avait rassemblé quelques rudiments d'ordre cosmique dans la question 31 de *L'Optique*, et conclut que l'Univers ne peut être né du chaos par le seul effet du hasard ou des lois naturelles. Un autre aspect déterminant des travaux de Newton est contenu dans le *Philosophiae naturalis principia mathematica* publié en 1687. Le savant anglais énonce la théorie de la gravitation, expliquant ainsi les lois de Kepler considérées jusque-là comme parfaitement empiriques. Jusqu'à l'ère de la relativité, la gravitation newtonienne rendra compte de toute la mécanique céleste, constituant ainsi la limite non relativiste de la théorie de la gravitation d'Einstein. Newton considère que les étoiles sont des Soleils distribués régulièrement, de telle manière que dans un tel espace infini, homogène et isotrope, aucune région ne soit privilégiée : c'est le principe cosmologique. Maupertuis discute l'ordre

2. Les lignes qui suivent s'appuient sur les actes du colloque « Histoire de la cosmologie » qui s'est tenu à l'Institut d'astrophysique de Paris en septembre 1994, publiés par François de Gandt et Christiane Vilain aux Presses de l'Observatoire de Paris.

de l'Univers dans son *Essai de cosmologie* de 1750, tandis que Thomas Wright (1711-1786) suggère, dans *An Original Theory or New Hypothesis of the Universe* (1750), que la Voie lactée est une galaxie en rotation, les étoiles se mouvant dans la même direction sans s'écarter d'un plan commun.

Le siècle des Lumières marque le chant du cygne de la métaphysique. Kant se montre particulièrement destructeur dans la *Critique de la raison pure*, où les penseurs des âges successifs s'entre-tuent dans l'arène métaphysique. La cosmologie doit, selon lui, se résumer à quatre interrogations : le monde a-t-il des bornes, est-il composé d'atomes, permet-il l'action libre, est-il accidentel et contingent, fait d'une suite de causes, ou bien est-il dépendant d'une cause supérieure ? Impressionné par les travaux de Wright, il suggère en 1755 que les nébuleuses diffuses, déjà observées par Galilée, peuvent être des galaxies distantes plutôt que des nuages de gaz chaud. L'Univers pourrait donc être homogène, validant ainsi le principe cosmologique à l'échelle des distances intergalactiques. Ces idées sont fortement défendues par Lambert qui conclut dans les *Kosmologische Briefe* que le système solaire et les étoiles sont en mouvement orbital autour du centre galactique, abandonnant ainsi les dernières réminiscences de modèle héliocentrique.

Il faut attendre le début du XIXe siècle pour que les idées évoluent, grâce aux formidables travaux de William Herschel, quittant sa tribune d'organiste à Bath pour entrer dans le cénacle astronomique en 1781 par sa découverte d'Uranus. À partir de cette époque, Herschel ne cesse de travailler dans tous les domaines de l'astronomie, étudiant aussi bien les objets du système solaire que les étoiles et tous les corps regroupés sous le vocable de « nébuleuses ». Son intuition des galaxies comme structures analogues à la Voie lactée résulte de milliers d'observations, ainsi que des travaux publiés de 1784 à 1811 dans sa *Construction of the Heavens*, d'abord par la certitude que notre propre Galaxie est un immense système d'étoiles « vu de l'intérieur », et ensuite en reconnaissant dans les « nébuleuses brillantes » d'Andromède, du Triangle ou de la Grande Ourse, des Voies lactées lointaines. De plus, ses observations des amas de galaxies de la Vierge et de la Chevelure de Bérénice l'amènent à supposer que toutes ces galaxies (et peut-être la nôtre) sont liées entre elles. Le travail d'Herschel ouvre donc la porte de la cosmologie observationnelle moderne. La notion d'« Univers-îles » chère à Kant devient une réalité, et l'idée d'organiser la matière intergalactique sous forme de groupes et d'amas de galaxies résulte des premières observations du Superamas local. Proctor (1837-1888) explique l'absence de galaxies dans le plan de la Voie lactée par la présence de poussière interstellaire. Le problème des échelles de distances extragalactiques ne sera cependant pas résolu au XIXe siècle. Il faut attendre les premières mesures de Hubble sur Messier 31 et Messier 33, en 1925.

Le célèbre paradoxe de Wilhelm Olbers (1758-1840) mérite quelque attention. Il s'énonce de façon très simple : *Pourquoi le ciel nocturne est-il noir ?* Si l'Univers infini est peuplé d'une quantité infinie d'étoiles, le fond du ciel devrait être au moins aussi lumineux que le Soleil, et nous devrions nous trouver plongés dans une fournaise permanente. Olbers justifie la noirceur de la nuit par la présence de vastes nuages de poussière interstellaire absorbant la lumière. Il explique que ces nuages n'ont pas eu le temps d'être chauffés, auquel cas ils finiraient par rayonner autant que les étoiles elles-mêmes, car ce processus a dû commencer récemment, posant ainsi la question de l'origine du temps. Nous verrons plus loin comment le paradoxe d'Olbers peut être résolu par la cosmologie moderne.

À la suite d'Herschel, les astronomes s'interrogent sur les causes mêmes de l'origine et de l'évolution des corps célestes. Laplace (1749-1827), dans son *Exposition du système du monde*, avance une hypothèse cosmogonique sur la formation du Soleil et des planètes à partir d'une nébuleuse originelle, qui reste cependant très éloignée d'une hypothèse cosmologique concernant l'Univers dans son ensemble. Il faut attendre les écrits d'Einstein en 1917 pour que la théorie prenne corps à partir, d'une part, de la reprise des discussions antérieures sur les limites du potentiel newtonien (peut-on l'étendre à l'ensemble de l'Univers ?) et, d'autre part, du fait que l'espace et la matière sont indissociables et que la détermination complète de chaque élément de physique est imposée par les autres. Les idées d'Einstein bénéficient des premières observations par Hubble de la récession des galaxies.

Relativité et espace-temps

Le début de la cosmologie moderne proprement dite remonte à la publication en 1929 de la découverte de la fuite des galaxies par Hubble, à partir de l'analyse du décalage des raies spectrales. Dans le contexte dramatique de la grande crise économique, cette découverte n'a pas un effet immédiat, et l'idée d'un Univers en expansion ne s'impose que très progressivement. Jusque-là, le cosmos était réduit à un immense espace statique, voire anthropocentrique jusqu'à un certain degré. Les idées cosmologiques s'étaient imposées avec lenteur, souvent malmenées dans les différents contextes historiques et sociologiques. Depuis le siècle des Lumières cependant, un courant novateur a fertilisé les concepts traditionnels : la pomme de Newton étant tombée, le fruit est mûr. Einstein va le ramasser :

> *Tout est courbe ici même et la toupie et l'homme.*
> *Regarde-nous, Seigneur, nous tournons tous en rond.*
> *L'Univers, même lui, est rond comme une pomme ;*
> *Einstein te l'a croqué avec une équation !*
>
> Léo Ferré, *Tête-à-tête*

Galilée, Newton et les autres

Il n'est pas possible, dans le cadre de cet ouvrage, d'expliciter en détail les travaux d'Einstein qui ont conduit à l'élaboration de la relativité. De nombreux livres en proposent un panorama complet. Nous nous limitons ici à un résumé des concepts de base, de leurs développements et de leurs applications en cosmologie. Les quelques formules mathématiques mentionnées peuvent être évitées, sans nuire à la compréhension du texte.

Il est étonnant de constater à quel point cette théorie très complexe repose sur des expériences d'une grande simplicité. La pierre angulaire de la relativité s'appuie sur la constance de la vitesse de la lumière : $c \simeq 300\,000$ kilomètres par seconde. Aucune particule ne peut être accélérée au-delà de cette valeur, aucun effet physique ne peut se propager à une vitesse supérieure à c, et aucun signal ne peut être transmis à une vitesse supérieure. Un autre aspect de la relativité consiste dans le choix d'un référentiel dont le concept même remonte à Galilée. Quel est, dans l'espace, le système de référence absolu ? La Terre tourne autour du Soleil, celui-ci se déplace dans la Galaxie, et cette dernière est soumise simultanément à un mouvement de rotation et un autre d'expansion. Les résultats d'une mesure changent d'un système à l'autre. Un voyageur marchant dans le wagon d'un train peut mesurer son mouvement aussi bien dans le référentiel « wagon » que dans le référentiel « gare », et les résultats sont alors très différents. Galilée avait compris qu'il n'existe pas d'expérience pouvant décider du mouvement ou du repos d'un solide, contrairement à la vieille physique aristotélicienne basée sur le principe de l'inertie. La notion de mouvement inertiel d'un corps n'a de sens que *relativement* à un autre.

Dans une transformation galiléenne classique, un premier observateur immobile de coordonnées (x, y, z, t) et un second observateur de coordonnées (x', y', z', t') se déplaçant en ligne droite à une vitesse v (*Figure 39*) sont liés à un instant donné par les équations de transformation :

$$x' = x - \mathrm{v}t \qquad y' = y \qquad z' = z \qquad t' = t$$

Ces transformations n'altèrent ni l'espace ni le temps, et l'interprétation de tout événement extérieur sera la même, que l'observateur soit au repos ou en mouvement. La description de l'événement ne peut pas être modifiée par le passage d'un système à l'autre. Ce « principe d'invariance » est un sésame pour donner aux lois de la nature la même forme mathématique dans les deux systèmes. La loi fondamentale

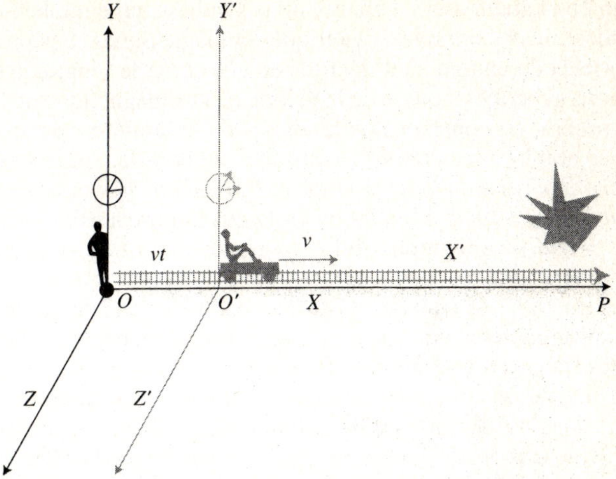

Figure 39 : *Deux observateurs, l'un fixe en O par rapport à un événement en P, et l'autre mobile en O', se déplaçant à la vitesse* v.

de la dynamique, par exemple, exprimant qu'une force est égale au produit de la masse inerte (m) par l'accélération (γ) :

$$F = m\gamma,$$

ne doit pas être altérée par le passage de l'immobilité au mouvement, c'est-à-dire par un changement du système de référence. Si ce bel édifice s'avère parfait dans le domaine de la mécanique classique, il va cependant subir une rude épreuve, confronté aux lois de l'optique.

La mécanique de la lumière

Un objet se déplaçant à la vitesse v pour un observateur immobile, est vu à la vitesse v′ pour un observateur se déplaçant à la vitesse w, avec :

$$v = v' + w.$$

C'est la loi de composition des vitesses. Dans le domaine des rayons lumineux, les expériences effectuées par Maxwell en 1864 aboutissent à un travail de synthèse qui englobe les phénomènes optiques, électriques et magnétiques. Les propriétés du champ sont décrites en une série de vingt équations générales, source de la théorie électromagnétique de la lumière. La constance de la vitesse de la lumière c est une des nombreuses conséquences de cette théorie. Autrement dit : *la vitesse de la lumière est indépendante du mouvement de l'observateur*. L'équation ci-dessus impose ainsi $v = c$ et $v' = c$, d'où une impossibilité flagrante au sens de la mécanique classique.

En 1887, Michelson et Morley résolvent cette contradiction en reprenant une ancienne idée de Fizeau, par la mesure des franges d'interférence d'une source lumineuse se propageant parallèlement au mouvement de révolution de la Terre (*Figure 40*). La vitesse de la lumière reste la même, que le rayon se propage dans le sens du mouvement de la Terre ou en sens inverse. Les deux physiciens apportent ainsi la confirmation expérimentale de la théorie de Maxwell.

Pour Einstein, les transformations classiques permettant de passer d'un référentiel à un autre doivent être remplacées par un jeu d'équations telles que la vitesse de la lumière sera conservée dans le changement de repère. Il faut donc agir simultanément sur le temps et la distance. Si un observateur fixe remarque simultanément deux événements séparés dans l'espace, cette simultanéité n'est pas perçue par un observateur en mouvement : c'est le principe de simultanéité. Einstein et Lorentz formalisent mathématiquement ce concept à l'aide d'un jeu d'équations de transformation. Soient deux observateurs, l'un fixe (x, y, z, t) et l'autre mobile (x', y', z', t') se déplaçant à la vitesse v, on a :

$$x' = \frac{x - vt}{\sqrt{1 - v^2/c^2}} \qquad x = \frac{x' + vt'}{\sqrt{1 - v^2/c^2}}$$

$$y' = y \qquad y = y'$$

$$z' = z \qquad z = z'$$

$$t' = \frac{t - v/c^2\, x}{\sqrt{1 - v^2/c^2}} \qquad t = \frac{t' + v/c^2\, x'}{\sqrt{1 - v^2/c^2}}$$

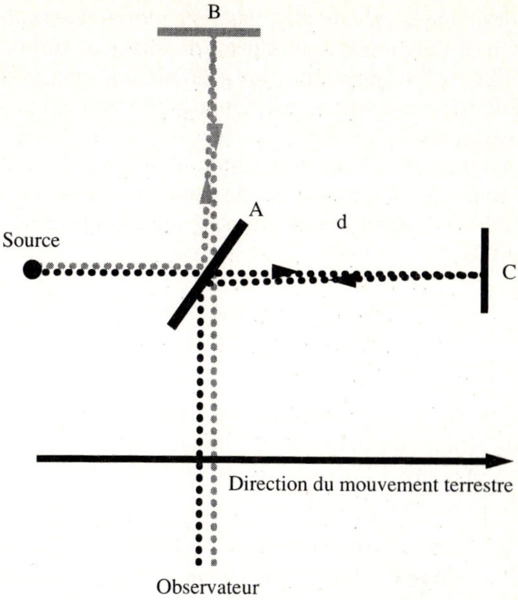

Figure 40 : *L'expérience de Michelson et Morley. La lame semi-réfringente en A divise le rayon lumineux en deux composantes.*

Ces transformations d'Einstein-Lorentz forment la clé de voûte de la théorie de la relativité restreinte. Si v est très petit devant *c*, on retrouve exactement la transformation galiléenne. Ces équations de transformation impliquent donc une déformation cinématique et, à la mécanique classique décrivant l'Univers, se substitue au début du XXe siècle la relativité restreinte dont la conséquence première est une contraction des longueurs entre un observateur fixe et un observateur mobile dans un rapport $\sqrt{1-v^2/c^2}$. Lorsque Baudelaire écrivait :

Je hais le mouvement qui déplace les lignes,

il ignorait que la mécanique relativiste réduirait les concepts galiléen et newtonien à une peau de chagrin, simples cas particuliers d'une physique plus générale. Indiscutablement, Baudelaire ne pouvait se promener qu'à une vitesse v, très petite devant *c* !

Les équations de transformation d'Einstein-Lorentz ont donc pour effet de provoquer une contraction des longueurs. La loi de composition des vitesses, mentionnée plus haut, devient :

$$v = \frac{v' + w}{1 + v w'/c^2}$$

De la même manière, une « contraction du temps » se produit pour l'observateur en mouvement. Si chacun des deux protagonistes dispose d'une horloge synchronisée au départ, celui qui se déplace à la vitesse v voit le temps se raccourcir dans le même rapport $\sqrt{1 - v^2/c^2}$. Le problème en fait est de savoir quel est le « temps vrai », car l'observateur en mouvement peut considérer qu'il est immobile, et que l'autre se déplace à la vitesse – v !

Distance et temps

Les conséquences majeures de la contraction de la longueur et du temps vont amener Einstein à élargir les concepts relativistes et à définir dans l'espace qui nous environne le concept d'espace-temps.

Dans une géométrie classique (ou pythagoricienne), la distance l d'un point de coordonnées x, y, z à son origine s'exprime par une quantité dl telle que :

$$dl^2 = dx^2 + dy^2 + dz^2,$$

distance parcourue par la lumière dans un intervalle de temps dt. Ces deux quantités dl et dt sont des invariants en relativité galiléenne, où tout changement de repère s'effectue par la loi de composition des vitesses.

La relativité d'Einstein utilise une « métrique » différente dans notre Univers à quatre dimensions. Comme la vitesse de la lumière est invariante, deux points voisins, émettant et recevant un même signal lumineux, de coordonnées (x, y, z, t) et $(x + dx, y + dy, z + dz, t + dt)$ sont liés par une grandeur scalaire ds^2 indépendante du référentiel dans lequel on se place pour la calculer, et telle que :

$$ds^2 = c^2dt^2 - dx^2 - dy^2 - dz^2.$$

Le terme ds est appelé « distance d'espace-temps ». C'est une combinaison à la fois des éléments de longueur dl et de temps dt de la géométrie classique. Ce concept d'espace-temps, introduit en 1908 par Minkowski, permet de formaliser la relativité d'Einstein. On pourrait philosopher à l'infini sur le nombre de dimensions de l'Univers. Notre physique repose sur les quatre coordonnées (x, y, z, t) dont la coïncidence est une condition nécessaire et suffisante à la rencontre de deux solides, en un lieu donné (x, y, z), à une heure donnée (t). Le jeu des quatre coordonnées permet aussi bien la collision de deux galaxies que la rencontre de deux amoureux sur le boulevard Saint-Michel. Diderot écrivait en 1777 à l'article « Dimension » de *L'Encyclopédie* : *J'ai dit plus haut qu'il était impossible de concevoir plus de trois dimensions. Un homme d'esprit de ma connaissance croit qu'on pourrait cependant regarder la durée comme une quatrième dimension et que le produit du temps par la solidité serait, en quelque manière, un produit de quatre dimensions. Cette idée peut être contestée, mais elle a, il me semble, quelque mérite, quand ce ne serait que celui de la nouveauté.*

Vitesse et précipitation

Ces deux termes cinématiques ne doivent pas, comme le dit le dicton, être confondus. Le passage d'une vitesse classique v à une vitesse relativiste proche de c a des conséquences autres que les effets de contraction de la longueur et du temps. En effet, la relativité s'applique à tous les domaines de la physique, agissant aussi bien au niveau de la dynamique des systèmes que dans les phénomènes de propagation. Dans le cas d'un corps de masse m_o au repos, se déplaçant à la vitesse relativiste v, les effets relativistes sont tels que la masse va augmenter en fonction de la vitesse, approchant une valeur infinie quand v tend vers *c* :

$$m = \frac{m_0}{\sqrt{1 - v^2 / c^2}}$$

On voit donc que l'accroissement de masse d'un corps dépend seulement du mouvement relatif de ce corps et de l'observateur, que ce dernier soit immobile ou non. Une conséquence directe de la mécanique relativiste est la fameuse relation d'Einstein [3] donnant l'équivalence entre matière et énergie :

$$E = mc^2.$$

Ces différentes relations montrent comment la relativité a rapidement supplanté une physique classique dont les concepts décrivaient correctement ce qui n'était en fait qu'une approche timide de la réalité. Celle-ci repose maintenant sur des concepts d'espace et de temps formant un continuum à quatre dimensions dans lequel on peut définir une constante, identique pour des observateurs se déplaçant à des vitesses données et différentes : c'est l'« intervalle » des événements. La physique classique nous enseigne que dans le vide, en un point de l'espace où ne s'exerce aucune force et où il n'y a pas de pesanteur, la lumière se propage

---

3. Nous ne pouvons pas résister au plaisir de reproduire ici les paroles de la chanson *Albert*, inspirée de la célèbre affiche montrant Einstein tirant la langue, et interprétée dans les années 1970 par le groupe de rock « Einstein » :

> *J'ai enfilé ma tenue de rocker pour sortir, et voilà qu'au coin de la rue,*
> *pour s'affranchir du poids des enquiquineurs,*
> *un vieil homme sur une affiche me tirait la langue,*
> *le type qui a mis au point la théorie de la relativité.*
> *Je ne sais pas pourquoi je ne m'étais pas aperçu avant*
> *qu'il ressemblait vraiment à un rocker*
> *qui aurait connu une théorie rock pour m'envoyer planer !*
> $E = mc^2$
> *Écoute ce que je te dis : Albert était un rocker ! Un rocker !*

en ligne droite. La relativité montre que la lumière ne se propage pas en ligne droite en présence d'un champ de gravitation, mais que cette trajectoire est en fait incurvée. Cet effet fut observé directement dans le voisinage du Soleil au cours de l'éclipse totale du 29 mai 1919. Au voisinage du disque solaire, les étoiles paraissaient déviées de leur position classique de 1"75 pour les astres les plus proches du bord solaire. Ces effets de déviation des rayons lumineux sont à l'origine des arcs et des mirages gravitationnels observés dans l'Univers.

L'ESPACE DE LA RELATIVITÉ GÉNÉRALE

La physique partage un point commun avec la politique : les principes totalitaires conduisent toujours à des impasses. La géométrie classique utilisait une magnifique série de théorèmes solidement emboîtés les uns dans les autres, sous le titre générique de géométrie euclidienne. Ces théorèmes reposent sur un certain nombre d'axiomes et de postulats dont le plus célèbre impose la ligne droite comme chemin le plus court pour aller d'un point à un autre. Mais l'Univers tel que nous le connaissons est rempli de matière, dont le champ de gravité agit sur la propagation des rayons lumineux. En outre, le continuum espace-temps à quatre dimensions que nous avons décrit ne peut plus s'accommoder d'une géométrie euclidienne classique. Au postulat d'Euclide affirmant que par un point on ne peut faire passer qu'une seule parallèle à une droite donnée, se substitue une géométrie parfaitement cohérente, dite de Riemann, affirmant que par un point donné on ne peut faire passer aucune droite parallèle à une droite donnée. La structure de l'espace de Riemann est caractérisée par la seule courbure de l'espace-temps. Cette géométrie fait appel à des procédés de calculs mathématiques avancés : les tenseurs. On peut l'appréhender par une image simple. Traçons d'abord un cercle sur une feuille de papier parfaitement plane et, ensuite, sur la surface d'un œuf. Dans le second cas, le rapport de la circonférence au diamètre est inférieur à π : on a toujours affaire à une surface à deux dimensions, mais cette dernière possède une courbure. Dans l'espace de Riemann [4], le principe de la relativité restreinte postulant l'équivalence de tous les systèmes d'inertie (un point matériel libre décrit une droite suivant un mouvement uniforme quel que soit le système de référence) s'étend aux systèmes accélérés suivant un principe de relativité qui sera lui aussi généralisé. Dans un espace non euclidien, les effets d'inertie sont le résultat de la courbure de l'espace-temps. Dans cet espace, le chemin le plus court s'appelle la *géodésique*, c'est-à-dire le trajet minimum, l'intervalle de deux points. Dans le cas particulier d'un espace euclidien, cette géodésique est une droite ; dans l'Univers, il s'agit d'une courbe.

En résumé, la généralisation de la relativité montre comment la matière contenue dans l'Univers impose à l'espace une courbure telle que tout mobile abandonné librement à lui-même décrit une géodésique. Ce concept réunit sous une seule règle le principe d'inertie et la loi de la pesanteur.

La gravitation

En raison du principe d'inertie, Newton avait exclu la gravitation de la mécanique, la considérant comme une force. Un objet abandonné librement à lui-même et soustrait à l'action de toute force garde sa vitesse et sa direction. La force de gravitation de Newton, clé de voûte de la mécanique céleste, se traduit pour deux corps de masse M_1 et M_2 à une distance r, par une attraction :

$$F = -G \frac{M_1 M_2}{r^2}$$

où G est la constante de la gravitation, soit $6{,}67 \cdot 10^{11}$ $m^3 \cdot kg^{-1} \cdot s^{-2}$. Pour supprimer en un lieu quelconque les effets de la gravitation, il suffit que l'observateur possède une vitesse convenablement accélérée : c'est le « principe

4. Dans cet espace, la métrique d'un point M de coordonnées u^i est donnée par le tenseur fondamental g_{ij}, fonction des u^i par :

$$ds^2 = g_{ij}\, du^i\, du^j.$$

d'équivalence » d'Einstein entre les effets de la pesanteur et ceux d'un mouvement accéléré. En raison de ce principe, il n'est pas possible de faire la distinction entre un système accéléré et un système au repos, dans la mesure où le premier, plongé dans un champ de gravité, devient identique au second. En d'autres termes, on peut dire qu'en raison du principe d'équivalence, il n'existe pas de procédé expérimental permettant à un observateur de déterminer son état dynamique, à savoir s'il est accéléré ou non. Les lois de la nature doivent, d'après Einstein, être les mêmes pour tous les observateurs, sans tenir compte de l'état dynamique de ces derniers. Nous sommes en présence d'une généralisation du principe d'invariance, indiquant que si deux individus, en mouvement quelconque l'un par rapport à l'autre, énoncent une loi de la nature, celle-ci sera mathématiquement formulée de façon exactement similaire.

Les conceptions d'Einstein sur la gravitation l'amenèrent à généraliser le lien existant entre le potentiel newtonien, dont la force de gravitation est une des conséquences, et le contenu en matière de l'espace. La forme classique de cette relation, connue sous le nom d'« équation de Poisson [5] », évolue par l'introduction d'une quantité appelée « tenseur énergie-impulsion » décrivant le contenu de l'espace en matière et en énergie. Les propriétés géométriques de l'espace-temps sont résumées dans un autre tenseur dit d'« Einstein ». Les équations de la relativité générale relient ces deux tenseurs suivant une loi de proportionnalité. Einstein obtient ainsi un système de dix équations aux dérivées partielles du second ordre. La formulation mathématique complète ne peut, en raison de sa complexité, être détaillée dans le cadre de notre propos [6]. On retiendra cependant

---

5. La relation de Poisson associe le potentiel de gravitation ϕ, la densité de matière ρ et la gravitation G suivant la formule :

$$\Delta\phi = 4\,\pi G\rho.$$

6. Le détail des calculs se trouve dans de nombreux ouvrages spécialisés traitant de la relativité. Pour les mathématiciens, si R_{ik} représente le tenseur exprimant les écarts en tous points entre la géométrie d'espace-temps

qu'en première approximation (faibles masses et densité, grande distance entre chaque masse), on retrouve les équations de Newton, ainsi que la conservation de la quantité de mouvement et de l'énergie cinétique.

De la relativité à la cosmologie

La puissante synthèse de la relativité générale montre comment le contenu matériel de l'espace impose une courbure générale dont la gravitation n'est que l'indice. L'application directe de la relativité généralisée à l'Univers est entreprise dès 1917 par Einstein lui-même, ainsi que par quelques physiciens dont De Sitter et Friedmann. Einstein pose l'hypothèse d'un Univers homogène et isotrope dans lequel les étoiles sont uniformément distribuées. En outre, il ajoute un terme supplémentaire à ses équations, la « constante cosmologique », afin de les rendre résolubles. Trois solutions « statiques » sont proposées. La première, calculée par Einstein lui-même en 1917, s'avère incomplète car elle ne parvient pas à rendre compte de la récession des galaxies. La deuxième solution aboutit à définir un espace-temps, dit de Minkowski, caractérisé par une géométrie hyperbolique. Enfin, Willem de Sitter, astronome néerlandais, propose une troisième solution en 1917, dans laquelle une analogie semble établie avec le mouvement de récession des galaxies à partir de l'existence d'un point central de l'Univers. Malheureusement, la solution de De Sitter correspond à un Univers vide de matière ; aucune des trois solutions n'est véritablement satisfaisante.

---

et la géométrie euclidienne (appelé aussi tenseur de Ricci), et si g_{ik} est le tenseur métrique donnant la distance entre deux points voisins de l'espace-temps, les équations de champs s'écrivent :

$$R_{ik} - 1/2\, R g_{ik} = -(8\pi/c^4)\, G T_{ik}$$

où c est la vitesse de la lumière, G la constante de la gravitation universelle, R la courbure de l'espace de Riemann en un point donné, et T_{ik} le tenseur énergie-impulsion (contenant toutes les formes d'énergie, y compris la pression et le champ électromagnétique).

Alexandre Friedmann, mathématicien russe, propose en 1922 une solution non statique sous forme d'espaces homogènes et identiques les uns aux autres. Ces solutions décrivent correctement la géométrie instantanée des espaces courbes, ainsi que leur devenir temporel. Georges Lemaître reprend en 1927 la solution de De Sitter, et recherche une compatibilité des solutions avec la toute jeune loi d'expansion des galaxies découverte à la même époque par Hubble. Cette dernière découverte est la cerise sur le gâteau. Grâce à elle, les solutions statiques tombent définitivement aux oubliettes, au profit de modèles cosmologiques relativistes dans lesquels les dimensions de l'Univers R croissent avec le temps t : R (t) est donc une fonction du temps, avec R = 0 à $t = 0$.

Ce modèle cosmologique, aussi remarquable soit-il, ne résout cependant pas toutes les questions. Einstein lui-même faisait remarquer que cette théorie n'est pas à proprement parler une explication, mais une représentation des phénomènes. Elle possède cependant ce caractère particulièrement original de mettre en scène le temps, non plus comme un absolu, mais simplement comme un paramètre amalgamé aux trois autres paramètres spatiaux. Lemaître imagine déjà que les galaxies étaient plus proches les unes des autres par le passé à l'intérieur d'un Univers plus petit et plus chaud, à un point tel qu'au stade initial la matière devait exister sous forme d'un nuage d'atomes en contact, à très haute température : c'est la célèbre théorie de l'atome primitif.

À la suite de Lemaître, Robertson et Walker trouvent des solutions particulièrement élégantes assimilant les galaxies à des particules libres plongées dans l'espace-temps, et dont les trajectoires, sous l'effet de l'expansion, sont les géodésiques. À ce mouvement, ils associent un référentiel adapté, dans lequel les galaxies possèdent des coordonnées spatiales qui restent constantes. Les déformations dans le temps de ces coordonnées dites « comobiles » sont ainsi assimilées à des déformations dans l'espace. Cette métrique de l'espace-temps de Friedmann, complétée par Robertson et Walker, représente la clé de voûte de la géométrie de l'Univers.

La géométrie de l'Univers

On parlait d'Univers.
On en calculait le rayon, l'élargissement.
Je demandais ce qu'on entendait par ce mot,
Je n'obtins rien de bon.
L'un me dit : c'est une sphère, en dehors
de laquelle il n'y a rien.

Paul Valéry, *Mélange*

Si les modèles cosmologiques uniformes non statiques décrivent remarquablement l'espace qui nous entoure, ils reposent cependant sur un certain nombre de quantités qui sont soit approximatives, soit inconnues. Les résultats fondamentaux permettent de considérer l'Univers comme un gaz de galaxies en expansion dans un espace homogène et isotrope. La meilleure représentation consiste à dessiner des points sur un ballon en caoutchouc et à le gonfler : les points symbolisant les galaxies s'éloignent les uns des autres. Dans cet espace en expansion, il n'y a pas de position privilégiée.

Une des contraintes imposées par le principe d'homogénéité et d'isotropie (principe cosmologique) consiste à n'admettre que des solutions correspondant à des espaces de courbure constante. La métrique de Friedmann, Robertson et Walker contient un terme k qui ne peut alors prendre que l'une des trois valeurs -1, 0 ou 1. La *Figure 41* montre comment la géométrie spatiale $R(t)$ de l'Univers évolue en fonction du temps t :

– pour $k = -1$, $R(t)$ a une courbure négative. L'espace présente une structure hyperbolique à trois dimensions ;

– pour $k = 0$, la courbure de l'espace-temps est nulle. L'Univers est parfaitement euclidien ;

– pour $k = 1$, on a un espace sphérique dont le rayon de courbure positif varie au cours du temps suivant une cycloïde.

La célèbre constante de Hubble $H(t)$, qui s'exprime en kilomètres par seconde et par mégaparsec, définie par :

$$v = H(t)\,r$$

où r est la distance d'une galaxie et v sa vitesse de récession,

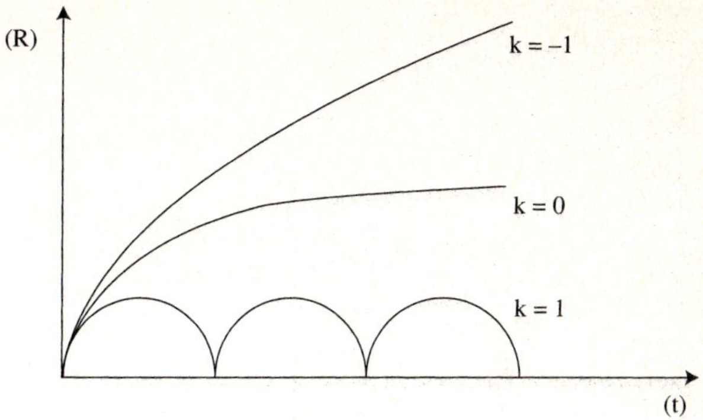

Figure 41 : *Évolution du rayon de l'Univers en fonction du temps pour les trois valeurs caractéristiques de* k.

mesure le taux d'expansion de l'Univers. La vitesse de récession v d'une galaxie s'obtient à partir du décalage vers le rouge z de son spectre en raison de l'effet Doppler-Fizeau :

$$v = cz$$

où c est la vitesse de la lumière. Le problème, cependant, est de savoir comment cette relation de Hubble, qui s'applique dans sa forme brute pour les faibles décalages spectraux, se comporte dans l'espace-temps. Dès que les vitesses de récession deviennent importantes (*Figure 42*), le décalage et la vitesse sont liés par :

$$z = \frac{1 + v/c}{\sqrt{1 - v^2/c^2}} - 1$$

Il est donc préférable de définir une constante de Hubble H_o, valable pour l'époque actuelle, dont la valeur s'exprime en fonction du facteur d'échelle R (t) de l'Univers :

$$H_0 = \frac{1}{R}\,\frac{dR}{dt}$$

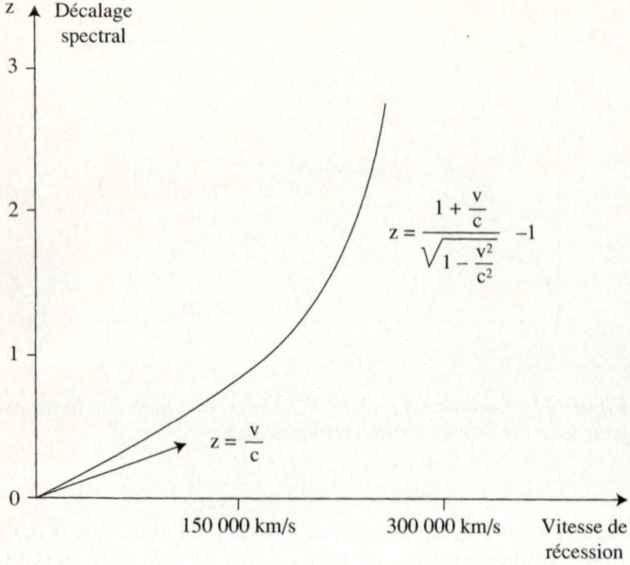

Figure 42 : *Évolution du décalage spectral en fonction de la vitesse de récession. Aux faibles vitesses, la relation de Hubble est représentée par une droite.*

On peut ainsi calculer l'âge de l'Univers, qui est ici égal à $1/H_o$, soit une douzaine de milliards d'années. Cette valeur s'accommode mal de l'âge des plus vieux objets rencontrés comme les amas globulaires, estimés à 15 milliards d'années. Einstein a introduit dans ses équations un terme appelé constante cosmologique dont le rôle majeur était de permettre de résoudre les équations de la relativité générale. Or elle peut être assimilée à une force s'opposant à la gravitation, si sa valeur est positive. L'Univers est alors plus âgé que ne l'indique le temps de Hubble. Un des problèmes majeurs de la cosmologie consiste donc à évaluer cette constante.

En mécanique classique, la vitesse est la dérivée première d'un mouvement R par rapport au temps, soit dR/dt. L'accélération est obtenue par la dérivée seconde d^2R/dt^2. La présence de matière visible dans l'espace sous forme de galaxies, et de matière noire non encore détectée, pose le problème de connaître la véritable densité de l'Univers. Celle-ci agit sous forme d'une force de gravitation opposée au mouvement d'expansion. Il existe donc un terme en dérivée seconde qui ralentit l'expansion de l'Univers. Il se nomme paramètre de décélération, et se note q_o [7]. La conséquence est que plus la masse de l'Univers est élevée, plus l'expansion est freinée. Si la densité est assez grande (c'est-à-dire si q_o est supérieur à 0,5 dans les équations), l'expansion de l'Univers sera stoppée. Une phase de contraction au cours de laquelle les galaxies vont tomber les unes sur les autres (leur spectre montrant alors un décalage vers le bleu) succédera à l'expansion. Le stade ultime de cette implosion peut s'imaginer sous la forme d'un monumental collapse gravitationnel (Big Crunch) d'où, tel le Phénix, un nouvel Univers peut renaître de ses cendres. Dans le cas où la densité est faible (q_o inférieur à 0,5), l'Univers est en expansion indéfinie, la décélération diminuant progressivement. Il existe une phase intermédiaire, appelée densité critique, et estimée à seulement $5 \cdot 10^{-30}$ grammes par centimètre cube (soit 5 atomes d'hydrogène par mètre cube) équilibrant parfaitement expansion et gravitation ; la géométrie de l'espace est alors plate, et l'expansion dure indéfiniment.

On voit ici l'importance majeure de la détermination de la masse cachée dans l'Univers. À partir de la densité critique ρ_c qui équilibre l'expansion, et de la densité réelle ρ, les astronomes utilisent le « paramètre de densité » Ω, tel que :

$$\Omega = \rho / \rho_c$$

en s'interrogeant afin de savoir si Ω est inférieur ou supérieur à 1.

En conclusion, si les solutions issues des équations de la relativité générale décrivent remarquablement l'espace-temps en expansion qui nous environne, l'évolution globale

7. Sa valeur est donc : $q_o = - 1/H_o{}^2 \, 1/R_o \, d^2R_o/dt^2$.

de l'Univers dépend du trio infernal, défini par la constante de Hubble (H_o), du paramètre de décélération (q_o) et du paramètre de densité (Ω). En outre, l'âge de l'Univers est intimement dépendant de la valeur de la constante cosmologique (notée Λ dans les équations de la relativité).

Métastrophysique

L'Univers dans lequel nous vivons n'est pas très éloigné d'un univers plat. Or, de petites différences introduites dans les paramètres des modèles cosmologiques aux tout débuts de l'Univers aboutissent à des univers totalement différents à l'époque actuelle. Cette proximité du modèle à courbure nulle avait, a priori, bien peu de chance d'être réalisée. De même, il suffisait d'une toute petite modification des constantes physiques, comme la masse de l'électron ou la constante de la gravitation, pour que l'histoire soit radicalement modifiée. L'existence même des étoiles, par exemple, deviendrait impossible. Ainsi, le simple fait que nous existions et que nous puissions observer l'Univers pose des contraintes sur la physique. D'une certaine façon, tout se passe comme si les constantes fondamentales avaient été finement ajustées pour produire l'Univers tel qu'il est.

De nombreux auteurs ont, ces dernières années, glosé autour de ce « principe anthropique ». Sans entrer dans le débat, celui-ci serait utile, dans une version « souple », s'il permettait effectivement de déduire des valeurs de constantes physiques sans faire d'expérience et sans sortir de sa chambre. Il y aurait une indéniable élégance à pouvoir dire : « Puisque j'existe, la constante de Hubble doit être comprise entre telle et telle valeur ; l'Univers est obligatoirement fermé », etc. Mais ce n'est pas exactement le cas. La version « dure » est plus pernicieuse, et glisse insensiblement du « puisque » au « pour que » (c'est pour que j'existe que l'Univers est tel qu'il est), ce qui ne semble guère plus sérieux que le finalisme ancien qui voyait partout la main de Dieu au service exclusif de l'homme, sa créature suprême. Le mouvement des marées était ainsi expliqué parce qu'il facilite le trafic dans les ports, et les côtes du melon parce qu'elles aident à le partager équitablement à la table familiale. Il est vain de discuter davantage du « heureux hasard » qui a produit un Univers viable. Par définition, s'il ne l'était pas, nous ne pourrions pas en discuter.

LE BIG BANG

Einstein, De Sitter, Lemaître, Friedmann, Robertson et Walker ont ouvert le champ de la cosmologie « physique », dont un des buts est d'analyser les états de la matière dans un Univers plus condensé et plus chaud. La recherche des origines du monde amena tout logiquement à imaginer un état initial du cosmos, sorte de point zéro à l'origine du temps et de l'espace. Le succès du modèle relativiste ne fut pas sans débordements, et fut soumis à une large tentative de récupération [8]. Ce modèle avait déjà l'avantage de tordre le cou une fois pour toutes au vieux paradoxe d'Olbers. Les étoiles peuplant les galaxies ont, en raison de la récession, leur lumière décalée vers l'infrarouge ; celle-ci ne peut donc contribuer au rayonnement visible, ce qui explique pourquoi le ciel nocturne reste sombre.

---

8. Dans *L'Astronomie* (*Encyclopédie de la Pléiade*, 1962), on découvre avec intérêt le texte suivant du communiste Paul Labérenne : *La discussion a pris un caractère métaphysique lorsque quelques savants fidéistes comme Lemaître et Eddington prétendirent utiliser un modèle expansionniste extrapolant sur des milliards d'années, pour justifier l'hypothèse d'une création surnaturelle du monde, tentative qui a été publiquement encouragée par le pape Pie XII, lors d'une intervention à l'Académie pontificale en 1951. Ce dernier aperçu sur les rapports entre l'astronomie et la philosophie, qui nous a ramenés une fois encore au vieux débat entre science et religion, serait incomplet si nous ne mentionnions pas, d'autre part, les efforts des savants qui se réclament du marxisme, des savants soviétiques en particulier, pour éclairer les problèmes astronomiques à l'aide du matérialisme dialectique, lequel, comme on le sait, répudie le mécanisme scientiste et donne une importance fondamentale aux notions d'évolution, de contradiction et de transformation brusque.*

La cosmologie est à l'origine du modèle du Big Bang ; on peut parfois y trouver aussi le Big Bêtisier. Il est exact que Pie XII associa imprudemment le Big Bang à la Genèse, mais Lemaître, bien que prêtre catholique, eut la sagesse de ne pas amalgamer ses convictions à son travail, et demanda au pape de revenir sur sa déclaration.

À l'aide des solutions de la cosmologie, de nombreux astronomes tentent une description globale de l'origine et de l'évolution de l'Univers. Certains se sont risqués à réfuter l'expansion en introduisant une théorie dite de « la lumière fatiguée », responsable selon eux du décalage spectral. Ces tentatives se sont soldées par un échec. Le célèbre modèle dit de « l'état stationnaire », proposé dans les années 1940 par Fred Hoyle et Georges Gamow, repose sur la conception d'un espace infini dans lequel de nouvelles galaxies créées ex nihilo viennent remplacer celles qui s'éloignent, afin de respecter le principe cosmologique d'un espace identique à lui-même en tous points. Cette théorie rejette totalement ce que Hoyle appelle par dérision un « Big Bang » : l'expression fera pourtant long feu ! Prendre l'expansion de l'Univers à rebours implique nécessairement d'imaginer d'abord que les galaxies observées sont d'autant plus jeunes qu'elles sont éloignées, ensuite que celles-ci devaient être plus proches les unes des autres dans un espace plus chaud. Le Big Bang impose des conditions initiales extrêmes de température et de densité, où la matière se serait brusquement libérée sous forme d'une expansion brutale. Il est commode de représenter ce début par une « explosion ». En fait il s'agit d'une représentation imagée du premier instant. Nous utiliserons cependant cette terminologie dans la suite, afin de souligner le caractère violent et soudain du début de l'Univers.

Des signes qui ne trompent pas

De l'Univers statique admis par la tradition, nous sommes passés, au cours du XXe siècle, à un Univers dynamique dont la loi d'expansion est une propriété globale. Ce concept est à l'origine de toute l'astrophysique moderne, car il permet d'étudier la matière dans un contexte d'organisation et d'évolution.

Les progrès considérables de la cosmologie observationnelle ont permis de construire un scénario cohérent de l'histoire de notre Univers depuis le Big Bang. Les télescopes optiques permettent de voir à la fois plus loin et plus tôt ; l'instrumentation globale utilisée au sol ou dans l'espace fournit maintenant de véritables preuves d'un espace à l'origine chaud et dense, dont le début est marqué par un violent cataclysme. L'étude des quasars les plus lointains révèle des décalages spectraux approchant $z = 5$. Nous avons ici, comme le montre la Figure 42, une vérification en laboratoire des effets relativistes, en gardant à l'esprit la « barrière infranchissable » de la vitesse de la lumière sur laquelle est basée la physique.

Le fond de rayonnement cosmologique

La fuite des galaxies n'est pas le seul phénomène observé confirmant la réalité du Big Bang et de l'expansion cosmique. Si nous avons maintenant toutes les raisons d'admettre que l'Univers que nous observons a commencé il y a une quinzaine de milliards d'années, c'est aussi parce que les calculs de nucléosynthèse, entrepris par Gamow en particulier, aboutissaient à l'existence d'un rayonnement fossile issu du Big Bang dont la température de devait pas excéder quelques degrés Kelvin. Il fallait donc mettre ce rayonnement de corps noir en évidence, comme preuve d'un Big Bang chaud (et sonnant le glas de l'état stationnaire préconisé par Hoyle). Robert Dicke entreprend en 1960 la construction d'une antenne afin de rechercher le rayonnement fossile. Mais en 1965, Arno Penzias et Robert Wilson, au moyen d'un radiotélescope installé dans le New Jersey, montrent que l'espace baigne dans une émission radio isotrope à une fréquence de 4 080 mégahertz, et correspondant à une température de 3 degrés Kelvin. Cette lueur nous arrivant du fond de l'espace et du temps et qui est absolument la même quelle que soit la direction de l'observation, nous renseigne sur l'état de l'Univers à ses débuts. La matière originelle étant d'une constitution et d'une température parfaitement homogènes, tous les photons se sont libérés en même temps. Le rayonnement n'a subi qu'un lent refroidissement au cours du temps, tout en conservant ses caractéristiques initiales.

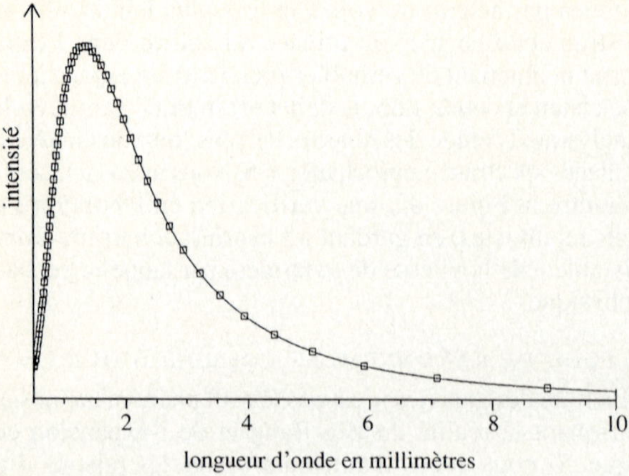

***Figure 43** : Spectre de rayonnement du fond cosmologique, identique à un rayonnement de corps noir.*

La découverte du rayonnement cosmologique eut un retentissement énorme, mais, en science, le risque dénoncé par Paul Valéry : *un fait mal observé est plus perfide qu'un mauvais raisonnement*, subsiste toujours. Pour cette raison, loin de remettre en cause la découverte de Penzias et Wilson, les astronomes cherchent à confirmer l'existence du fond de rayonnement cosmologique par des observations effectuées à d'autres longueurs d'onde. Un premier résultat est fourni par l'antenne de Dicke, mais ce n'est que par le lancement du satellite COBE (*COsmic Background Explorer*), en 1990, que la preuve finale est apportée. Mesurée sur une cinquantaine de fréquences, la température du rayonnement fossile est de 2,726 degrés Kelvin, à 0,01 près. La *Figure 43* montre le spectre du fond cosmologique. Celui-ci a la forme d'un rayonnement de corps noir parfait, comme le prévoit la théorie.

Ce rayonnement de fond cosmologique, associé à la récession des galaxies, est un des arguments majeurs en faveur du

Big Bang. En outre, la convergence des résultats observationnels en faveur du Big Bang est tout à fait significative. D'autres tests observationnels, que nous allons passer en revue, viennent encore renforcer cette théorie.

Les premiers éléments

La nucléosynthèse est par son essence même la trame à partir de laquelle s'écrit l'histoire de la matière. Elle ne peut se comprendre qu'à l'aide d'un modèle cosmologique cohérent, serrant au plus près les observations. À l'intérieur de ce modèle, on introduit les différentes sortes de particules connues à ce jour, tout en les faisant interagir entre elles à l'aide des quatre forces de la nature. Outre le rayonnement à 3 degrés et le mouvement de fuite des galaxies, les astrophysiciens ont trouvé, en mesurant l'abondance en hélium 4 primordial, un argument supplémentaire en faveur de la réalité du Big Bang. Cette abondance est remarquablement constante dans toutes les directions de visée, conduisant à la conclusion logique que tous les noyaux d'hélium se sont formés « à la même époque ». Dans le cas contraire, nous devrions trouver de grandes différences d'abondances parmi les étoiles d'âges différents, ce qui n'est pas le cas. De plus, les réactions nucléaires ont permis la formation d'autres noyaux, l'hélium 3, le deutérium et le lithium 7. Leurs abondances relatives observées s'accordent remarquablement avec les calculs théoriques des physiciens sur les taux de réaction.

Un vide à combler

Nous disposons ainsi d'un trio d'arguments, récession des galaxies, fond de rayonnement cosmologique et abondance d'hélium primordial, qui apporte de l'eau au moulin du Big Bang. Bien entendu, de nombreuses questions subsistent, ne serait-ce que la connaissance de la quantité de matière présente dans l'Univers. Ce que nous observons dans le domaine visible n'est que la contribution des étoiles. L'équilibre dynamique des galaxies implique la présence d'une grande quantité de masse cachée dont dépend l'expansion du cosmos. Cette matière sombre pourrait exister sous forme de neutrinos, leur nombre considérable suffisant peut-être à compléter la masse manquante dans l'Univers. Le problème cependant est de savoir si ces particules ont une masse, et de la mesurer. Bien sûr, la présence de gaz diffus très chaud émettant dans le domaine des rayons X au sein des amas et des groupes de galaxies permet de donner du corps à un espace encore rachitique. Dans l'état actuel des connaissances, on ignore quelle est la contribution des étoiles « naines brunes » dont la détection par effet de microlentille n'est encore qu'à son début. Ces astres seraient en quelque sorte des avortons d'étoiles où, faute d'une masse suffisante, les réactions nucléaires n'auraient pu se déclencher. C'est un peu le cas de Jupiter, dont les caractéristiques en font une planète à part ; astre fluide dont la composition chimique est analogue à celle du Soleil, il lui aurait fallu une masse environ 100 fois supérieure pour devenir un Soleil-bis. Néanmoins, Jupiter possède son propre rayonnement dans l'infrarouge, avec une luminosité égale à $3 \cdot 10^{-7}$ fois celle du Soleil. Les astronomes mettent beaucoup d'espoir dans la détection de tels objets par l'amplification lumineuse que doivent produire ces corps en passant devant une source. Il en sera question dans le prochain chapitre. À ce jour, le dépouillement de clichés comportant plusieurs millions d'étoiles a permis de détecter quelques événements lumineux. Leur interprétation n'est pas encore bien assurée.

Enfin, on ne peut totalement exclure la présence de particules massives encore inconnues auxquelles les physiciens donnent le nom générique de « WIMPS » (*Weakly Interacting Massive ParticleS*). Les théories les plus récentes de cosmologie utilisent des procédés mettant en jeu des « cordes cosmiques » et des « supersymétries », dont ces particules seraient une conséquence. On les définit comme une variété de neutrinos lourds soumis à la force d'interaction faible. Il serait cependant prématuré de s'aventurer plus loin, car nous atteignons ici les limites des connaissances cosmologiques de la fin du XXe siècle. Il ne fait aucun doute que les progrès rapides de la cosmologie observationnelle permettront de remplir le Grand Panier Cosmique avec les ingrédients nécessaires.

Und es ward Licht

Dans l'oratorio *La Création* de Joseph Haydn, un double forte (*ff*) illustre le passage : *Es werde Licht… und es ward Licht* (et ce fut la lumière !). Haydn composa son œuvre quelque temps après avoir rendu visite à Herschel, et après s'être imprégné, au contact de l'astronome, des théories d'Emmanuel Kant sur l'origine de l'Univers. Comment mieux traduire musicalement cet instant d'exception sur lequel toute notre physique contemporaine et notre vision du cosmos reposent !

À l'aide des solutions issues des équations de la relativité et des résultats provenant des observations multiples, les chercheurs sont parvenus à retracer le cours des événements en s'aidant d'une véritable herméneutique du Big Bang (ou, pourquoi pas, du « Grand Pan » ?) aboutissant à l'élaboration d'une partition cohérente, mais non dépourvue encore de fausses notes.

Le commencement du début

Bien qu'aucune théorie ne soit totalement satisfaisante pour décrire les débuts de l'Univers, les découvertes successives telles que la fuite des galaxies ou le rayonnement cosmologique à 3 degrés Kelvin ont permis de construire un modèle cohérent issu d'un phénomène cataclysmique initial, ou Big Bang, qui se serait produit il y a 15 milliards d'années. Les différentes étapes de l'évolution de l'espace et de la matière dans les premiers instants constituent un agencement complexe d'événements successifs que nous allons décrire. Malheureusement, l'histoire ne peut être décrite à partir de $t = 0$, non pas par une ultime pudeur à relents métaphysiques, mais tout simplement parce que la physique utilisée se heurte à une barrière appelée « limite de Planck » au-delà de laquelle les physiciens sont actuellement incapables de décrire l'état de quoi que ce soit. Franchir cette limite ne peut être envisageable qu'en disposant d'une théorie dite de « gravitation quantique » qui reste à établir. Il est indéniable, pour reprendre un calembour d'Hubert Reeves, que *le début de l'Univers se planque derrière Planck*, aussi nous commençons l'échelle du temps à 10^{-43} seconde. Dans ce premier instant physiquement envisageable, matière et énergie sont contenues dans un faible espace porté à des températures extrêmes, de l'ordre d'un milliard de milliards de milliards de degrés (10^{27} degrés Kelvin), soit une énergie par particule phénoménale : 10^{19} giga-électrons-volts (dans le cœur d'une étoile, les réactions nucléaires dégagent une énergie de « seulement » quelques méga-électrons-volts). Cet espace est rempli de particules élémentaires telles que les quarks, les mésons, les gluons, etc.

Un des aspects les plus étonnants de la nature se traduit par le fait que l'ensemble de la matière de l'Univers peut se décrire pour l'instant, et à un certain niveau, à l'aide de quatre forces : gravitationnelle, électrostatique, d'interaction faible et d'interaction forte. Cette remarquable propriété souligne l'extrême simplification de l'organisation de la matière : à lui seul, ce quatuor des forces est capable d'expliquer l'évolution de la matière dans l'Univers depuis le Big Bang. Le *Tableau 44* donne les caractéristiques de ces forces, et leur intensité relative, l'interaction nucléaire forte étant prise pour l'unité :

Force	**Caractéristique**	**Intensité relative**
Gravitation	masse	$\sim 10^{-39}$
Électrostatique	charge	~1/137
Nucléaire forte	nucléon	1
Nucléaire faible	lepton	$\sim 10^{-11}$

Tableau 44 : *Les quatre interactions dans l'Univers.*

Dans les conditions initiales extrêmes, la physique ne peut se décrire qu'à travers des théories dites de « grande unification », où les quatre forces se trouvent réunies en une force unique. La masse et l'énergie sont équivalentes, et la collision de deux photons peut donner une particule et son antiparticule. Inversement, la collision d'une particule et de son antiparticule restitue de l'énergie sous forme d'un photon. L'espace n'est qu'un tumulte de photons et de quarks, particules constituantes élémentaires de la famille des hadrons (neutrons et protons).

Selon ces scénarios, une infime fraction de seconde après l'explosion de l'Univers, la gravitation se différencie des autres forces (encore unifiées) pour devenir responsable des interactions à longue distance de la matière. Parmi les autres forces, la force électromagnétique est celle dont l'action prédomine, les deux autres, les interactions nucléaires faible et forte, ne jouant un rôle qu'à l'intérieur des noyaux atomiques. Les interactions nucléaires fortes vont à leur tour se différencier du couplage entre interactions nucléaires faibles et force électromagnétique, précipitant l'Univers dans une phase d'expansion rapide : l'inflation. Cet Univers devient une soupe bouillante d'électrons, de positrons (électrons chargés positivement), de neutrinos et d'antineutrinos, de protons, de neutrons, de photons et de quarks libres.

La nucléosynthèse primordiale

Une seconde seulement après le Big Bang, la température est descendue à 10 milliards de degrés. À ce moment, la force électromagnétique et les forces nucléaires d'interaction faible se dissocient également. À de telles températures, les particules évoluent sous l'effet des réactions nucléaires, profitant de la liberté offerte par la dissociation des quatre forces. Cependant, au bout des trois premières minutes fatidiques, l'Univers s'est refroidi à une température de 1 milliard de degrés et les réactions nucléaires se ralentissent. La dernière réaction possible permet la transformation d'une partie des neutrons en protons.

Pendant les 100 000 ans qui vont suivre, l'Univers tout

entier est baigné du rayonnement consécutif au Big Bang. Matière et rayonnement sont intimement couplés : là où la densité de matière est plus élevée, le rayonnement l'est aussi. La fusion des protons et des électrons donne naissance aux neutrons, permettant aux premiers noyaux atomiques de voir le jour[9] : le deutérium, l'hélium 3, le lithium 7 et l'hélium 4.

Les protons et les neutrons n'ayant pas réagi lors du Big Bang forment le tissu d'hydrogène que nous observons aujourd'hui. Mais comme la première réaction nucléaire issue du Big Bang conduit à la formation de l'hélium 4, ces

---

9. Dans les conditions extrêmes de température et de pression de l'Univers primordial, les particules évoluent, créant un équilibre statistique mutuel :

$$^{1}\mathrm{H} + e^{-} \rightleftharpoons {}^{1}n + \nu$$
$$^{1}n + e^{+} \rightleftharpoons {}^{1}\mathrm{H} + \tilde{\nu}$$

Le premier pas autorisant la synthèse de noyaux plus complexes, telle que la combinaison d'un proton et d'un neutron sous l'effet de la force nucléaire attractive afin de former un noyau de deutérium $^{2}\mathrm{H}$, n'est pas possible à des températures aussi élevées que celles de l'Univers primordial, car un tel noyau est instantanément désintégré. C'est ici qu'entre en jeu le processus de refroidissement obéissant à la loi des gaz : leur compression augmente la température, leur dilatation la diminue. Or, sous l'effet de l'expansion de l'Univers, quelques minutes seulement après le Big Bang, la température descend à 1 milliard de degrés, ce qui permet la chaîne de réactions suivantes :

$$^{1}\mathrm{H} + {}^{1}n \rightarrow {}^{2}\mathrm{H} + \gamma$$
$$^{2}\mathrm{H} + {}^{1}n \rightarrow {}^{3}\mathrm{H} + \gamma \ ; \ {}^{3}\mathrm{H} + {}^{1}\mathrm{H} \rightarrow {}^{4}\mathrm{He} + \gamma$$
$$^{2}\mathrm{H} + {}^{1}\mathrm{H} \rightarrow {}^{3}\mathrm{He} + \gamma \ ; \ {}^{3}\mathrm{He} + {}^{1}n \rightarrow {}^{4}\mathrm{He} + \gamma$$
$$^{3}\mathrm{He} + {}^{4}\mathrm{He} \rightarrow {}^{7}\mathrm{Be} \ ; \ {}^{7}\mathrm{Be} + e^{-} \rightarrow {}^{7}\mathrm{Li} + \nu$$

La formation des noyaux plus lourds que le lithium 7 dans le Big Bang est stoppée par le fait que les noyaux ayant des nombres de masse égaux à 5 et 8 sont extrêmement instables (effets quantiques analogues aux instabilités chimiques des métaux alcalins).

Au bout des trois premières minutes, l'Univers s'est refroidi à un point tel que les réactions nucléaires ne peuvent plus s'enchaîner. La dernière réaction possible permet la transformation d'une partie des neutrons n en protons p :

$$^{1}n \rightarrow p + e^{-} + \tilde{\nu}.$$

deux éléments constituent jusqu'à 98 % de la matière intersidérale, rassemblée essentiellement dans les étoiles.

Au cours de ces 100 000 ans, l'Univers continue à se dilater et à se refroidir, sa « couleur » passant progressivement de l'ultraviolet au jaune, à l'orange, puis au rouge. Les collisions entre les particules chargées et les photons ne permettent pas à ceux-ci de voyager très loin en ligne droite : l'Univers primordial est opaque. La situation change progressivement lorsque la température décroît au bout de quelques centaines de milliers d'années. Les photons commencent à se propager sans interaction avec les particules, la matière et le rayonnement se dissocient (découplage matière-rayonnement), l'Univers devient transparent. Pour souligner cette transformation, on dit que l'Univers quitte la période « radiative » pour passer à l'ère « matérielle ».

Les toiles des étoiles

Il faut attendre plusieurs millions d'années pour que la matière s'organise sous forme de galaxies et d'amas, qui n'étaient encore que de petits foyers potentiels de matière. La chimie proprement dite ne naît que lorsque la température devient inférieure à 10 000 degrés, ce qui permet la formation des atomes d'hydrogène, d'hélium et de lithium. Ce que nous observons aujourd'hui est le résultat de l'expansion et du refroidissement cosmiques au cours desquels l'horizon cosmologique n'a cessé de s'éloigner, tandis que la température descendait progressivement à trois degrés.

Si l'Univers ne s'était limité qu'à un espace rempli d'atomes d'hydrogène et d'hélium, aucun événement ne s'y serait produit au cours des milliards d'années ayant suivi le Big Bang. Il serait resté tel quel, se contentant de subir une dilatation et un refroidissement. Fort heureusement, grâce à la force de gravitation et à l'existence de « fluctuations de densité », les atomes se sont regroupés pour former des concentrations massives de matière, localement isolées les unes des autres. Cette phase d'évolution est à l'origine de la formation des galaxies et des étoiles. L'origine de ces fluctuations de densité est encore très mal connue. Il peut s'agir en fait d'une conséquence de la phase d'expansion accélérée des tout premiers instants. L'espace, alors, n'est pas vide mais possède une masse et une énergie [10], celle-ci augmentant dans un même rapport que l'expansion. En raison du refroidissement, cette énergie se transforme en photons, qui se métamorphosent ensuite en particules. Cette transition de phase se serait accompagnée de fluctuations primordiales de densité, de la même manière que l'eau se transforme en glace, qui vont évoluer dans le temps sous forme de grumeaux ténus. Ces petits foyers de matière potentiels constituent les toiles de fond de la formation des galaxies, puis des étoiles.

La matière observable montre une forte tendance à se regrouper en amas et superamas. Comme nous l'avons vu, ces très grandes structures peuvent remplir environ 10 % de l'Univers, et sont séparées par des régions vides de matière lumineuse. Des indices résultant de l'observation montrent que les superamas s'organisent suivant un gigantesque réseau dont les filaments de galaxies constitueraient la texture suivant des nœuds (les amas) et des mailles (les vides), celles-ci ayant une densité de 100 à 1 000 fois plus faible que les superamas.

Si cet aspect particulier de la distribution de la matière se confirme, les conséquences sur la compréhension globale de la structure de l'Univers dans son ensemble sont importantes. Les conditions initiales étant définies, les cosmologistes ont mis à profit les progrès réalisés en astrophysique et en physique des particules afin de construire des modèles cohérents de la structure, de la distribution et de l'évolution de la matière primitive. Nous en décrivons trois : le modèle dit « hiérarchique », le modèle dit « des crêpes », enfin le modèle dit « des neutrinos ».

Le modèle hiérarchique repose sur des fluctuations isothermes (distribution uniforme du rayonnement) de la densité dans un Univers primordial essentiellement consti-

---

10. Des expériences effectuées en laboratoire montrent que le vide possède une énergie : c'est l'effet Casimir.

tué de baryons (protons et neutrons). Ces conditions initiales donnent naissance à des protogalaxies qui se fragmentent en galaxies, lesquelles se regroupent ensuite en amas sous l'action de l'attraction gravitationnelle. Le deuxième modèle, dit des crêpes, s'appuie sur des fluctuations adiabatiques (la quantité de rayonnement thermique reste constante pour une masse donnée de matière, même si la densité dans l'espace fluctue en fonction du temps). Dans ce modèle, seules les fluctuations à grande échelle sont possibles, les petites disparaissant sous l'action conjuguée des interactions particules-rayonnement. Les proto-amas résultants s'effondrent en structures plus denses, se divisant finalement en galaxies réparties en gigantesques crêpes dont l'intersection dessinerait les filaments de galaxies observés. Malheureusement, aucun de ces deux modèles n'est totalement satisfaisant, car des contradictions surgissent à la lumière des observations récentes. L'existence d'hyperstructures s'étendant sur plusieurs centaines de millions d'années-lumière ne peut s'expliquer sous la simple action des forces gravitationnelles, ce qui remet en cause le modèle hiérarchique. Nous avons vu d'autre part que le rayonnement cosmologique dans l'Univers est pratiquement isotrope, donc identique à lui-même dans toutes les directions. Or le modèle en crêpes prévoit des fluctuations considérables de la densité de la matière, qui doivent nécessairement s'accompagner de variations du rayonnement cosmologique…

Le troisième modèle, dit des neutrinos, peut se résumer ainsi : dissociés du rayonnement bien avant la matière, les neutrinos ont été soumis à des températures extrêmement élevées, et animés d'une vitesse proche de celle de la lumière dans toutes les directions de l'espace primordial. L'énergie et la matière réparties dans l'Univers ne perturbaient que faiblement les déplacements de ces particules qui tendaient à éliminer toute fluctuation de densité de la matière, tel un projectile faisant voler en éclats un obstacle peu résistant, sans subir de grandes variations de vitesse. L'expansion de l'Univers s'est accompagnée du refroidissement et du ralentissement des neutrinos qui sont donc devenus progressive-

Figure 45 : *En hommage à Chaval. (Extrait de* L'Homme, *Livre de Poche, n° 3534.)*

ment incapables d'éliminer les fluctuations de densité. Au contraire, ils se seraient parfaitement intégrés à la matière, amplifiant ces fluctuations, l'ordre de grandeur étant celui du diamètre de l'Univers (soit la distance parcourue par un photon depuis le Big Bang). Dans ce modèle, les très grandes structures se seraient condensées les premières, absorbant les neutrinos ralentis. Ultérieurement, les baryons s'incorporent, et les superamas évoluent en formant les structures que l'on observe aujourd'hui. Si ce modèle peut s'accorder avec l'observation, il impose plusieurs conséquences vérifiables. D'une part, les « vides » de l'Univers doivent l'être totalement puisque la matière n'est localisée que dans les filaments de galaxies ; d'autre part, pour que les neutrinos perdent leur énergie, ils doivent avoir voyagé extrêmement longtemps dans l'espace avant de contribuer à la formation des galaxies et des grandes structures. Il faudrait donc que celles-ci soient récentes, ce qui n'est pas le cas. Enfin, les simulations numériques effectuées de ces modèles ne sont pas totalement satisfaisantes.

Les trois modèles d'Univers que nous venons d'évoquer illustrent comment s'élabore une théorie satisfaisante. Concevoir sur le plan théorique ne se justifie qu'avec une validation expérimentale, comme l'illustre la *Figure 45*, en hommage à Chaval. Les chercheurs prennent « ce qui marche le mieux » dans les modèles plus anciens, en s'appuyant sur l'isothermalité et les neutrinos.

Une explosion de joie

Nous avons relaté dans ce chapitre comment s'était progressivement imposée l'image cohérente d'un Univers, rendant compte à la fois des observations et des modèles. La perfection n'étant pas de ce monde, nous avons vu qu'un bon nombre d'inconnues et d'ambiguïtés subsistaient. Si la réalité tangible des galaxies, amas et superamas, ouvre la porte de la cosmologie, permettant de faire naviguer ces structures à l'intérieur d'une géométrie courbe, nous ignorons cependant dans quel ordre elles se sont formées. D'autre part, l'incapacité de quantifier un certain nombre de constantes fondamentales (mais s'agit-il vraiment de constantes ?) trahit notre ignorance, ainsi que l'approximation des modèles issus de la relativité. Les progrès accomplis dans cette dernière décennie du XXe siècle sont considérables. Nul doute que les grands programmes instrumentaux au sol et dans l'espace vont encore apporter un lot impressionnant de découvertes. Actuellement, un bon nombre de cosmologistes a le sentiment d'arriver à un stade où les modèles d'Univers savamment élaborés fonctionnent sur des bases solides, mais où les hypothèses mises en jeu agissent un peu à la manière des épicycles. Descartes mettait le fondement de la certitude dans le bon sens moyen de l'humanité, trait d'union entre la pensée et le réel. L'intérêt, la fascination que nous portons pour l'Univers qui nous entoure en sont certainement l'un des plus remarquables aspects.

> *Vous savez que j'ai un esprit scientifique. Or, récemment, j'ai fait une découverte bouleversante ! En observant la matière de plus près… j'ai vu des atomes… qui jouaient entre eux… et qui se tordaient de rire ! Ils s'esclaffaient ! Vous vous rendez compte… des conséquences incalculables que cela peut avoir ? Je n'ose pas trop en parler, parce que j'entends d'ici les savants ! « Monsieur, le rire est le propre de l'homme ! » Eh oui !… Et pourtant ! Moi, j'ai vu, de mes yeux vu… des atomes qui « Ha ! ha ! ha ! » Maintenant, de qui riaient-ils ? Peut-être de moi ? Mais je n'en suis pas sûr ! Il serait intéressant de le savoir. Parce que si l'on savait ce qui amuse les atomes, on leur fournirait matière à rire… Si bien qu'on ne les ferait plus éclater que de rire. Alors, me direz-vous, que deviendrait la fission nucléaire ? Une explosion de joie !*
>
> Raymond Devos, *Matière à rire*, Olivier Orban, 1991

8. Des images étranges
(L'optique gravitationnelle)

Notre vue représente ainsi souvent, de loin, des images étranges qui s'évanouissent en s'approchant.
Michel de Montaigne, *Essais*, livre III

Les modèles d'Univers discutés dans le précédent chapitre font appel à des concepts un peu déroutants et certainement peu intuitifs. La notion de courbure dans un espace à trois dimensions, par exemple, est difficile à saisir, l'analogie classique avec la surface à deux dimensions d'une sphère ou de tout autre volume n'étant pas vraiment satisfaisante. Par ailleurs, il est difficile de mettre en évidence la courbure générale de l'espace car elle ne se manifeste clairement que sur de très grandes distances (donc très loin aussi dans le temps), avec tous les problèmes qui se posent pour séparer les effets de la géométrie et ceux de l'évolution des objets observés. Actuellement, l'incertitude sur la valeur de cette courbure est telle qu'elle ne permet pas de choisir entre les différents modèles d'Univers possibles.

Mais les courbures « locales » résultant d'une répartition inégale de la matière doivent, a priori, se manifester plus aisément. De même, pour un observateur terrestre, il est plus facile (même si ce n'est pas toujours évident) de mesurer la profondeur d'un gouffre ou la hauteur d'une montagne que le diamètre de la Terre entière. Nous nous intéressons dans ce chapitre aux creux et aux bosses de l'Univers.

Le phénomène principal qui peut révéler l'existence d'une courbure de l'espace concerne la propagation de la lumière. Les lois qui la régissent sont à la base de l'optique gravitationnelle. Pendant longtemps, on a seulement pu détecter la courbure due au Soleil, qui déplace la position des étoiles observées près du bord solaire pendant une éclipse. Ce fut,

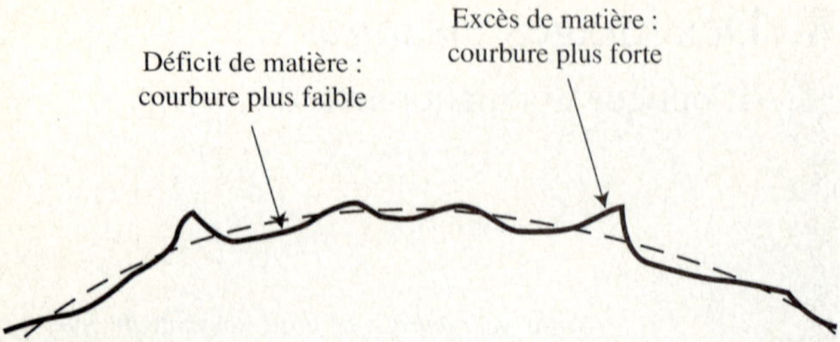

Figure 46 : *La courbure générale de l'espace est liée à la densité moyenne de matière. Les fluctuations autour de cette moyenne produisent des courbures locales.*

comme nous allons le voir, un test fameux de la relativité générale. Il fallut attendre plus d'un demi-siècle pour que le même effet soit observé sur des objets extragalactiques. Les paysages produits de cette façon peuvent être très spectaculaires ! Quand on regarde ces magnifiques « arcs gravitationnels » de la *Figure 47*, tels que les voit le télescope spatial Hubble, images de galaxies d'arrière-plan déformées par la présence d'un amas de galaxies plus proche, il devient évident que nous ne vivons pas dans un Univers euclidien, mais dans un Univers cabossé, gondolé, chiffonné par les objets qui le composent.

Ces images n'ont pas qu'un intérêt esthétique ou pédagogique, car il est apparu très vite que les effets d'optique gravitationnelle peuvent constituer un outil puissant pour explorer l'Univers lointain. En quelques années, leur étude est devenue une branche à part entière de l'astrophysique. Cette nouvelle spécialité touche maintenant de nombreux domaines. Par son aspect novateur et son importance croissante, elle mérite un exposé un peu détaillé, en commençant par un bref rappel historique qui montrera combien le développement de la recherche peut être à la fois cohérent dans son ensemble et désordonné dans le détail.

Figure 47 : *Image obtenue avec le télescope spatial Hubble des arcs gravitationnels dans l'amas de galaxies Abell 2218. (Document NASA-HST.)*

Brefs rappels d'une déjà longue histoire

BAINS DE SOLEIL ET DÉVIATIONS

En 1704, Newton, considérant la lumière comme un ensemble de corpuscules en mouvement (les photons), suppose qu'ils sont soumis, au même titre que les particules matérielles, au champ de gravitation « newtonien » et pourraient donc être déviés en passant à proximité d'un corps massif. Exactement un siècle plus tard, en 1804, l'Allemand J. Soldner calcule explicitement l'angle de déviation de tels photons (animés d'une vitesse c) suivant la mécanique newtonienne. Il trouve qu'un photon passant au plus près du Soleil serait dévié d'un angle $\hat{A}$ tel que :

$$\hat{A} = 2GM_{\odot}/c^2R_{\odot}$$

soit $\hat{A} = 0''875$ ($M_{\odot}$ et $R_{\odot}$ désignent respectivement la masse et le rayon du Soleil). Mesurer un angle aussi minuscule (à peu près le diamètre d'une cerise vue à 5 kilomètres) est hors de portée des instruments de l'époque, et une vérification observationnelle n'est même pas tentée. De plus, la représentation de la lumière au XIXe siècle est purement ondulatoire et, dans ce cadre, il n'y a pas d'interaction possible entre la lumière et la gravitation ; la question ne se pose même pas.

Ce problème ne revient à l'ordre du jour qu'au début du siècle suivant, à la faveur d'un changement conceptuel majeur dû à Albert Einstein : la construction de la théorie relativiste de la gravitation, ou relativité générale. Auparavant, Einstein, dans son interprétation de l'effet photoélectrique, avait réhabilité la notion de photon, ou quantum de lumière, ouvrant ainsi la voie à la représentation moderne de la lumière sous son double aspect d'onde et de particule, que formalisera la physique quantique. Il avait également retrouvé le résultat de Soldner à partir du principe d'équivalence de la relativité restreinte en 1911. Einstein souligne alors l'intérêt de vérifier la réalité de cet effet. On ne peut observer des étoiles près du Soleil que pendant une éclipse totale, mais l'expédition organisée en Crimée à l'occasion de l'éclipse de 1914 échoue pour cause de guerre mondiale.

En relativité générale, il n'y a plus de « force » ou de « champ » gravitationnel à proprement parler, même s'il nous arrivera encore d'employer ces expressions. La représentation du réel est tout autre. Un corps massif perturbe localement l'espace-temps en modifiant sa courbure et les autres corps se déplacent en suivant des géodésiques de cet espace courbe, que leur masse soit nulle, comme pour les photons, ou non. L'appareil mathématique de la théorie est achevé pour l'essentiel en 1916, et quatre célèbres tests observationnels de qualification sont proposés, notamment la déviation des photons au bord solaire (par rapport à un espace euclidien de référence). On trouve, en relativité générale, une valeur exactement double de ce que prédisent la mécanique newtonienne ou l'approximation de la relativité restreinte :

$$\hat{A} = 4\,GM_{\odot} / c^2 R_{\odot}$$

soit $\hat{A} = 1''75$.

Les expéditions organisées lors de l'éclipse totale de Soleil de 1919 permettent enfin de faire la mesure et de valider la valeur prédite par la relativité générale. Ce n'est pas un travail facile car il faut mesurer sur des plaques photographiques les positions relatives de quelques étoiles visibles au bord du Soleil éclipsé, et les comparer avec un cliché du même champ obtenu, avec le même instrument, quelques mois avant ou après l'éclipse, c'est-à-dire quand le Soleil est assez loin pour que la perturbation par rapport à un espace euclidien soit négligeable. La précision nécessaire pour ces mesures est de l'ordre du centième de millimètre.

Les meilleures observations faites par Eddington favorisent la valeur prédite par la relativité générale [1]. Il saisit aussitôt les conséquences possibles de cet effet apparemment minime. Un observateur qui serait suffisamment éloigné du Soleil pour que son diamètre angulaire lui apparaisse inférieur à 1"75 (il faudrait pour cela qu'il en soit au moins 1 000 fois plus éloigné que ne l'est la Terre) pourrait voir deux images de l'étoile d'arrière-plan, et même un anneau lumineux complet (appelé, depuis, anneau d'Einstein) si l'étoile, le Soleil et l'observateur sont parfaitement alignés. Les objets massifs déforment donc les images d'objets plus lointains, mais ils concentrent aussi leur lumière, à la manière d'une lentille optique.

Il n'est pas nécessaire d'espérer pour entreprendre

On connaît beaucoup de corps de masses comparables à celle du Soleil et de diamètre apparent insensible : n'importe quelle étoile peut faire l'affaire. Une campagne d'observations est donc lancée en 1923 pour rechercher ce genre d'effet entre les étoiles. Le projet n'a que bien peu de chances d'aboutir, car l'alignement entre l'étoile « source » et l'étoile « lentille » doit être très bon, et même dans ce cas, la séparation

---

1. Elles s'accordaient avec cette valeur à environ 20 % près. Depuis, des mesures beaucoup plus précises ont été faites sur des radiosources naturelles ou sur l'émission radio de sondes interplanétaires, par exemple les sondes *Viking* envoyées sur Mars en 1976. L'accord avec la valeur théorique de la relativité générale est meilleur que 1 %, ce qui permet d'exclure presque toutes les autres théories de la gravitation.

entre les différentes images sera inférieure à ce que permettent de résoudre les télescopes au sol.

Einstein ne s'intéresse pas très longtemps à cette curiosité théorique. Certes, il établit en 1936 les bases de l'optique gravitationnelle, calculant la valeur du rayon de « l'anneau d'Einstein » (ou « rayon d'Einstein ») et celle de l'amplification de lumière pour une source ponctuelle. Paradoxalement, cette amplification est d'autant plus importante que la distance de la source est grande par rapport à celle de la lentille. Cette amplification pourrait être détectable, mais Einstein est d'avis que ce jeu s'apparente à la recherche d'une aiguille dans une meule de foin. De fait, quelque soixante années plus tard, il faudra surveiller des millions d'étoiles, à l'aide des meilleurs détecteurs et de techniques informatiques performantes, pour mettre en évidence sans ambiguïté de tels événements.

En 1937, Fritz Zwicky [2] propose de rechercher des effets d'optique gravitationnelle analogues entre des galaxies angulairement voisines mais situées à des distances différentes. Dans ce cas, les séparations entre images peuvent devenir mesurables. Zwicky indique que ce serait un moyen de mesurer directement la masse des galaxies, y compris leur composante non lumineuse dont il soupçonne déjà l'existence d'après ses mesures de dispersion de vitesse dans les amas. Il remarque encore que ce serait un moyen efficace de voir des galaxies à des distances plus grandes que celles atteintes avec le seul secours des télescopes. Malheureusement, Zwicky ne vécut pas assez longtemps pour vérifier la justesse de ces prémonitions.

L'optique gravitationnelle connaît alors un bon quart de siècle d'oubli, passé dans le tiroir poussiéreux des curiosités

2. Astronome suisse doté d'une forte personnalité, Zwicky explora de nombreux domaines de l'astrophysique. On lui doit un *Catalogue of Galaxies and Clusters of Galaxies* qui reste un important outil de travail trente ans après sa publication. La hardiesse des propositions de Zwicky heurta parfois l'opinion dominante, mais bon nombre d'entre elles se révélèrent exactes quelques décennies plus tard. Souvent précurseur, Zwicky était toujours dernier dans les listes de références bibliographiques, qui suivent l'ordre alphabétique…

théoriques amusantes mais invérifiables. La découverte des quasars en 1963 l'en fait ressortir, en relançant l'intérêt de détecter des « mirages gravitationnels », ces configurations permettant de voir plusieurs images distinctes d'un objet lointain par la seule action d'un champ de gravitation. Les quasars, objets très lointains, très brillants et d'aspect ponctuel, constituent en effet des sources idéales. En outre, les fortes raies d'émission de leur spectre facilitent l'identification du phénomène. Dès 1964, Sjur Refsdal, astronome norvégien, propose une méthode pour mesurer directement la distance des quasars qui seraient sources de mirages. En effet, les chemins optiques correspondant aux différentes images ont des longueurs très légèrement différentes (de l'ordre de 10^{-10} en valeur relative) et, si le quasar est variable, on observera les mêmes courbes de lumière avec un certain décalage dans le temps. En mesurant ce décalage et en connaissant par ailleurs la configuration du système, on en déduit la distance, donc la valeur de la constante de Hubble H_o, par une méthode purement géométrique comme celle des parallaxes, mais appliquée aux objets les plus lointains de l'Univers.

L'activité des théoriciens est alors spectaculairement relancée : on établit de façon exacte les équations de propagation de la lumière dans un Univers hétérogène, on modélise les mirages gravitationnels que peuvent produire différentes galaxies, spirales, elliptiques, etc. On calcule le pourcentage (assez faible) de sources lointaines qui seraient affectées par ce phénomène. On remarque encore que des régions de tailles différentes d'une source seront amplifiées différemment et aussi qu'une étoile individuelle d'une galaxie lentille peut, à elle seule, produire une amplification mesurable du flux sur des échelles de temps de quelques mois ou quelques années. Tout est prêt pour l'interprétation d'un mirage gravitationnel. Il ne reste plus qu'à le trouver.

Enfin, un mirage !

Dès 1965, certains chercheurs proposaient que tous les quasars ne sont en fait que des noyaux de Seyfert amplifiés par une lentille gravitationnelle. Cette hypothèse astucieuse permettant d'atténuer le problème de la source d'énergie des quasars s'est révélée fausse, mais les premiers mirages découverts sont bel et bien des quasars (ou noyaux de Seyfert) amplifiés et multipliés par une galaxie massive interposée entre eux et nous.

Une fausse alerte eut encore lieu en 1973. Une paire de quasars très proches angulairement (4"8) mais de décalages spectraux bien différents constituait une configuration favorable pour un phénomène de mirage, le plus proche (A) pouvant jouer le rôle de lentille vis-à-vis du plus lointain (B). L'absence d'image supplémentaire de B permit seulement de placer une limite supérieure à la masse de A : $M_A < 7 \cdot 10^{12}$ masses solaires. Cette limite était, en fait, peu contraignante dans la mesure où les masses de galaxies dans lesquelles se nichent des quasars dépassent rarement quelque 10^{12} masses solaires. C'était quand même la première tentative sérieuse pour mesurer des masses de galaxies par effet d'optique gravitationnelle, comme Zwicky l'avait rêvé.

Le premier mirage fut finalement découvert tout à fait par hasard le 29 mars 1979 par une équipe composée des Britanniques Walsh et Carswell et de l'Américain Weymann, travaillant sur le télescope de 2,10 mètres de Kitt Peak en Arizona. Enrichir les catalogues d'objets célestes est une tâche fondamentale mais ingrate, rarement génératrice de découvertes immédiatement gratifiantes. Le programme de cette nuit-là en faisait partie : il s'agissait d'identifier des radiosources. La position d'une radiosource est connue avec une certaine marge d'erreur et il y a généralement plusieurs candidats à son identification optique dont un seul est le bon, les autres étant des astres sans rapport avec la radiosource, par exemple des étoiles de notre Galaxie. Dans le champ de la radiosource 0957 + 561, il n'y avait que deux candidats probables, de luminosités presque égales, et séparés de 6". Le spectre du premier objet était un spectre typique de quasar, à un décalage $z = 1{,}41$. L'identification semblait donc acquise. Mais, en observant consciencieusement le second objet optique, Walsh, Carswell et Weymann constatèrent avec surprise qu'il s'agissait aussi d'un quasar, de spectre apparemment identique au premier. Quelle était donc la bonne identification de la radiosource ? Et s'agissait-il de deux objets distincts ou de deux images d'un quasar unique ? La similitude des spectres était telle que l'hypothèse d'un mirage gravitationnel était à retenir.

Il se confirma rapidement que ce « quasar double », comme on l'appela tout d'abord, était un quasar dédoublé : le premier cas observé de mirage gravitationnel. Une galaxie elliptique géante de décalage $z = 0{,}36$ trouvée juste entre les deux images leva les derniers doutes. Cette dernière est responsable du dédoublement, avec l'aide de quelques autres galaxies formant un petit groupe autour d'elle. Les observations radio effectuées avec le *Very Large Array* (VLA) semèrent d'abord le trouble car l'image nord du quasar présentait deux jets que ne reproduisait pas l'image sud. On comprit bien vite que c'était normal, le jet étant trop écarté de la position de la lentille pour qu'on en observe plusieurs images.

La découverte d'une telle « illusion d'optique cosmique » frappa les imaginations et stimula les recherches. En fait, le terme *illusion* n'est pas exact ; les mirages gravitationnels n'ont ni plus ni moins de réalité que les mirages atmosphériques. Les arcs gravitationnels qui vont bientôt entrer en scène n'ont ni plus ni moins de réalité que les arcs-en-ciel. Tous ces phénomènes optiques sont bien réels et nous renseignent sur les propriétés du milieu dans lequel la lumière se propage, qu'il s'agisse de l'atmosphère ou de champs gravitationnels.

Le mécanisme des mirages gravitationnels et leur utilité

Calculer la trajectoire d'un photon dans l'Univers réel, en expansion et à distribution de matière non uniforme, n'est pas un problème très simple. Heureusement, on peut comprendre le mécanisme des mirages gravitationnels avec un modèle plus accessible, et même les simuler avec une expérience d'optique amusante.

Le simple jeu de la lumière et de la gravitation

Considérons, pour simplifier, un espace euclidien statique qui ne contiendrait, en tout et pour tout, que trois objets : une source S (par exemple un quasar), une galaxie G à symétrie axiale, et un observateur O (*Figure 48*). Les rayons issus de S et déviés par G peuvent parvenir par plusieurs chemins optiques (1, 2, 3…) à l'observateur O qui voit donc plusieurs images (A, B, C…) de la source.

Avec cette géométrie simplifiée, le problème se réduit à une dimension, et les positions des images s'obtiennent aux intersections de deux courbes [3]. Ces images sont déformées par rapport à l'objet initial. Pour un noyau de quasar, cette déformation n'est pas directement détectable mais, la brillance de surface étant conservée dans l'opération, le facteur de grandissement se manifeste par une amplification ou un affaiblissement du flux reçu.

Des cas singuliers se produisent quand D est juste tangente

---

3. Les relations trigonométriques dans les triangles AMS et AOS donnent facilement la condition sur l'angle de déviation α pour qu'un rayon partant de S atteigne effectivement O :

$$\alpha = \beta - \beta_o \, D_{SO} / D_{SG}$$

qui, dans un plan (α, β), est l'équation d'une droite D. Cet angle doit aussi être égal à l'angle de déflexion de la formule d'Einstein :

$$\alpha = (4\,G / c^2)\, M(r) / r = (4\,G / c^2 D_{GO})\, M(\beta) / \beta$$

qui est l'équation d'une certaine courbe C. En égalisant ces deux expression de α, on obtient « l'équation des lentilles gravitationnelles ». Graphiquement, on trouve les images aux intersections de D et C. Dans le cas d'une masse ponctuelle, C est une hyperbole et il y a toujours deux images. Un trou noir est la meilleure approximation de cette idéalisation mathématique. Dans le cas d'une galaxie réelle, $M\beta / \beta$ s'annule pour $\beta = 0$ et la courbe C passe par l'origine. Si l'alignement est assez bon (β_o petit), on a alors trois solutions : β_1, β_2 et β_3, correspondant à trois images A, B et C : il s'agit d'un mirage gravitationnel. Quand β_o est trop grand, il ne reste qu'une solution β'_1, légèrement décalée de la position vraie de la source. On retrouve là le cas de la déflexion au bord solaire.

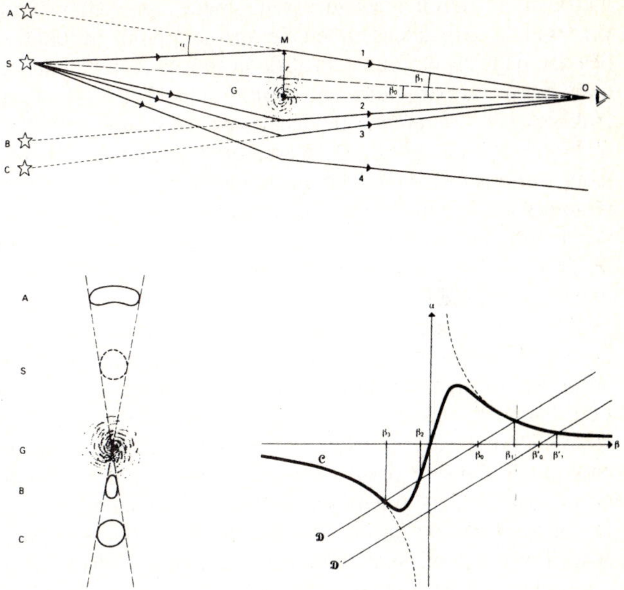

***Figure 48 :** Conditions de formation d'un mirage gravitationnel dans le cas d'une lentille à symétrie axiale.*
En haut : Trajet des rayons lumineux.
En bas à gauche : Aspect des images sur le ciel.
En bas à droite : Condition de production de trois images.

à C (deux images fusionnent et l'amplification est importante) et, plus encore, quand l'alignement est parfait ($\beta_o = 0$). On observe alors une image faible au centre de la galaxie et un anneau brillant concentrique : l'anneau d'Einstein déjà mentionné [4].

Une construction analogue peut être faite dans les géo-

4. Pour une source située à un décalage spectral $z = 1$ et une galaxie-lentille de 10^{12} masses solaires à $z = 0,5$, le rayon de cet anneau est d'environ 2", à peine plus que la résolution normale d'un télescope au sol.

métries non euclidiennes nécessaires pour représenter l'Univers réel. Les distances en jeu s'expriment alors en fonction des décalages spectraux z_s et z_g de la source et de la lentille, mais aussi des paramètres cosmologiques H_o (constante de Hubble) et q_o (paramètre de décélération).

Pour une distribution de masse quelconque, un calcul à deux dimensions dans le plan de la lentille généralise les résultats précédents. Ainsi, pour une distribution de masse raisonnable dans une « lentille » comme une galaxie, on observe toujours un nombre impair d'images. Sur ces $2n + 1$ images, $n + 1$ ont la même parité que la source (amplification positive) et n sont des images inversées, comme vues dans un miroir (amplification négative). Les images apparaissent et disparaissent toujours par paires de parités opposées. Le lieu des points où cet effet se produit est une ou plusieurs courbes fermées, centrées sur la lentille et appelées « courbes critiques » dans le plan image, auxquelles correspondent des « courbes caustiques » dans le plan de la source. Lorsque la source franchit une caustique, deux images fortement amplifiées apparaissent ou disparaissent pour l'observateur. On comprend ainsi la structure radio du « quasar double » : le noyau du quasar est à l'intérieur de la caustique, on en voit donc trois images (deux images brillantes et une très faible qui n'a pas encore été détectée). Le jet radio est à l'extérieur de la caustique et n'est visible que dans l'image nord.

Des lentilles gravitationnelles de poche

Le lecteur que ces quelques explications mathématiques auraient rebuté a toujours la ressource de s'emparer d'un verre (vide !) pour une expérience de dédoublement d'images.

On peut facilement calculer le profil que doit avoir une lentille en verre pour simuler la déviation de la lumière par une galaxie de distribution de masse donnée. Pour les distributions habituelles des galaxies spirales ou elliptiques, la forme de cette lentille ressemble fortement à la base d'un verre à pied. On peut, pour l'amour de la science, sacrifier une pièce du service en cristal de tante Gertrude et, brisant un verre pour n'en garder que le pied, fabriquer ainsi une lentille gravitationnelle très acceptable. En observant une source de lumière lointaine à travers cette lentille, et en changeant l'alignement ainsi que l'inclinaison de la lentille (pour simuler une distribution de masse ellipsoïdale), on reproduit facilement tous les aspects effectivement observés des mirages gravitationnels : mirages à trois images, cinq images, anneaux d'Einstein, etc. On remarque même que la « petite dernière » (la troisième ou la cinquième image) est toujours très faible et proche du centre de la lentille, comme dans la réalité. L'image de la *Figure 49* a été obtenue avec une lentille « en pied de verre »[5]. La comparaison avec la Figure 52 est instructive.

LES PREMIERS MIRAGES ET LES PREMIÈRES STATISTIQUES

Tandis que l'étude de 0957 + 561 se poursuivait, de façon à pouvoir en faire un modèle précis et l'utiliser pour diverses applications dont nous allons bientôt parler, de nouveaux cas de mirages gravitationnels étaient avidement recherchés. En fait, il n'y a pas de méthode sûre pour dénicher ces oiseaux rares. Plusieurs furent mis au jour par pur hasard. Des programmes de recherche systématiques finirent quand même par porter leurs fruits. L'un d'eux, mené à l'Observatoire austral européen (ESO), consistait à observer avec la meilleure résolution spatiale possible tous les quasars connus de décalage spectral plus grand que $z = 2$ et de magnitude absolue plus brillante que $M = -27$. Ces critères devaient, statistiquement, favoriser la découverte de mirages. En effet, plus un quasar est lointain, plus il y a de chances que sa lumière passe à proximité d'une galaxie pouvant jouer le rôle de lentille et, s'il nous paraît très brillant, c'est peut-être parce que sa lumière a été concentrée par cette lentille. Quelques cas furent effectivement découverts de cette façon, le plus spectaculaire étant peut-être le « Trèfle à quatre feuilles »

5. Les auteurs tiennent à exprimer leur reconnaissance à leurs ascendants pour le sacrifice d'un superbe service à porto sur l'autel de l'optique gravitationnelle.

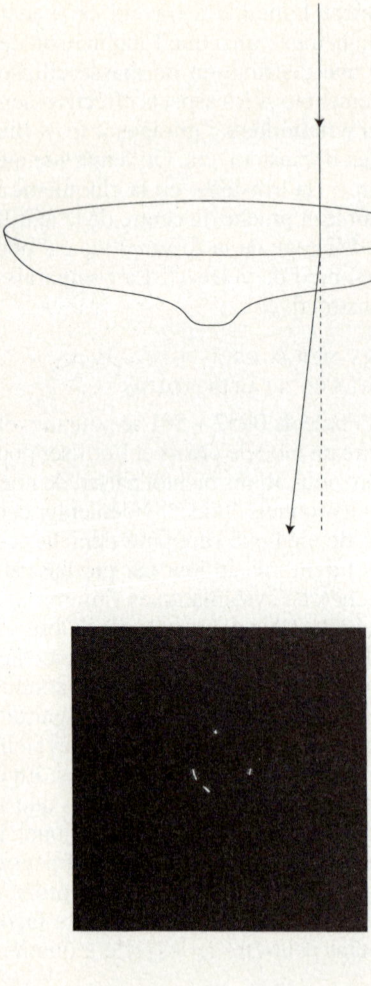

Figure 49 : *En haut, simulation d'une lentille gravitationnelle par une lentille optique. En bas, reproduction d'une configuration « à quatre images » avec cette lentille. (Document C. Vanderriest.)*

H 1413 + 117. Ce quasar avait déjà été bien étudié comme membre de la famille peu nombreuse des BAL (voir p. 169), mais personne n'avait remarqué qu'il comportait quatre images, avec une séparation de l'ordre de 1". Il est vrai qu'il faut d'excellentes conditions atmosphériques pour que cette multiplicité apparaisse (Figure 53). Un autre programme de recherche systématique partait de l'observation avec le VLA de plus de 6 000 radiosources. Celles qui présentaient une structure multiple sur les cartes radio étaient alors observées en optique et, si la structure était comparable, on vérifiait par spectroscopie qu'il s'agissait bien d'un mirage. Quelques cas furent découverts ainsi, par exemple 2016 + 112 qui présente les particularités d'être un mirage d'un noyau de Seyfert 2 et non de quasar, et de faire intervenir deux galaxies lentilles à des redshifts différents. MG 0414 + 0534 (Figure 52) est issu également de ce programme.

De nombreux mirages gravitationnels furent encore trouvés par hasard, en cherchant autre chose [6]. Le quasar 2237 + 0305, par exemple, surnommé la « Croix d'Einstein », est particulier en ce sens que la galaxie lentille est relativement proche ($z = 0{,}039$). C'est en prenant un spectre du noyau de cette galaxie que des raies en émission mystérieuses furent remarquées. Elles correspondent au spectre d'un quasar à $z = 1{,}69$, et, sur des poses à bonne résolution, on distingue quatre images de ce quasar entourant le véritable noyau de la galaxie. Une telle configuration nécessitant un alignement presque parfait entre le quasar, la galaxie et l'observateur avait, a priori, une très faible probabilité d'être réalisée.

Le nombre des mirages gravitationnels connus s'est donc accru assez lentement mais régulièrement au cours des dernières années. Le *Tableau 50* résume les caractéristiques des cas principaux connus en 1996. Certains sont seulement des *candidats* mirages, attendant confirmation par de

6. Dans leurs moments de lassitude, les protagonistes des programmes de recherche systématiques ont pu avoir l'impression que la méthode la plus efficace était, précisément, de chercher autre chose.

meilleures observations. Nous allons donner quelques détails sur les cas les mieux connus ou les plus représentatifs d'un phénomène particulier.

Nom	z_s	z_l	n_{im}	α ('')	Remarque
0957 + 561	1,41	0,36	2	6,1	« quasar double » Δt = 420 jours
PG 1115 + 080	1,72	0,29	4	2,2	Δt = 40 jours ?
2016 + 112	3,27	1,01 + ?	3	3,8	source : Seyfert 2
MG 0414 + 0534	2,64	?	4	2,1	voir Figure 52
2237 + 0305	1,69	0,039	4	1,7	« Croix d'Einstein »
H 1413 + 111	2,55	?	4	1,2	« Trèfle à quatre feuilles » ; source : BAL
B 0218 + 357	0,96	0,68	2	0,3	Δt = 12 jours
BRI 0952-0115	4,5	?	2	0,9	valeur record de z_s
1208 + 1011	3,80	?	2	0,45	
2345 + 007	2,15	?	2	7,1	mirage probable, lentille non détectée

Tableau 50 : *Quelques mirages gravitationnels remarquables connus en 1996.* z_s *et* z_l *désignent les décalages spectraux de la source et de la lentille,* n_{im} *le nombre d'images observées, et* α *la séparation maximale des images.* Δt *est le décalage temporel mesuré.*

PG 1115 + 080 est, chronologiquement, le deuxième mirage observé. Quatre images sont bien visibles, deux d'entre elles étant très serrées (0''5) et brillantes. C'est ce que l'on s'attend à voir quand la position de la source est proche d'une caustique. La galaxie lentille, à $z = 0,29$, fait partie d'un petit groupe. Le nombre des images et la structure simple de la lentille en font un bon candidat pour la mesure de H_o. Les décalages temporels ne peuvent être mesurés qu'en optique car PG 1115 + 080 est un quasar sans émission radio notable. La configuration géométrique des images de MG 0414 + 0534 est pratiquement identique, mais la source est beaucoup plus faible en optique, brillante en radio et fortement rougie.

2345 + 007 est le troisième mirage connu, mais il n'est toujours pas assuré qu'il s'agisse bien d'un mirage malgré des spectres identiques pour les deux images. Celles-ci sont séparées de 7"1 (le record de séparation jusqu'ici) et la lentille devrait être une galaxie très massive. Or on ne voit aucune galaxie entre ces deux images jusqu'à la magnitude 25. La lentille doit donc comporter une forte proportion de masse « noire », à moins qu'il s'agisse non d'un mirage mais de deux quasars jumeaux bien distincts. L'imagerie profonde pour tracer le champ de gravitation dans cette zone aiderait à en avoir le cœur net.

Dans le cas d'UM 673, la galaxie lentille est bien visible. Ce mirage a un spectre comportant de nombreuses raies en absorption dues à des nuages Lyman alpha proches du quasar. Les détails de l'absorption changent un peu d'une image à l'autre ; certaines composantes ne sont présentes que dans l'une d'elles. Ceci indique que le diamètre des nuages Lyman alpha est du même ordre de grandeur que la distance séparant les deux chemins optiques. C'est là une intéressante méthode pour évaluer, statistiquement, la taille de ces nuages.

On voit ainsi que la recherche de nouveaux cas de mirages gravitationnels n'est pas destinée seulement à assouvir une manie de collectionneur, car chacun d'eux peut nous apprendre des choses différentes. La statistique des mirages de quasars, c'est-à-dire le pourcentage de quasars montrant des images multiples et leur distribution en fonction de la séparation des images est aussi très instructive. Déjà, avec les cas actuellement recensés (environ 0,5 % des quasars connus sont des mirages), on peut affirmer que la constante Λ des modèles cosmologiques ne peut pas être très élevée, sinon nous verrions plus de mirages qu'il n'en a été observé.

Géométrie dans l'espace : la mesure de H_0

La méthode proposée par Refsdal (voir p. 235) pour mesurer la constante de Hubble H_o suppose que « quelque chose » varie dans la source du mirage, et que l'on mesure le décalage entre les variations observées dans les différentes images. Le « quelque chose » peut être la longueur d'un jet radio. Nous avons vu que certains présentent des vitesses apparemment superluminiques et que mesurer leurs variations de longueur est réalisable en quelques mois par interférométrie à très longue base. L'intérêt de cette méthode est que le mouvement se fait à vitesse apparente constante. Nous savons a priori que la longueur du jet est proportionnelle au temps ; il suffit alors, théoriquement, de deux points de mesure. Cet effet a été cherché, jusqu'ici sans succès, mais il ne fait pas de doute qu'il sera observé quand la résolution des techniques d'observation aura encore gagné un ou deux ordres de grandeur. Le « quelque chose » peut aussi être un flux ou une polarisation (optique ou radio). L'ennui est alors que les variations ne sont, a priori, pas prévisibles : le quasar doit se montrer coopératif, ce n'est pas toujours le cas !

Ainsi, il a fallu huit ans de surveillance et plus d'une centaine de mesures photométriques pour mettre en évidence un décalage de 415 jours entre les variations des deux images de 0957 + 561 (*Figure 51*). En outre, ce résultat fut même contesté par une équipe américaine opérant en radio avec le *Very Large Array*, trouvant de son côté 540 jours. Aux dernières nouvelles, une ré-analyse des anciennes données radio et l'addition de nouvelles données font tout rentrer dans l'ordre : le décalage est bien d'environ 420 jours, en optique comme en radio.

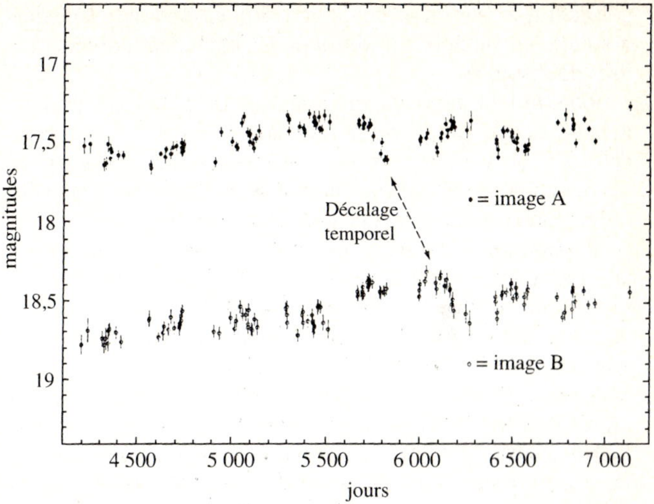

Figure 51 : *Courbes de lumière (magnitudes en fonction du temps) pour les deux images de 0957 + 561. (Document* Astronomy and Astrophysics.*)*

Ceci étant acquis, il faut maintenant, pour remonter à la valeur de la constante de Hubble, modéliser la lentille mieux que nous ne l'avons fait jusqu'ici. Concrètement, il s'agit de mesurer la dispersion de vitesse dans la galaxie déflectrice principale, ce qui donne directement la masse impliquée dans le mirage, et de prendre en compte la petite contribution des galaxies voisines pour calculer la trajectoire des photons. Ce sont des mesures délicates mais ponctuelles ; elles nécessitent de puissants moyens d'observation mais pas de suivi dans le temps. Quand ces paramètres seront bien connus, on pourra atteindre une précision de 5 % sur H_o. Actuellement, suivant les modèles « plausibles » pour 0957 + 561, H_o pourrait être compris entre 30 et 80 kilomètres par seconde et par mégaparsec. Il est déjà remarquable de retomber, avec cette méthode directe purement géométrique, sur un ordre de grandeur comparable à ce que donnent les méthodes traditionnelles enchaînant divers étalons de distance.

Récemment, un décalage temporel de 12 jours a pu être mesuré sur le mirage gravitationnel 0218 + 357 en suivant, cette fois, les variations de la polarisation radio. Compte tenu de sa géométrie, la valeur déduite pour H_o est aussi dans le même intervalle. Enfin, des indications préliminaires sur un suivi photométrique en cours de PG 1115 + 080 conduisent aussi au même ordre de grandeur. C'est peut-être le cas le plus prometteur puisque plusieurs décalages sont mesurables entre ses quatre images et que la lentille semble plus simple que celle de 0957 + 561.

Cette méthode pourrait donc aboutir assez rapidement à un résultat fiable. Il est intéressant de constater que les évaluations actuelles de H_o à partir de mirages gravitationnels favorisent plutôt une valeur faible, vers 50 à 60 kilomètres par seconde et par mégaparsec, alors que les étalons classiques comme les céphéides, récemment observées à grande distance par les moyens au sol ou spatiaux, suggèrent plutôt une valeur élevée, autour de 80. Ce désaccord devra être expliqué d'une manière ou d'une autre.

Les arcs gravitationnels

Après les quasars, les galaxies allaient bientôt entrer à leur tour dans le jeu de l'optique gravitationnelle, et les prévisions de Zwicky se réaliser entièrement, avec seulement… 50 ans de retard.

Des arcs géants

En 1987, une équipe de l'université de Stanford aux États-Unis, et une de l'Observatoire de Toulouse remarquèrent de curieuses structures, très faibles et en forme d'arcs, à la périphérie de deux amas de galaxies compacts : Abell 370 et CL 2244-02. Après avoir envisagé diverses hypothèses, par exemple des portions de ces « coquilles » que l'on voit parfois autour des galaxies cD, on admit assez vite qu'il devait s'agir de galaxies de fond déformées par le champ de gravitation de l'amas. Les rayons de courbure mesurés indiquaient que les cœurs de ces amas devaient renfermer une masse énorme. Quand les décalages spectraux de ces deux premiers arcs purent être obtenus, ils confirmèrent qu'il s'agissait bien d'images déformées de galaxies lointaines ; on put alors estimer les masses des amas lentilles : de l'ordre de 10 à 100 fois la masse visible sous forme d'étoiles.

Cette découverte n'était pas trop surprenante. Depuis une vingtaine d'années, les indices se sont accumulés en faveur de l'existence d'une matière « noire », représentant plus de 90 % de la masse constituant l'Univers, mais refusant de se laisser apercevoir. On connaît maintenant des dizaines d'arcs gravitationnels géants dans les amas de galaxies (voir l'arc de l'amas Abell 521, Figure 31), et les redshifts d'un petit nombre d'entre eux. On peut donc commencer à faire des statistiques et étudier la manière dont cette masse se distribue, en moyenne, dans les amas. On s'aperçoit que cette matière sombre est très concentrée au cœur des amas, ce qui contredit les modèles cosmologiques habituels qui prédisent une répartition plus homogène que pour la matière visible. L'observation des arcs gravitationnels géants permet donc de remonter à la distribution de cette matière noire, indépendamment de toute hypothèse sur sa nature.

Les effets de lentille produisant ces arcs géants permettent aussi d'étudier la structure des galaxies lointaines avec une bien meilleure résolution, au moins dans la direction tangentielle à l'arc. L'amas déflecteur joue alors le rôle d'un télescope, dont le grandissement est lié à sa distribution de masse.

Nous ne résistons pas au plaisir de commenter la *Figure 52* : c'est une image du mirage gravitationnel MG 0414 + 0534 obtenue avec le télescope spatial Hubble. C'est aussi le seul cas connu actuellement où l'on distingue simultanément quatre images d'un noyau de quasar et la distorsion en arc de la galaxie qui l'héberge. On a donc tous les éléments pour une modélisation détaillée de ce mirage. Il faut noter encore

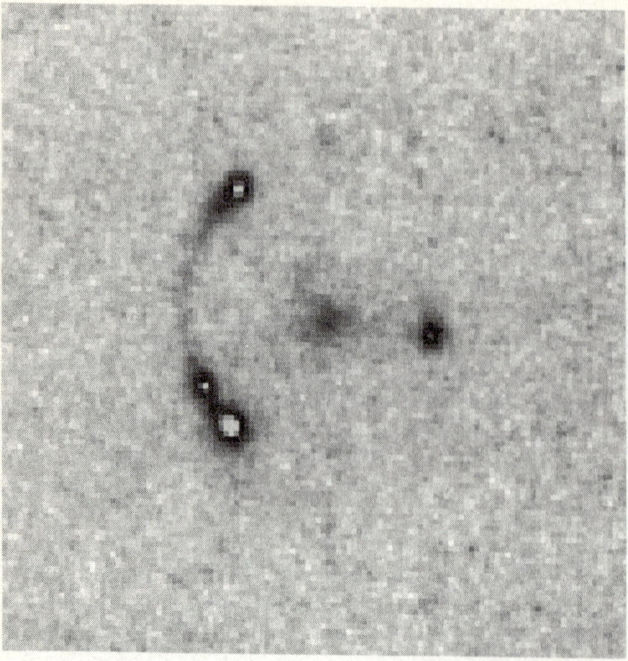

***Figure 52 :** MG 0414 + 0534 vu par le télescope spatial Hubble. On voit quatre images du noyau du quasar et la distorsion en arc de sa galaxie sous-jacente, ainsi que la galaxie lentille, au centre. (Document NASA-HST.)*

que MG 0414 + 0534 est le quasar le plus rouge que l'on connaisse. On pensait jusqu'ici qu'une bonne proportion du rougissement provenait de la galaxie lentille (bien visible ici au centre de l'ensemble). Mais l'arc, lui, n'est pas très rouge. Il faut donc admettre que la majeure partie du rougissement est interne au noyau du quasar. Ce type de quasar très obscurci par la poussière pourrait d'ailleurs être assez abondant. L'attention a été attirée sur MG 0414 + 0534 parce que c'est une source radio de structure quadruple. En l'absence d'effet de mirage, il s'agirait d'une radiosource banale, presque indétectable dans le domaine visible et que personne n'aurait pensé à étudier particulièrement. L'amplification gravitationnelle affecte sans discrimination les sources lointaines et peut mettre en valeur des types d'objets que les méthodes d'observation habituelles délaissent. C'est donc, potentiellement, un moyen très intéressant pour découvrir des objets nouveaux.

Les mini-arcs et la distribution de masse dans les amas

À côté des images spectaculaires d'arcs géants, on peut obtenir la cartographie directe de la distribution de masse dans les amas de galaxies en étudiant la faible distorsion des galaxies de fond. Mais ces effets « de faible déformation » sont difficiles à mesurer. Il faut disposer d'une imagerie à la fois très profonde, à grand champ et à haute résolution spatiale.

Les images de galaxies très lointaines, à peine résolues, ont une forme elliptique. Statistiquement, les grands axes de ces ellipses s'orientent suivant la direction de plus grande amplification gravitationnelle dans la région observée. On peut ainsi tracer le champ gravitationnel de la matière à distance intermédiaire. C'est un peu l'analogue de l'expérience classique de physique qui permet de visualiser le champ magnétique d'un aimant avec de la limaille de fer saupoudrant une feuille de papier.

Cette méthode a déjà permis de préciser la structure de quelques amas, et des projets de grande envergure sont en cours, utilisant des mosaïques de CCD au foyer des meilleurs télescopes.

La scintillation gravitationnelle

Nous avons proposé de traduire par *scintillation gravitationnelle* le *microlensing* des anglophones. Ce phénomène se produit quand un corps de petite masse (masse stellaire ou plus petite), par suite de son mouvement propre, vient à passer devant une source d'arrière-plan et amplifie temporairement son flux. Il existe en effet plusieurs analogies avec la scintillation atmosphérique : il s'agit de fluctuations relativement rapides, affectant différemment les diverses régions d'une source suivant leur taille et pouvant, par là même, changer les couleurs observées (scintillation chromatique). Les applications de la scintillation gravitationnelle concernent principalement l'exploration de la structure fine des quasars et la recherche de la matière noire condensée dans le halo galactique.

L'exploration fine des quasars

En tant que lentilles gravitationnelles, les galaxies ont une structure « granulaire » puisqu'elles sont avant tout un ensemble d'étoiles. Lorsqu'il existe déjà un effet de mirage sur un quasar, les trajets optiques traversent des régions assez denses de la galaxie lentille. Il n'est pas rare dans ce cas qu'une étoile soit assez près du faisceau pour provoquer, à elle seule, un « micro-mirage » dont les composantes ne seront bien sûr pas résolues, mais qui se traduit par une augmentation de flux significative pour la macro-image concernée. La probabilité de cette scintillation gravitationnelle dépend de la géométrie (rapports de distance source / lentille) et du contenu stellaire de la galaxie, mais elle n'est jamais négligeable. Le cas extrême est celui de la « Croix d'Einstein » où elle est de l'ordre de 80 %, c'est-à-dire que, sur les quatre images visibles, une ou plusieurs images sont affectées en permanence de scintillation, par une ou plusieurs étoiles de la galaxie. Pour les autres mirages recensés, la probabilité à un instant donné est de 10 à 50 %. Elle peut être estimée en calculant, en projection sur le ciel, la proportion des points situés à l'intérieur des caustiques des étoiles – c'est ce qu'on appelle la « profondeur optique de la lentille ». Effectivement, on a des indices (photométriques et/ou spectroscopiques) de scintillation gravitationnelle pour la majorité des mirages qui ont été bien étudiés. Un aspect fascinant de cet effet est qu'il est indépendant de la distance. On peut ainsi détecter la présence d'une étoile, voire d'une planète, dans une galaxie tellement lointaine qu'on ne parvient pas à la voir avec les meilleurs télescopes. C'est le cas du « Trèfle à quatre feuilles ».

L'amplification par une étoile dépend de la taille de la source. Si son rayon angulaire est plus petit que le rayon d'Einstein de l'astre, l'amplification est forte. Elle est négligeable pour une source nettement plus étendue que ce rayon d'Einstein qui, pour une étoile d'une masse solaire, est de l'ordre de 10^{-6} seconde. On voit ainsi la possibilité d'explorer la structure des quasars à cette échelle de la microseconde d'angle, qu'aucune autre méthode ne permet actuellement d'atteindre. Grâce au mouvement propre de l'étoile, on peut en un temps raisonnable (quelques mois ou années) faire une coupe du quasar le long de la trajectoire de la microlentille.

Le « Trèfle à quatre feuilles » (*Figure 53*) est le seul cas connu de mirage gravitationnel sur un quasar de type BAL. Par spectroscopie bidimensionnelle, on a pu détecter une différence sur l'une des quatre images par rapport aux trois autres : un continu plus important et certaines composantes BAL renforcées. Ceci s'accorde bien avec un effet de scintillation gravitationnelle. Les astronomes essaient donc de l'observer régulièrement pour remonter aux dimensions des différentes régions, à partir des variations du spectre. Pour d'autres mirages, une surveillance du même genre permettra de distinguer les différentes composantes des raies d'émission larges et d'estimer directement la taille des nuages émetteurs.

Les lentilles gravitationnelles, en concentrant la lumière, étaient déjà un prolongement naturel de nos télescopes, une sorte de « télescope gravitationnel ». Voici qu'elles jouent également le rôle d'un tomographe pour disséquer les quasars.

ÉROS, MACHO ET AUTRES SUJETS EXCITANTS

Il y a quelques années, des équipes d'astrophysiciens collaborant avec des chercheurs en physique des particules ont proposé un vaste programme de recherche de naines brunes ou de planètes de type « Jupiter » dans le halo de

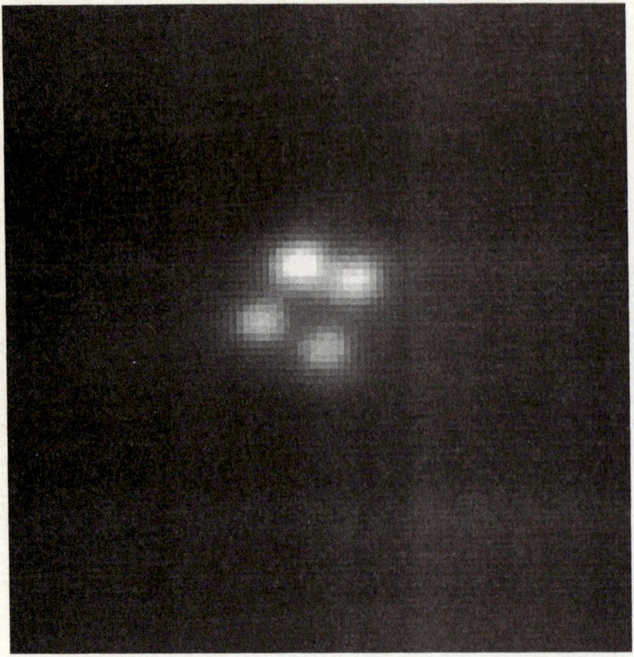

Figure 53 : *Amplification différentielle (scintillation gravitationnelle) dans la cas du « Trèfle à quatre feuilles ». À gauche, photographie directe par très bonnes conditions d'observation (qualité d'image : 0,5"). À droite, spectres des quatre images du quasar et différences observées dans l'image D par rapport à la moyenne des trois autres. (Documents CFHT.)*

notre Galaxie. Il s'agit de suivre les variations photométriques de quelques millions d'étoiles de « fond », dans les Nuages de Magellan ou dans le bulbe central de notre Voie lactée, dans l'espoir de détecter la signature de quelques événements de scintillation gravitationnelle. Si la matière noire du halo est formée de ce genre d'objets, on devrait s'attendre à quelques dizaines de détections.

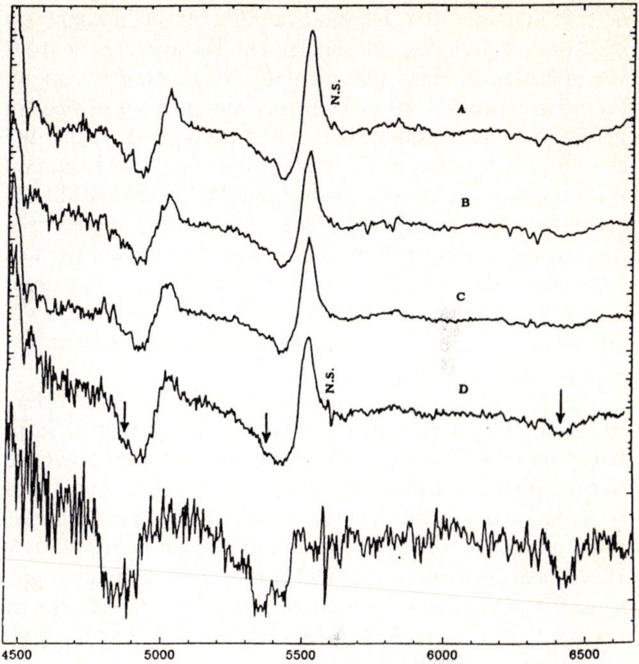

Longueur d'onde

Ces expériences aux acronymes évocateurs (ÉROS = Expérience de Recherche d'Objets Sombres ; MACHO = *Massive And Compact Halo Objects*) furent finalement mises sur pied sous les regards un peu dubitatifs de la majorité des astronomes. En fait, il s'agit de réaliser le programme que proposait Eddington en 1920, mais avec la puissance d'analyse des méthodes informatiques développées pour la physique des particules. Celle-ci est nécessaire car, à la différence des effets de scintillation gravitationnelle sur des quasars, la profondeur optique, c'est-à-dire la probabilité d'un événement, est ici très faible : elle n'est plus de l'ordre de 0,5, mais de 10^{-6}. De plus, la durée du phénomène est très courte : quelques jours seulement. Il s'agit bien de trouver une aiguille dans une meule de foin ! Heureusement, les caractéristiques des événements sont précises et doivent permettre de les distinguer des différents types de variabilité des étoiles. La courbe de lumière doit être symétrique et achromatique (pour cette raison, on effectue la surveillance simultanément en deux couleurs, par exemple le bleu et le rouge), enfin l'événement est unique dans le temps. Les « déchets » du programme sont d'ailleurs utilisables pour d'autres recherches. Désormais, le Grand Nuage de Magellan est probablement la galaxie dont les étoiles variables sont le mieux connues.

Aujourd'hui, quelques dizaines d'événements ont effectivement été détectés sans ambiguïté. Un résultat préliminaire important est qu'il semble bien exister des objets de masses intermédiaires entre planètes et étoiles, mais ils ne sont pas assez nombreux pour constituer toute la masse noire de notre Galaxie : il manque encore un facteur 4 ou 5. Certains événements pourraient être doubles, et trahir la présence de compagnons planétaires autour des petites étoiles ou des naines brunes détectées (voir la Figure 54). Pour améliorer leur détection, un suivi encore plus systématique serait indispensable. L'ordre de grandeur des durées d'événements s'étend de quelques jours à environ un mois pour des MACHOs de la masse de petites étoiles ou naines brunes, mais est seulement de quelques heures pour une planète. Il faudrait donc un très bon échantillonnage temporel et un dépouillement des données très précis pour organiser un suivi photométrique « sur alerte ». Grâce à un ensemble de petits télescopes (0,6 à 1 mètre) bien répartis dans l'hémisphère Sud (Chili, Afrique du Sud, Australie), on pourrait ainsi faire le suivi presque 24 heures sur 24 d'un événement signalé par l'un des trois observatoires. Comme le montre la *Figure 54*, le résultat final dépend de façon critique de l'échantillonnage.

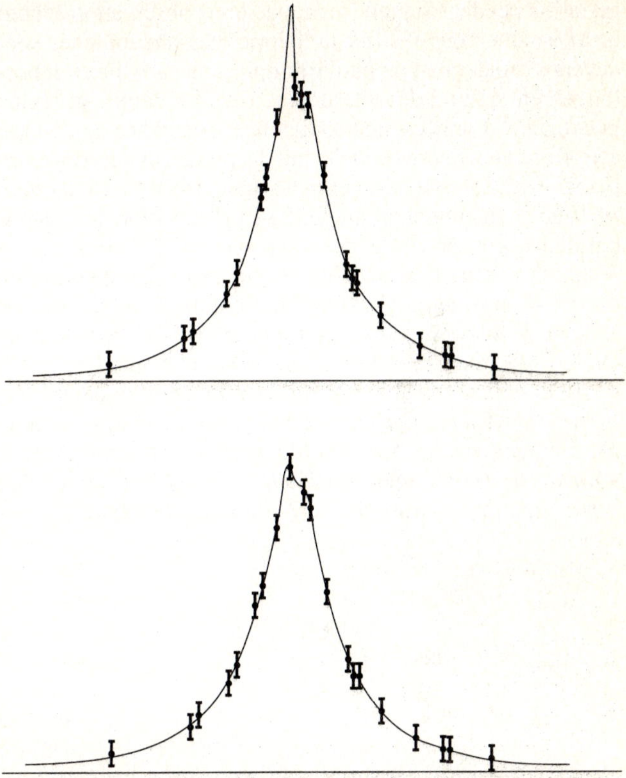

Figure 54 : *Événement double dans l'expérience OGLE, suggérant la détection d'une planète. Deux ajustements à des profils théoriques sont proposés. On voit qu'il faut un excellent échantillonnage dans le temps pour mesurer correctement les paramètres d'un tel événement. (Document* Astronomical Journal.*)*

Conclusion futuriste

Pour l'astronome qui, par définition, ne peut manipuler à sa guise son objet d'étude, les phénomènes d'optique gravitationnelle sont une aubaine. Après une longue période de gestation pendant laquelle les capacités d'observation étaient insuffisantes pour vérifier la théorie, ces phénomènes sont devenus rapidement un outil irremplaçable, auxiliaire et prolongement naturel des télescopes. Tous les deux ans depuis une dizaine d'années, une conférence spécialisée de l'Union astronomique internationale fait le point sur les développements récents dans ce domaine. La dernière, à Melbourne en 1995, a vu pour la première fois l'organisation de sessions parallèles consacrées à des sous-spécialités telles que la recherche de matière sombre, la structure des quasars, ou encore la mesure de H_o. C'est dire combien les recherches se sont développées et diversifiées. Si l'on extrapole cette évolution aux prochaines années, on doit conclure que 100 % des astronomes travailleront sur les effets d'optique gravitationnelle en 2008 ! Comme toutes les extrapolations, celle-ci est évidemment un peu absurde, mais il est certain que la « bizarrerie invérifiable » du début de ce siècle ne pourra être ignorée par aucun astrophysicien du siècle prochain.

Épilogue : Devant l'infini

Devant l'Infini pour qui tout est pareil,
Il est donc aussi grand d'être homme que Soleil.
Lamartine, *L'Infini dans les cieux*

Le jeu de la marelle présente une évidente analogie avec la recherche en astronomie. En partant de la Terre (représentée par un cercle), les enfants essaient d'atteindre le ciel (dont la forme en arc de cercle tendu par une corde n'est pas sans rappeler la voûte céleste). L'avance par sauts, demi-tours, progressions et régressions évoque d'une part les succès et les errances du progrès scientifique et, d'autre part, ce long cheminement de la pensée pour tenter de comprendre l'histoire de l'Univers. Chaque lancer de la marelle a été une occasion de faire reculer, à la fois par l'observation et la théorie, les limites de l'espace exploré. Le jeu est prenant et peut s'étaler sur des durées inhabituelles pour une entreprise humaine. Nous aurions pu consacrer un livre entier par exemple à la seule histoire de la constante de Hubble, les efforts déployés pour la mesurer, les diverses méthodes imaginées, les erreurs, les méprises, les progrès, les controverses souvent âpres qui se succèdent depuis maintenant trois quarts de siècle. Est-ce à dire que ce jeu nous isole ? Il y a d'un côté la réalité cosmique des galaxies, il y a de l'autre la réalité de la vie. L'astronome, plongé dans l'une, essaie de comprendre l'autre. Nous voudrions souligner ici que son travail n'est pas une échappatoire au quotidien. Il le rend au contraire plus sensible que d'autres, peut-être, aux contradictions du monde.

Des galaxies…

Nous voici au terme d'un long voyage immobile dans le monde des galaxies, dont nous ne faisons probablement qu'entrevoir la richesse. Cette diversité n'est pourtant tressée que de quatre fils que la physique révèle, quatre forces élémentaires : interactions nucléaires faible et forte, électromagnétique et gravitationnelle. Toutes les structures de l'Univers, aussi complexes soient-elles (un être vivant par exemple), résultent en fin de compte du jeu de ces quatre interactions sur les particules élémentaires, dont le nombre de variétés est lui aussi très restreint. Les forces nucléaires faible et forte gouvernent la structure des noyaux et les réactions nucléaires, source primaire de l'énergie des étoiles. La force électromagnétique contrôle les mécanismes d'émission atomique et produit le précieux messager céleste, la lumière, sans lequel nous ne saurions presque rien. La force électromagnétique est aussi à la source des champs magnétiques intra- et intergalactiques, dont le rôle est probablement encore sous-estimé dans le façonnage des galaxies. La gravitation, enfin, organise la matière en grandes structures : galaxies, amas de galaxies, filaments… Bien qu'étant de loin la moins intense des quatre forces, elle peut dominer les autres pour former des trous noirs, et elle règne sans partage à l'échelle de l'Univers entier. Les jeux de la lumière et de la gravitation produisent des effets déroutants, exploitables pour mesurer divers paramètres des objets qui peuplent l'espace, ou de l'espace lui-même. Ces effets révèlent la présence de matière sombre, ou permettent de sonder la structure des galaxies et des quasars à une échelle bien plus fine que par l'observation directe.

Les astronomes ont inventé une instrumentation de plus en plus élaborée pour recueillir l'information disponible, et font appel à toutes les ressources de la physique pour l'interpréter. Il y a dans cette activité un aspect ludique et, pour un observateur extérieur, un certain mystère s'en dégage.

L'astronome apparaît comme une sorte de détective tirant parfois des conclusions étonnantes à partir d'indices bien ténus. Cette herméneutique, dans un espace ontologique élevé aux dimensions de l'Univers, est la source même de la recherche. Le risque d'une « sur-interprétation » des données n'étant jamais exclu, le scientifique doit être capable de définir la frontière entre le vraisemblable et l'extravagant. Cependant, l'astronome n'est pas un chirurgien, et ses éventuelles erreurs n'ont pas de conséquence tragique.

Nos connaissances en astronomie extragalactique ont spectaculairement progressé pendant la dernière décennie, en grande partie grâce aux développements des moyens instrumentaux. Des progrès au moins aussi importants sont attendus dans le futur proche, notamment avec le développement d'une nouvelle génération d'instruments, au sol et dans l'espace. Les réponses à certaines questions posées depuis longtemps, comme le mécanisme détaillé des quasars, ou les valeurs des paramètres cosmologiques, sont devenues raisonnablement à notre portée. D'autres problèmes sont loin d'être résolus, comme la nature des mystérieuses sources gamma transitoires ou celle de la matière noire, dont l'existence ne fait cependant plus guère de doute. La théorie aussi a encore des difficultés à surmonter, ne serait-ce que dans le cadre des scénarios cosmologiques (ajustement plus ou moins arbitraire des étapes d'inflation, afin de reproduire l'Univers observé).

Einstein avait coutume de dire : *ce qui est incompréhensible, c'est que l'Univers soit compréhensible*. Il est vrai que l'on éprouve toujours un sentiment d'étonnement, mêlé de jubilation, lorsque des observations viennent confirmer, en la précisant, une prédiction théorique. La beauté de certains objets que les instruments nous révèlent avec de plus en plus de détails est aussi une source d'émerveillement qui justifierait à elle seule l'activité de l'astronome. Et alors, oui, on se sent faire partie du cosmos. C'est d'ailleurs une évidence scientifique. Les atomes qui nous environnent comme ceux qui nous constituent ont été synthétisés lors du Big Bang, ou au sein d'étoiles massives, quelque part dans la Galaxie, peut-être bien loin de notre Soleil. Ces découvertes relativement récentes de l'astrophysique sont maintenant connues d'un large public. Tous les habitants de la Terre sont aussi des enfants des galaxies. En bonne logique, nous sommes tous frères. Homo sapiens ? L'adjectif n'est pas si sûr. Homo galacticus ? Certainement.

> *Quelqu'un demanda un jour à Anaxagore : « Pourquoi ne t'intéresses-tu pas davantage à ta patrie ? » (par ce mot, il désignait la Grèce). Anaxagore répondit, montrant d'un geste l'étendue de notre Univers : « Ma patrie ? Mais je ne m'intéresse qu'à elle ! »*
>
> Diogène Laërce

… et des hommes

L'astronomie est faite par des hommes (et des femmes, pour un bon tiers de nos effectifs), dont nous souhaitons brièvement parler. Les réflexions présentées ici n'engagent, bien entendu, que les deux auteurs de ce livre, mais nous les croyons assez représentatives.

Les astronomes peuvent être considérés comme une espèce protégée par un statut confortable de fonctionnaire, se livrant à une activité de recherche pure, sans autre valeur que culturelle. Ce genre de valeur n'étant pas coté en Bourse, ils sont donc en première ligne lorsque nos gouvernants décident de faire des économies, en effectuant des coupes claires dans le budget de la recherche (la culture est un « luxe », c'est un air connu). Les tendances actuelles, si elles se poursuivaient durablement, pourraient bien faire des astronomes une espèce en voie de disparition. La situation prend des proportions angoissantes pour les jeunes, étudiants ayant achevé leur thèse, dont l'aspiration à une carrière dans la recherche, après de nombreuses années d'effort, n'a aucune certitude d'aboutissement.

Une image d'Épinal identifie l'astronome à un doux rêveur, vivant en marge du monde et de ses contingences. Notre expérience professionnelle, notre vécu scientifique laissent peut-être transpirer çà et là quelques réflexes pouvant faire de nous des gens « à part ». En admirant les dernières rutilances du Soleil couchant, il se peut que le scientifico-cortex vous souffle « diffusion Rayleigh » ; puis, lorsque les premières étoiles scintillent, les mêmes neurones spécialisés vous susurrent « loi de Kolmogorov », et vous ne pouvez pas vous empêcher d'évaluer inconsciemment la turbulence atmosphérique ; mais, pour l'essentiel, la connaissance de ces phénomènes n'empêche pas d'en goûter la beauté.

On pourrait imaginer les astronomes détachés du monde, perpétuellement la tête dans les galaxies. Il sont en fait des individus comme les autres, avec leurs qualités et leurs défauts, leur quotidien, leurs joies et leurs tristesses. Même si quelques scientifiques, par l'attribution d'un prix ou d'une distinction, deviennent des vedettes médiatiques subitement capables de formuler un avis (autorisé par définition !) sur tout et sur n'importe quoi, la majorité est tout juste une photographie de l'humanité. Ils ne sont ni gourous ni exégètes, et représentent à peu près tous les courants de pensée. Simplement, pour la nécessité des observations ou des collaborations avec les spécialistes de leur domaine qui peuvent être à Hambourg, Sydney ou Buenos Aires, les astronomes voyagent fréquemment. C'est certainement un grand privilège, c'est aussi une source de réflexion.

Les longues nuits d'observation peuvent être physiquement éprouvantes, mais elles permettent, au spectacle du ciel, de laisser vagabonder la pensée. Il y a des instants d'exception que l'on aimerait partager avec ceux qui vous sont chers, là-bas, à des milliers de kilomètres de l'Observatoire : ce ciel magnifique avec ses étoiles et ses galaxies, ce duo de violons entre Stéphane Grappelli et Yehudi Menuhin, improvisant à plein plaisir, que vous diffusez dans la coupole. Mais un sentiment de malaise s'insinue. On ne peut oublier les gamins nus de ce gigantesque bidonville qui jouaient le long de l'autoroute de l'aéroport, dans la poussière et les gaz d'échappement bleutés ; ou bien on n'arrive pas à oublier que l'on observe tranquillement à quelques dizaines de kilomètres d'une grande ville où le couvre-feu a été décrété par un régime dictatorial. En remuant ces pensées, on est saisi par l'incongruité d'une magnifique observation du ciel, dans la fraîcheur de la nuit, aux sons d'une musique sublime, alors que l'on assassine peut-être à proximité. Est-ce futile d'être astronome ? Est-ce frivole d'être violoniste et d'y consacrer sa vie ? La question est la même et le doute s'installe. N'y a-t-il rien de mieux à faire ? Comme pour bien des personnes, l'action privée, humanitaire ou politique peut venir conjurer cette angoisse. L'activité de recherche en astronomie va aussi dans le même sens.

Un grand télescope, comme un orchestre symphonique, coûte cher ; ce n'est pourtant rien, comparé au prix d'un bombardier (et c'est nettement moins nocif). L'art et la science sont avant tout, pour ceux qui les pratiquent, des instruments de plaisir. Mais ce sont aussi, pour eux et pour les autres, des instruments de liberté, finalement très rentables. Il nous faut parier sur la culture contre le revolver, et la défendre ; c'est également notre rôle.

Primo Levi, pour tenter de rester humain dans l'enfer d'Auschwitz, se récitait des vers de Dante. Et si les cachots n'ont pas de fenêtres, n'est-ce pas aussi pour empêcher de voir les astres dans le ciel ? Voir une étoile et comprendre sa nature, c'est déjà être un peu libre. Pour que ces armes de liberté agissent vraiment, il est nécessaire de partager avec le plus grand nombre le savoir et le plaisir de la découverte. Le but de ce livre était d'y contribuer modestement.

Annexe

Quelques galaxies remarquables

> *... Car il faut savoir qu'en ce temps-là le cosmos n'était pas tellement infini que ça, et en plus il était plutôt rond. De telle sorte que, en partant d'un endroit et en allant tout droit, au bout d'un certain temps, on y rarrivait.*
>
> Jacques Rouxel, *Les Shadoks*, Circonflexes

Nous présentons dans cette annexe les galaxies les plus brillantes des deux hémisphères, classées par ascensions droites croissantes. Muni d'une bonne carte céleste, le lecteur pourra, à l'aide d'un petit télescope, repérer chaque galaxie dans le ciel, et en découvrir ainsi les principales caractéristiques. Pour chaque objet, le nom dans le catalogue Messier et/ou NGC (*New General Catalogue*), ainsi que la constellation d'appartenance, sont indiqués. Les coordonnées en ascension droite et déclinaison dont données pour l'équinoxe 2000. Une brève description mentionne la date et l'auteur de la découverte, la distance de l'objet ainsi que sa morphologie, sa structure et sa vitesse de récession. Bien entendu, ces objets ne peuvent être observés que dans un ciel totalement dépourvu de lumière parasite et de pollution. Il est d'ailleurs étonnant de constater que les éclairages publics ont généralement été conçus pour que la moitié de la lumière se diffuse inutilement en direction du ciel. Des associations de protection de la qualité du ciel nocturne se sont créées dans de nombreux pays afin de sensibiliser les pouvoirs publics et les décideurs, d'une part au gaspillage d'électricité, et d'autre part à la perte de ce véritable patrimoine naturel qu'est la voûte céleste. Face aux puissances industrielles, elles sont déjà parvenues à faire interdire les projets délirants tels que la publicité orbitale, sous forme de réclames lumineuses gigantesques tournant autour de la Terre. En France, des municipalités commencent à adapter leurs réseaux d'éclairage urbain, de manière à rendre ceux-ci « non polluants ». À l'aube du troisième millénaire, il est à souhaiter que Pierrot puisse encore séduire Colombine sous un beau ciel étoilé.

La liste ci-dessous résume les caractéristiques propres à chaque galaxie ; coordonnées, type morphologique et vitesse de récession ont été fournies par LEDA, la Base de données extragalactique de l'Observatoire de Lyon. Le spectacle d'une belle galaxie est toujours émouvant ; il ne faut cependant pas s'attendre à voir aisément à l'oculaire les bras spiraux rendus si spectaculaires sur les photographies à longue pose.

Galaxies brillantes

NGC 55, Sculpteur

α : 00 h 15 mn 08 s, δ : – 39° 13' 13"

Cette galaxie de type SB est vue de profil. Avec une vitesse de récession de 125 km/s, sa distance n'est que de 1,5 mégaparsec.

Messier 31, NGC 224 Andromède

α : 00 h 42 mn 41 s, δ : + 41° 16' 20"

La célèbre galaxie d'Andromède est le joyau de l'hémisphère boréal. Mentionnée par l'astronome persan Al-Sûfi dès l'an 964, elle est l'objet le plus lointain visible à l'œil nu. De type morphologique Sb, elle est située à une distance de 690 000 parsecs. Son bulbe a un diamètre de l'ordre de 8 000 parsecs. Sa couleur indique une nette prédominance d'étoiles âgées, malgré la présence de plus de 2 000 régions HII, riches en étoiles jeunes. Messier 31 est accompagnée de Messier 32 (NGC 221), petite galaxie elliptique (type E2), et de NGC 205 (type E6), dont le noyau, riche en étoiles jeunes, est assez brillant. Messier 32 fut découverte par Le Gentil en 1749, et NGC 205 par Messier en 1773. Ces trois galaxies appartiennent au Groupe local et se rapprochent de notre Voie lactée à une vitesse de 270 km/s pour Messier 31, et 210 km/s pour Messier 32.

Messier 33, NGC 598 Triangle

α : 01 h 33 mn 43 s, δ : + 30° 39' 04"

Découverte par Messier en 1764, elle fut résolue en étoiles par William Herschel. Lord Rosse mit en évidence sa structure spirale au milieu du XIXe siècle. De type Sc, elle se présente de face à l'observateur, et se localise assez facilement avec une paire de jumelles entre les constellations d'Andromède et du Triangle à une distance de 785 000 parsecs ; son minuscule noyau n'a que 5 parsecs de diamètre. Messier 33 est membre du Groupe local ; elle se rapproche de nous à 190 km/s.

Messier 74, NGC 628 Poissons

α : 01 h 36 mn 42 s, δ : + 15° 47' 12"

Cette magnifique galaxie spirale Sc se présente de face à l'observateur. Avec une vitesse de récession de 656 km/s, sa distance est estimée à 9 mégaparsecs. Le noyau, de petite dimension, est aisément observable au télescope.

Messier 77, NGC 1068 Baleine

α : 02 h 42 mn 40 s, δ : – 00° 00' 48"

À cheval sur l'équateur céleste pour l'équinoxe 2000, cette galaxie spirale de type S est vue de face. Elle a la particularité de montrer un spectre de raies d'émission fortes, produites par le noyau actif (c'est un objet de Seyfert). La vitesse de récession de 1 135 km/s indique une distance de l'ordre de 15 mégaparsecs.

NGC 1291, Eridan

α : 03 h 17 mn 18 s, δ : – 41° 06' 28"

Belle galaxie spirale de type SB0 vue de face. Distante de 11 mégaparsecs, sa vitesse de fuite est de 837 km/s.

NGC 1313, Réticule

α : 03 h 18 mn 15 s, δ : – 66° 29' 51"

Galaxie spirale de type SBd vue de face, dont la vitesse de fuite est de 456 km/s. Distance : 6 mégaparsecs.

NGC 1365, Fourneau

α : 03 h 33 mn 36 s, δ : – 36° 08' 17"

Cette belle galaxie australe est l'un des archétypes des spirales barrées (SBb). La barre est facilement observable dans un petit télescope. Distante de 21 mégaparsecs, sa vitesse de récession est de 1 663 km/s.

NGC 1566, Dorade

α : 04 h 20 mn 00 s, δ : – 54° 56' 18"

Belle galaxie SBb vue de face, dont la vitesse de fuite de 1 493 km/s indique une distance de 20 mégaparsecs.

Messier 82, NGC 3034 Grande Ourse

α : 09 h 51 mn 50 s, δ : + 69° 56' 13"

Cette galaxie présente une structure très irrégulière, comme l'indique son type IrrII. Des filaments d'hydrogène de 3 kiloparsecs de longueur partent du cœur de l'objet et se dispersent dans toutes les directions. Découverte par Bode en 1774, elle s'enfuit à une vitesse de 400 km/s, à une distance de 5 mégaparsecs.

Messier 81, NGC 3031 Grande Ourse

α : 09 h 55 mn 33 s, δ : + 69° 04' 08"

Messier 81 est l'une des plus brillantes galaxies du ciel boréal. Découverte par Bode en 1774, elle est située à 3 mégaparsecs comme le confirme l'observation d'une supernova en 1993. Elle révèle assez facilement ses bras spiraux (type Sb) dans un petit télescope. Sa vitesse de fuite est de 87 km/s.

Messier 95, NGC 3351 Lion

α : 10 h 43 mn 58 s, δ : + 11° 42' 14"

De type SBR, cette galaxie spirale montre de face une barre de part et d'autre d'un noyau brillant. Située à 10 parsecs, sa vitesse de fuite est de 778 km/s.

Messier 96, NGC 3358 Lion

α : 10 h 46 mn 45 s, δ : + 11° 49' 15"

Proche de Messier 95 (un degré les sépare), cette galaxie est également une spirale barrée vue de face. Avec une vitesse de récession de 898 km/s, sa distance est de l'ordre de 12 mégaparsecs.

Messier 105, NGC 3379 Lion

α : 10 h 47 mn 50 s, δ : + 12° 34' 57"

Membre du groupe du Lion, cette galaxie elliptique se présente pratiquement sous forme d'une tache circulaire. Avec une vitesse de fuite de 889 km/s, sa distance est de 12 mégaparsecs.

Messier 108, NGC 3556 Grande Ourse

α : 11 h 11 mn 32 s, δ : + 26° 57' 41"

La galaxie Messier 108 se présente pratiquement de profil à l'observateur. De type Sc, elle est aisément détectable avec un petit télescope. Avec une vitesse de fuite de 694 km/s, sa distance est estimée à 9 mégaparsecs.

Messier 65, NGC 3623 Lion

α : 11 h 18 mn 55 s, δ : + 13° 05' 35"

Cette belle galaxie de type Sb fut découverte par Méchain en mars 1780. Distante de 12 mégaparsecs, elle est presque vue de profil. Sa vitesse de fuite est de 807 km/s.

Messier 66, NGC 3627 Lion

α : 11 h 20 mn 14 s, δ : + 12° 59' 42"

Voisine de la précédente, cette spirale Sb vue de face fut également découverte par Méchain, la même nuit. Elle est située à la même distance que Messier 65, avec une vitesse de récession de 727 km/s.

Messier 109, NGC 3992 Grande Ourse

α : 11 h 57 mn 36 s, δ : + 53° 22' 31"

Belle galaxie spirale barrée (SB) à proximité de l'étoile γ Grande Ourse, facilement observable à une distance de 14 mégaparsecs ; sa vitesse de récession est de 1 048 km/s. Une supernova de magnitude 11 y a été observée en 1956.

Messier 98, NGC 4192 Chevelure de Bérénice

α : 12 h 13 mn 48 s, δ : + 14° 53' 42"

Cette galaxie spirale (type SB) est vue pratiquement par la tranche. Elle possède un noyau brillant de petite dimension. Elle se rapproche de nous à une vitesse de 142 km/s. À 12' au sud-ouest, la faible galaxie spirale NGC 4186 est un objet beaucoup plus éloigné dont la vitesse de fuite de 7 882 km/s correspond à une distance de 105 mégaparsecs (plus de 350 millions d'années-lumière !).

Messier 99, NGC 4254 Chevelure de Bérénice

α : 12 h 18 mn 49 s, δ : + 14° 25' 07"

Vue de face, cette galaxie spirale possède une structure bien circulaire tout à fait remarquable. Située à une distance de 32 mégaparsecs, sa vitesse de récession est de 2 407 km/s.

Messier 106, NGC 4258 Chiens de chasse

α : 12 h 18 mn 58 s, δ : + 47° 34' 55"

Belle galaxie de type SB qui émet dans le domaine radio depuis une distance de 6 mégaparsecs ; sa vitesse de récession est de 450 km/s. L'objet est visible de trois quarts avec un noyau brillant étendu.

Messier 61, NGC 4303 Vierge

α : 12 h 21 mn 55 s, δ : + 04° 28' 20"

Galaxie spirale de type SBR, Messier 61 est animée d'un mouvement de fuite de 1 569 km/s. Sa forme caractéristique de spirale barrée est bien reconnaissable ; sa distance est estimée à 21 mégaparsecs.

Messier 100, NGC 4321 Chevelure de Bérénice

α : 12 h 22 mn 55 s, δ : + 15° 49' 22"

Cette galaxie spirale de type SB est vue de face ; son aspect est analogue à celui de Messier 33. Elle possède deux bras principaux, et s'enfuit à une vitesse de 1 586 km/s, soit une distance de 21 mégaparsecs.

Messier 84, NGC 4374 Vierge

α : 12 h 25 mn 04 s, δ : + 12° 53' 14"

Avec un mouvement de récession de 956 km/s, cette galaxie de type S0 est vue comme une tache circulaire, à une distance de 13 mégaparsecs.

Messier 85, NGC 4382 Chevelure de Bérénice

α : 12 h 25 mn 25 s, δ : + 18° 11' 26"

Galaxie elliptique ovale, accompagnée à 7 minutes à l'est de la galaxie spirale barrée (type SB) NGC 4394. Messier 85 a une vitesse de fuite de 722 km/s et NGC 4394 de 920 km/s, soit des distances respectives de 9 et 12 mégaparsecs.

Messier 49, NGC 4472 Vierge

α : 12 h 29 mn 46 s, δ : + 07° 59' 58"

Cette galaxie dont la vitesse de fuite est de 913 km/s fut découverte en 1771 par l'astronome italien Barnabas Oriani, âgé alors de 19 ans. Il s'agit d'une elliptique de type E4, distante de 13 mégaparsecs. Sa masse est estimée à quelque 10^{12} masses solaires, pour un diamètre de l'ordre de 50 kiloparsecs. Il s'agit donc d'un objet géant, 10 fois plus massif que la Galaxie ; à la même distance, notre Galaxie serait 2 fois moins étendue.

Messier 87, NGC 4486 Vierge

α : 12 h 30 mn 50 s, δ : + 12° 23' 24"

Cette superbe galaxie elliptique géante (type E1) occupe le centre de l'amas de galaxies de la Vierge qui contient à lui seul 16 des 34 galaxies du catalogue de Messier. Distante de 16 mégaparsecs, elle a une vitesse de récession de 1 282 km/s. Son diamètre de 35 kiloparsecs est tout à fait exceptionnel ; plus de 1 500 amas globulaires ont été observés dans son voisinage. Sa masse est estimée à $300 \cdot 10^9$ masses solaires. Composée en majorité d'étoiles âgées, elle possède un curieux jet de matière rectiligne, de 5 000 années-lumière de long, émettant fortement dans le domaine radio. Le Groupe local fait partie de l'amas de la Vierge, sous forme d'une structure satellite. Au sud-ouest, la galaxie elliptique NGC 4478 est observable ; membre de l'amas de la Vierge, elle s'enfuit à 1 384 km/s.

Messier 88, NGC 4501 Chevelure de Bérénice

α : 12 h 31 mn 59 s, δ : + 14° 25' 17"

Cette superbe spirale de type S est vue de trois quarts, de manière analogue à Messier 31. Elle est assez lointaine, s'enfuyant à 2 279 km/s, soit une distance de l'ordre de 31 mégaparsecs ; il s'agit donc d'une galaxie de grandes dimensions, dont le diamètre est estimé à 30 kiloparsecs.

Messier 91, NGC 4548 Chevelure de Bérénice

α : 12 h 35 mn 26 s, δ : + 14° 29' 49"

Galaxie spirale de type SBR. Vue de face, elle est située à 7 mégaparsecs ; sa vitesse de fuite est de 486 km/s.

Messier 89, NGC 4552 Vierge

α : 12 h 35 mn 40 s, δ : + 12° 33' 25"

Cette galaxie elliptique fut découverte par Messier en mars 1781. Pratiquement circulaire, elle est située à une distance de 4 mégaparsecs, pour une vitesse de fuite de 311 km/s.

Messier 90, NGC 4569 Vierge
α : 12 h 36 mn 50 s, δ : + 13° 09' 48"

Belle galaxie spirale de type SB qui se rapproche de nous à une vitesse de 236 km/s. Elle possède un noyau central brillant.

Messier 58, NGC 4579 Vierge
α : 12 h 37 mn 44 s, δ : + 11° 49' 10"

Messier 58 est une des plus brillantes galaxies de l'amas de la Vierge. De type SB, elle montre deux superbes bras spiraux, à une distance de 20 mégaparsecs. La vitesse de récession est de 1 521 km/s.

Messier 104, NGC 5494 Vierge
α : 12 h 40 mn 02 s, δ : – 11° 37' 20"

La célèbre galaxie « du Sombrero », Messier 104, appartient à l'amas de galaxies de la Vierge. Sa forme caractéristique fait oublier qu'il s'agit en fait d'une spirale de type Sa, distante de 12 mégaparsecs. Découverte par Méchain en 1781, son diamètre de 9 kiloparsecs est pratiquement défini par son vaste bulbe, mélange d'étoiles, de gaz et de poussière.

Messier 59, NGC 4621 Vierge
α : 12 h 42 mn 02 s, δ : + 11° 38' 48"

Cette galaxie elliptique fait également partie de l'amas de la Vierge. Découverte en avril 1779 par J. G. Köhler à Dresde, sa vitesse de fuite est de 430 km/s, soit une distance de 6 mégaparsecs. Elle est observable au télescope sous forme d'une tache floue circulaire.

Messier 60, NGC 4649 Vierge
α : 12 h 43 mn 40 s, δ : + 11° 32' 58"

Découverte en même temps que Messier 59, cette galaxie est également une elliptique classique distante de 13 mégaparsecs. Elle s'éloigne de nous à une vitesse de 1 114 km/s.

Messier 94, NGC 4736 Chiens de chasse
α : 12 h 50 mn 53 s, δ : +41° 07' 09"

Cette superbe galaxie Sb est visible avec une paire de jumelles à proximité de Messier 51. Distante de 4 mégaparsecs, elle s'enfuit à une vitesse de 308 km/s. Elle fut découverte par Méchain en 1781. La galaxie possède un anneau ténu de matière à 15' du centre, visible sur les photographies.

Messier 64, NGC 4826 Chevelure de Bérénice

α : 12 h 56 mn 50 s, δ : + 21° 40' 59"

Découverte par Bode en 1779, cette magnifique galaxie spirale Sb est distante de 4 mégaparsecs. Elle est observable avec une paire de jumelles ; son diamètre est de 12 kiloparsecs. Une zone de matière sombre près du bulbe lui a valu le surnom de galaxie à l'œil noir (*black eye galaxy*) ; sa vitesse de récession est de 360 km/s.

Messier 63, NGC 5055 Chiens de chasse

α : 13 h 15 mn 49 s, δ : + 42° 02' 05"

En 1779, Méchain découvrit cette galaxie spirale de type S aisément observable malgré une perspective de trois quarts. Distante de 7 mégaparsecs, elle s'enfuit à une vitesse de 504 km/s.

NGC 4945 Centaure

α : 13 h 05 mn 26 s, δ : – 49° 28' 15"

Galaxie SB proche vue de profil dont la vitesse de récession de 560 km/s indique une distance de 8 mégaparsecs.

NGC 5128 Centaure

α : 13 h 25 mn 29 s, δ : – 43° 01' 00"

Cette belle galaxie elliptique n'est visible que de l'hémisphère austral. De type morphologique E0p, elle est située à 8 mégaparsecs. Au sein d'un large disque de poussières, de gaz et d'étoiles en formation, elle possède un noyau actif. Son diamètre est évalué à 9 kiloparsecs. Elle a une vitesse de récession de 559 km/s.

Messier 51, NGC 5194 Chiens de chasse

α : 13 h 29 mn 50 s, δ : + 47° 12' 02"

Cette superbe galaxie de type Sc fut découverte par Messier en 1773. Distante de 4 mégaparsecs, elle se présente de face à l'observateur. Un bras s'étend jusqu'à la galaxie satellite NGC 5195, petite galaxie spirale partiellement masquée par le gaz ionisé et les étoiles jeunes de la galaxie mère. Surnommée « le tourbillon » (*whirlpool galaxy*), elle s'enfuit à une vitesse de 550 km/s.

Messier 83, NGC 5236 Hydre
α : 13 h 37 mn 00 s, δ : – 29° 52' 05"

Cette belle galaxie spirale de type SBc est assez basse sur l'horizon boréal, à une distance de 4 mégaparsecs ; son diamètre est évalué à 30 kiloparsecs. Elle possède des bras assez larges, et semble montrer une barre centrale. Sa population stellaire est assez âgée. Sa vitesse de fuite est de 515 km/s. Elle fut découverte par Lacaille lors d'une expédition en Afrique du Sud en 1751-1752. Quatre supernovae y ont été observées en 1923, 1950, 1957 et 1968.

Messier 101 = Messier 102, NGC 5457 Grande Ourse
α : 14 h 03 mn 10 s, δ : + 54° 21' 32"

Découverte par Méchain en 1781, cette belle galaxie est une spirale de type Sc vue de face. Sa distance est connue avec une bonne précision grâce à une supernova observée dans les années 1950, soit 5 mégaparsecs ; son diamètre est de 61 kiloparsecs. La structure spirale n'est observable qu'à l'aide d'un télescope d'ouverture suffisante, au moins 150 millimètres. Sa vitesse de fuite est de 400 km/s. Le même objet fut baptisé deux fois par erreur au XVIIIe siècle.

NGC 6744, Paon
α : 19 h 09 mn 45 s, δ : – 63° 51' 22"

Galaxie de type SBc vue de face. Sa vitesse de récession de 839 km/s indique une distance de 11 mégaparsecs.

Le Grand Nuage de Magellan

Facilement visible à l'œil nu dans l'hémisphère austral, le Grand Nuage de Magellan s'étend sur une soixantaine de degrés carrés. Distant de 53 kiloparsecs de notre Galaxie, il a un diamètre approximatif de 5 kiloparsecs, pour une masse de l'ordre de 10^{10} fois la masse du Soleil (dont 10 % sous forme de gaz). Sa structure irrégulière montre une barre lumineuse qui s'incurve aux deux extrémités dans des directions opposées. Une soixantaine d'amas globulaires sont observables, ainsi que de multiples condensations stellaires noyées dans des régions HII d'hydrogène chaud. On remarquera facilement la nébuleuse NGC 2070, appelée communément « nébuleuse de la Tarentule », vaste complexe de gaz ionisé, riche en étoiles jeunes de type Wolf-Rayet.

Le Petit Nuage de Magellan

De structure également irrégulière, le Petit Nuage de Magellan est situé à une distance de 60 kiloparsecs de la Galaxie. Il se présente probablement à nous de profil, ce qui rend sa définition assez difficile. Sa masse est estimée à $2 \cdot 10^9$ masses solaires (dont 20 % sous forme de gaz). Plus d'une centaine d'amas globulaires et ouverts font partie de cette petite galaxie spectaculaire.

Un quasar accessible : 3C 273

α : 12 h 29 mn 06,5 s, δ : + 02° 03' 09"

En 1959, le troisième catalogue des radiosources de Cambridge recensait 471 candidats, dont certaines radiosources sont associées à des objets classiques, tels que la nébuleuse du Crabe, ou la galaxie Messier 87 dans la Vierge. 3C 273 est l'objet le plus brillant de ce catalogue, avec une magnitude visuelle moyenne de 12,8. Vu au télescope, 3C 273 ne se distingue pas d'une étoile ordinaire, cependant son décalage spectral indique un redshift $z = 0{,}158$, soit une distance corrigée des effets relativistes de 565 mégaparsecs (1,85 milliard d'années-lumière !). En outre, ce quasar a un éclat variable de 0,5 magnitude tous les 13 ans, et a montré des sursauts d'une magnitude en 1929 et 1940. Plus brillant que 300 galaxies réunies, ce remarquable objet possède également un rayonnement polarisé variable dans le domaine visible. La *Figure 55* permet de repérer 3C 273 dans la constellation de la Vierge. Les disques ovales indiquent les plus brillantes galaxies de l'amas de la Vierge, repérées par leur numéro du *New General Catalogue* (NGC). La carte à grande échelle indique les magnitudes des objets environnants. Par comparaison « à l'œil », les astronomes amateurs parviennent ainsi à déduire la magnitude du quasar et à établir la courbe de lumière suivant une méthode similaire à celle qui est utilisée pour l'étude des étoiles variables.

Amas de galaxies

Les deux amas de galaxies A 1060 et A 1656, situés dans les constellations de la Vierge et de la Chevelure de Bérénice, sont observables avec un petit télescope. On trouvera leur description détaillée dans le chapitre « Tout ce monde visible », p. 125.

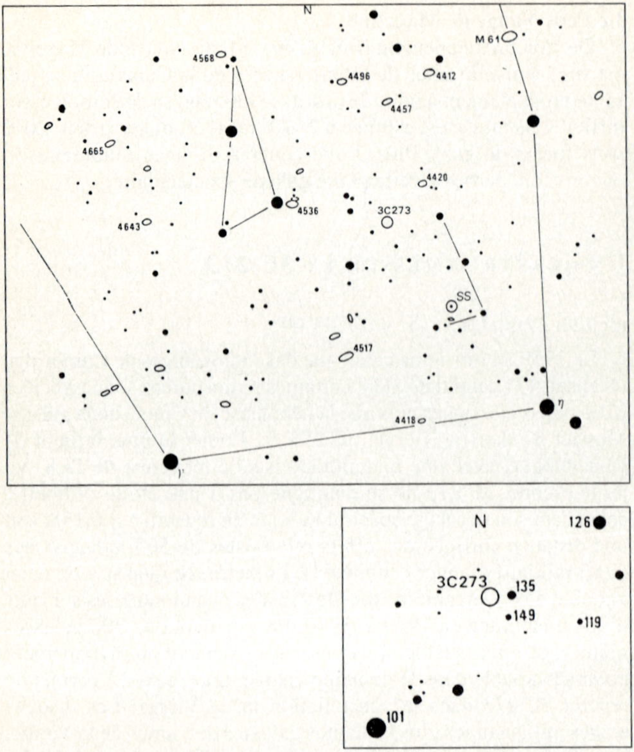

Figure 55 : *Le champ du quasar 3C 273 (carte générale et carte détaillée). (Document M. Verdenet.)*

Abell 1060, Vierge

α : 12 h 30 mn, δ : + 12° 23'

Situé à 16 mégaparsecs de nous, l'amas de galaxies de la Vierge est proche du pôle Nord galactique, et couvre une surface de plus de 100 degrés carrés sur le ciel. Le Groupe local est gravitationnellement associé à cet amas, vers lequel nous nous dirigeons avec une vitesse résultante de l'ordre de 500 km/s. Il contient plusieurs milliers de galaxies, réparties dans un volume de 2,8 mégaparsecs. La vitesse de fuite des galaxies s'échelonne entre 500 et 2 500 km/s. Environ 30 % des galaxies de cet amas sont des elliptiques et des objets de type S0. Le centre de l'amas est occupé par la galaxie géante Messier 87, décrite ci-dessus.

Abell 1656, Chevelure de Bérénice

α : 12 h 59 mn, δ : + 27° 58'

Cet amas est l'archétype d'un amas de galaxies sphérique compact. Les deux galaxies elliptiques centrales, NGC 4474 (α : 12 h 59 mn 35 s, δ : + 27° 57' 35") et NGC 4489 (α : 13 h 00 mn 08 s, δ : + 27° 58' 39"), ont des vitesses de récession de 7 119 et 6 494 km/s respectivement. La distance de l'amas est estimée à une soixantaine de mégaparsecs. Il est aisément observable à l'aide d'un petit télescope, étant situé à deux degrés du pôle galactique Nord. On dénombre 654 galaxies plus brillantes que la magnitude 16,5 dans un volume de 3 mégaparsecs de diamètre. La majorité des galaxies brillantes de types E et S0 sont concentrées vers le centre de l'amas, tandis que les spirales sont dispersées à sa périphérie.

Bibliographie

AUDOUZE Jean, ISRAEL Guy (sous la direction de), *Le Grand Atlas de l'astronomie*, Encyclopaedia Universalis / Albin Michel, 1983.

BARROW John D., SILK Joseph, *The Left Hand of the Creation*, Penguin Books, 1983.

BIANUCCI Piero, *Étoile par étoile*, Bordas, 1988.

BLANCHARD Alain, *L'Univers*, coll. Dominos, Flammarion, 1995.

BURILLIER Hervé, *Les Plus Belles Curiosités célestes*, Bordas, 1995.

CELNIKIER Ludwik Marian, *Histoire de l'astronomie*, Lavoisier, 1996.

COLLIN Suzy, STASINSKA Grazyna, *Les Quasars*, coll. Science et Découverte, Le Rocher, 1987.

COMBES Françoise, BOISSE Patrick, MAZURE Alain, BLANCHARD Alain, *Galaxies et cosmologie*, InterÉditions / Éditions du CNRS, 1991.

CRIBIER Michel, SPIRO Michel, VIGNAUD David, *La Lumière des neutrinos*, coll. Science ouverte, Seuil, 1995.

DANJON André, COUDER André, *Lunettes et télescopes*, Éditions de la Revue d'optique théorique et instrumentale, 1935.

DAUMAS Maurice (sous la direction de), *Histoire de la science*, Encyclopédie de la Pléiade, Gallimard, 1957.

DEMARET Jacques, *Univers. Les théories de la cosmologie contemporaine*, Le Mail, 1991.

DEVOS Raymond, *Matière à rire*, Olivier Orban, 1991.

EINSTEIN Albert, *Œuvres choisies*, 6 vol., coll. Sources du savoir, Seuil.

EINSTEIN Albert, INFELD Léopold, *L'Évolution des idées en physique*, Petite Bibliothèque Payot, 1963.

FEYNMANN Richard, *Lumière et matière*, coll. Points Sciences, Seuil, 1992.

FLAMMARION Camille, *Les Étoiles et les curiosités du ciel*, Flammarion, 1882.

GANDT François de, VILAIN Christiane (sous la direction de), *Histoire de la cosmologie*, Actes du colloque tenu à l'Institut d'astrophysique de Paris, Presses de l'Observatoire de Paris, 1996.

HEIDMANN Jean, *Introduction à la cosmologie*, coll. Sup, Presses universitaires de France, 1973.

HOSKIN Michael A., *William Herschel and the Construction of the Heavens*, Oldbourne, Londres, 1963.

HUBBLE Edwin, *The Realm of the Nebulae*, Dover Publications, 1958.

LACHIEZE-REY Marc, *Connaissance du cosmos*, Albin Michel, 1987.

– *Initiation à la cosmologie*, Masson, 1992.

– *Le Rayonnement cosmologique*, Masson, 1995.

LACHIEZE-REY Marc (présenté par), *La Recherche sur les origines de l'Univers*, coll. Points Sciences, Seuil, 1991.

LAUSTSEN Svend, MADSEN Claus, WEST Richard, *À la découverte du ciel austral*, Éditions de Physique, 1989.

LEMAÎTRE Georges, *Hypothèse de l'atome primitif*, Dunod, 1946.

LENA Pierre, *Astrophysique. Méthodes physiques de l'observation*, InterÉditions / Éditions du CNRS, 1986.

LENA Pierre, BLANCHARD Alain, *Lumières. Une introduction aux phénomènes optiques*, InterÉditions, 1990.

LUMINET Jean-Pierre, *Les Trous noirs*, coll. Points Sciences, Seuil, 1992.

LUMINET Jean-Pierre, LACHIEZE-REY Marc, *La Physique et l'infini*, coll. Dominos, Flammarion, 1994.

MAZURE Alain, MATHEZ Guy, MELLIER Yannick, *Chronique de l'espace-temps*, Masson, 1994.

ORTOLI Sven, PHARABOD Jean-Pierre, *Le Cantique des quantiques*, La Découverte, 1984.

ORTOLI Sven, WITKOWSKI Nicolas, *La Baignoire d'Archimède*, coll. Science ouverte, Seuil, 1996.

PECKER Jean-Claude, SCHATZMAN Evry, *Astrophysique générale*, Masson et Cie, 1959.

PEEBLES P. J. E, *Principles of Physical Cosmology*, Princeton University Press, 1993.

PROUST Dominique, *L'Harmonie des sphères*, Dervy, 1990.

PROUST Dominique, BREYSACHER Jacques, *Les Étoiles*, coll. Points Sciences, Seuil, 1996.

REEVES Hubert, *Patience dans l'azur*, coll. Points Sciences, Seuil, 1988.

– *L'Heure de s'enivrer*, coll. Points Sciences, Seuil, 1992.

– *Poussières d'étoiles*, coll. Points Sciences, Seuil, 1994.

– *Dernières nouvelles du cosmos*, coll. Science ouverte, Seuil, 1994.

– *Malicorne*, coll. Points, Seuil, 1995.

– *La Première Seconde*, coll. Science ouverte, Seuil, 1995.

REEVES Hubert, ROSNAY Joël de, COPPENS Yves, SIMONNET Dominique, *La Plus Belle Histoire du Monde*, Seuil, 1996.

ROY Jean-René, *L'Astronomie et son histoire*, Masson / Presses de l'université du Québec, 1982.

SAGOT Robert, TEXEREAU Jean, *La Revue des constellations*, Société astronomique de France, 1963.

SANDAGE Allan, *The Hubble Atlas of Galaxies*, Carnegie Institution of Washington, 1963.

SCHATZMAN Evry (sous la direction de), *Astronomie*, Encyclopédie de la Pléiade, Gallimard, 1962.

SCHATZMAN Evry, *Le Message du photon voyageur*, Belfond, 1987.

– *L'Expansion de l'Univers*, Hachette, 1989.

TRINH XUAN Thuan, *La Mélodie secrète*, coll. Folio Essais, Gallimard, 1991.

VERDET Jean-Pierre, *Une histoire de l'astronomie*, coll. Points Sciences, Seuil, 1990.

Table des matières

RÉALISATION : PAO ÉDITIONS DU SEUIL
IMPRESSION : MAURY-EUROLIVRES À MANCHECOURT
DÉPÔT LÉGAL : MAI 1997 – N° 30115-2 – 03/06/20578